高等职业教育数字媒体技术专业系列教材

U0719656

# Web前端开发

## 基础案例教程

主　编　赵革委

副主编　朱梦楠　张　磊

西安交通大学出版社
XI'AN JIAOTONG UNIVERSITY PRESS

**图书在版编目(CIP)数据**

Web 前端开发基础案例教程 / 赵革委主编. —西安：
西安交通大学出版社,2022.3(2023.7 重印)
　ISBN 978 - 7 - 5693 - 2467 - 9

　Ⅰ. ①W… 　Ⅱ. ①赵… 　Ⅲ. ①网页制作工具-教材
Ⅳ. ①TP393.092.2

　中国版本图书馆 CIP 数据核字(2021)第 271830 号

| | | |
|---|---|---|
| 书　　　名 | Web 前端开发基础案例教程 | |
| 主　　编 | 赵革委 | |
| 副 主 编 | 朱梦楠　张　磊 | |
| 策划编辑 | 曹　昳 | |
| 责任编辑 | 杨　璠 | |
| 责任校对 | 柳　晨 | |

| | |
|---|---|
| 出版发行 | 西安交通大学出版社 |
| | (西安市兴庆南路 1 号　邮政编码 710048) |
| 网　　址 | http://www.xjtupress.com |
| 电　　话 | (029)82668357　82667874(市场营销中心) |
| | (029)82668315(总编办) |
| 传　　真 | (029)82668280 |
| 印　　刷 | 西安五星印刷有限公司 |

| | | | |
|---|---|---|---|
| 开　　本 | 787 mm×1092 mm　1/16 | 印张 21.75 | 字数 481 千字 |
| 版次印次 | 2022 年 3 月第 1 版　2023 年 7 月第 2 次印刷 | | |
| 书　　号 | ISBN 978 - 7 - 5693 - 2467 - 9 | | |
| 定　　价 | 49.80 元 | | |

# 前言

PREFACE

Web 前端开发从网页制作演变而来,但随着互联网技术的快速发展,Web 前端开发以创建 Web 页面或 App 界面呈现给用户为主要方向,通过 HTML5、CSS3 及 JavaScript 以及衍生出来的各种技术、框架、解决方案,来实现互联网产品的用户界面交互,交互效果更显著,功能更强大,界面更美观。因此 Web 前端开发成为软件开发领域必须具备的基本技能,也成为高职软件技术类专业一门重要的专业基础课程。本书以提高读者 Web 前端开发基础技能为目标,将 Web 前端开发所需的知识和技术融入各个任务中,任务制作由浅入深,层次清晰,实用性强,以满足职业院校培养技术技能人才需要,同时也可供从事网页设计与制作、网站开发及网页编程等行业人员参考。

木书的编写以任务制作为主线,全面、系统地介绍了 HTML5、CSS3、JavaScript 和 jQuery 等 Web 前端开发基础知识。全书共有 7 个项目。项目一主要介绍 Web 前端的发展过程及主要涉及的技术和知识等内容;项目二、三详细介绍了 HTML5 文档结构、表单等各种常用的 HTML5 标签的用法,CSS 基础知识、CSS 的定义、CSS 常用属性、盒模型以及使用 CSS+DIV 布局网页等内容;项目四、五详细介绍了 JavaScript 基础知识、BOM 和 DOM 对象、脚本函数等内容;项目六、七详细介绍了 jQuery 选择器、对象的操作方法、jQuery 事件处理、jQuery 常见效果和动画技术。为了呈现效果,本书将 HTML5 与 CSS3 合并讲授。本书每章都配备大量的案例,分散在课堂任务、拓展任务和课后的实践题中;附录中提供了 HBuilder 快捷操作,HTML5 标签,CSS3 属性,JavaScript 和 jQuery 的属性、方法和事件等内容供读者查阅。

本书资源包括 29 个课堂任务、29 个拓展任务和 13 个实践题共 71 个案例代码,50 个任务文本,237 张按钮、背景以及图片素材,45 个动态案例效果。

本书是陕西省职业技术教育学会 2020 年立项的课程思政专项研究课题"Web 前端开发"课程思政建设与实践研究项目(项目编号: SGKCSZ2020－439)的研究成果,书中的思政元素鲜明,29 个课堂任务按照知识和技术、思政要点进行分类总结;29 个拓展任务从思政要点和技术要求两个方面对学生提出要求。无论是课堂任务还是拓展任务,其课程思政元素都来源于案例中的专业知识、技术或者案例内容,完美地将思政与专业课程进行紧密结合。

本书的参考学时为 56－64 学时,建议采用理论实践一体化的教学模式。

本书由赵革委任主编。朱梦楠编写了项目一和项目四,张磊编写了项目二和项目三,赵革委编写了项目五—项目七。

由于编者水平和经验有限,书中难免有疏漏之处,恳请读者批评指正。

编　者

2021 年 9 月

# 目 录
CONTENTS

# Web 前端开发概述

## 学习目标

### 1.技术目标

(1)了解 Web 前端相关概念和发展过程；

(2)了解 HTML5 的基础知识；

(3)了解 CSS3 的基础知识；

(4)了解前端开发工具的作用；

(5)知道各种编辑器的优点和特点；

(6)熟悉 HBuilder 下载方法、安装方法和界面构成；

(7)学会使用 HBuilder 建立项目和文件。

### 2.思政目标

(1)树立正确的三观,弘扬正能量；

(2)培养认认真真做事的态度；

(3)了解全球生物多样性和生态系统保护的意义和作用,增强生态和动物保护意识；

(4)知道和平与安宁是军队用血汗和青春换取的,增强拥军情怀,提高维护和平、平等和自由的积极性；

(5)发挥 Web 前端开发的专业优势,传播正能量。

Web(World Wide Web)是互联网的总称,缩写 WWW,即全球广域网,也称为万维网,是一种基于超文本和 HTTP 的、全球性的、动态交互的、跨平台的分布式图形信息系统。简单地说,Web 是一种体系结构,通过它可以访问遍布于因特网主机上的链接文档。

# 任务一　现代诗欣赏页面效果浏览

## 任务描述

本任务是让大家了解如何使用 HTML5 和 CSS3 制作一个现代诗欣赏页面,效果如图 1-1所示。

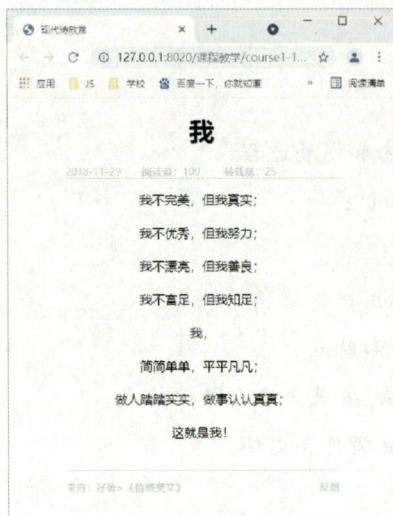

图 1-1　现代诗欣赏页面

## 知识储备

### 1. Web 概述

Web 技术大体可分为客户端技术和服务端技术两大类。前者的代码主要运行在浏览器端,后者的代码则主要运行在服务器端。客户端技术也叫前端技术。本书主要带领读者学习前端技术的相关知识。

#### 1)Web 技术的发展

(1)静态页面阶段。

Web 前端技术诞生于 1994 年 10 月 13 日,由位于美国加州的网景通信公司推出的第一版 Navigator 宣告开始,而在同一时期,图灵奖得主 Tim Bernersk-Lee 创建了 W3C(World Wide Web Consortium)会员组织,该组织的主要工作是对 Web 进行标准化。

静态页面技术基本实现了信息资源共享的需求,但是也只能完成单纯的文本内容以及文字信息的展示。另外,采用静态页面方式建立起来的站点无法实现动态的交互功能,也无法实现及时更新以及支持数据库等的操作。

(2)动态网页阶段。

20世纪,各大软件公司纷纷开发出新的语言和技术以实现在浏览器端对动态交互页面的支持,如JavaScript、Java、JSP、ASP等。动态交互是指脚本独立向服务器发出请求,服务器端响应并返回数据后,再对网页进行处理和更新。此过程中,服务器端仅提供数据,其余相关操作均由前端完成。

动态页面技术的发展极大地方便了用户。采用动态技术的网站不仅支持数据库技术,还可以完成诸如用户登录、注册、在线调查和用户管理等方面的功能,使得信息共享,网站开发、管理和维护等都更为便捷。

(3)Web2.0及Web3.0时代。

Web2.0是以博客(BLOG)、RSS、百科全书(Wiki)、网摘、社会网络(SNS)、P2P、即时信息(IM)等应用为核心,以XML、AJAX等技术为依托的互联网模式。Web2.0模式是由专业人员织网到所有用户参与织网的创新化的标志,模式上由单纯的"读"向"写"以及"共同建设"发展。

随着人工智能领域技术的发展以及人们需求的提升,Web3.0时代的到来指日可待。目前Web3.0只是由业内人员制造出来的概念词语,最常见的解释是,网站内的信息可以直接和其他网站相关信息进行交互,能通过第三方信息平台同时对多家网站的信息进行整合使用;用户在互联网上拥有自己的数据,并能在不同网站上使用;完全基于Web,用浏览器即可实现复杂系统程序才能实现的系统功能;用户数据经审计后,同步应用于网络数据。

**2)Web 国际标准**

Web国际标准是由W3C组织和其他标准化组织制定的一系列标准的集合。主要包括结构(Structure)标准、表现(Presentation)标准和行为(Behavior)标准三个方面。结构化标准语言主要包括XHTML和XML,表现标准语言主要包括CSS,行为标准主要包括对象模型(如W3C DOM)、ECMAScript等。

Web国际标准的作用体现在以下方面:

①使Web的发展前景更广阔;

②使内容能被更广泛的设备访问;

③易被搜寻引擎搜索;

④降低网站流量费用;

⑤使网站更易于维护;

⑥提高页面浏览速度。

随着互联网技术的不断更新,相关领域专家也在努力构建和完善下一代Web国际标准。

在不久的将来，结合民间标准化团体的力量，Web 国际标准也将会迎来新的时代！

### 3）Web 标准常见问题

网页设计师在设计网站时最注重的是网页的可访问性（Accessibility）和可用性（Usability），并且对于网站的可维护性（Maintainability）也要给予充分的考虑。

- 什么是可访问性（Accessibility）？

可访问性是指在提升普通用户理解 Web 内容的同时，也有利于残障用户的可阅读性和可理解性。

- 四个可访问性标准（WCAG2.0）分别是什么？

可感知：用户可以通过适合自己的媒体来获知网页内容；

可操作：用户可以与 Web 应用程序或内容进行交互；

可理解：使用者可以理解页面内容和用户界面；

健壮性：所提供的一切服务都应当能够跨平台。

- 什么是可用性（Usability）？

可用性是指设计出的产品是否方便用户使用，效率如何，以及使用过程中用户的主观感受是否良好。可用性好意味着产品质量高。

- 什么是可维护性（Maintainability）？

可维护性包含两层含义：一是指系统出现问题时，快速定位并解决问题的成本，成本低则可维护性好。二是代码是否容易被人理解，是否容易修改，是否容易增强功能。

## 2. HTML 简介

### 1）HTML 发展历程

HTML（Hyper Text Makeup Language），中文名叫做超文本标记语言，是一种用来制作超文本文档的简单标记语言。所谓"超文本"，就是页面内可以包含图片、链接、音乐、程序、视频、图像等非文字性元素。

HTML 的出现由来已久，1993 年，HTML 首次以因特网的形式发布。之后，HTML 快速发展，从 2.0 版到 3.0、3.2 版，直到 1999 年，W3C 发布了 HTML4。此后，HTML 的发展进入到瓶颈时期，业界普遍认为其不再需要发展，并将注意力转移到了 XML 和 XHTML 的发展更新上。但是随着电脑性能和网络带宽的不断升级，人们对于网页的需求不再局限于浏览新闻、网页和收发电子邮件。网游、看视频、听音乐以及使用移动应用平台等需求逐步升级，也促使了HTML 功能的更新与扩展。2004 年，一些浏览器厂商联合起来成立了 WHATWG（互联网超文本应用技术工作组），并创立了 HTML5 规范。2006 年，W3C 组建了新的 HTML 工作组，采纳了 WHATWG 的意见，然后于 2008 年发布了 HTML5 的工作草案。经过近 8 年的艰辛努力，2014 年，万维网联盟宣布 HTML5 标准制定完成。此后，HTML5 逐步取代 HTML4、

XHTML1.0,成为下一代 HTML 标准。

HTML5 的出现,将 Web 带入一个成熟的应用平台。在此平台上,视频、音频、图像、动画以及与设备的交互都被标准和规范化。

### 2)HTML5 支持的浏览器

(1)IE 浏览器　2010 年 3 月,微软于 MIX10 技术大会上宣布,其推出的 IE9 浏览器已经支持 HTML5。

(2)火狐浏览器　2010 年 7 月,Mozilla 基金会发布了 Firefox4 浏览器的一个早期测试版,对其中的功能做了具体改进,重点在于新增 HTML5 功能。从官方文档来看,Firefox4 对 HTML5 已是完全级别的支持。目前,包括在线视频、在线音频在内的多种应用都能在火狐浏览器上实现。

(3)Chrome 浏览器　2010 年 2 月,谷歌宣布重点开发 HTML5 项目。迄今为止,谷歌也在一直积极发展 HTML5 项目。

(4)Opera 浏览器　2010 年 5 月,Opera 软件公司首席技术官认为,HTML5 和 CSS3 将是全球互联网技术发展的未来趋势。

## 3. CSS3 简介

### 1)CSS3 发展历程

层叠样式表(Cascading Style Sheets)是一种用来表现 HTML(标准通用标记语言的一个应用)或 XML(标准通用标记语言的一个子集)等文件样式的计算机语言。CSS 不仅可以静态地修饰网页,还可以配合各种脚本语言动态地对网页各元素进行格式化。

1994 年,哈坤·利提出了 CSS 的最初建议,并决定和伯特·波斯一起合作设计 CSS。CSS 发展至今共经历了 4 个版本,具体介绍如下:

(1)CSS1　1996 年 12 月,W3C 发布了第一个有关样式的标准 CSS1。在此版本中,已经包含了 font、颜色、文字、背景以及 box 的相关属性。

(2)CSS2　1998 年 5 月,CSS2 正式推出。CSS2 是 CSS(层叠样式表)的第二级,提供了比 CSS1 更强的 XML 和 HTML 文档的格式化功能。例如,元素的扩展定位与可视格式化、页面格式、打印支持和声音样式单等。

(3)CSS2.1　2004 年 2 月,CSS2.1 正式推出。CSS2.1 纠正了 CSS2 中的一些错误,并添加了一些已经被广泛实现的特性。

(4)CSS3　2001 年,W3C 完成 CSS3 的工作草案。虽然完整的、规范权威的 CSS3 标准目前还没有最终确定,但是主流浏览器已经开始支持其绝大部分特性。

### 2)支持的浏览器

各主流浏览器对 CSS3 模块的支持情况如表 1-3 所示。

表 1 - 3　各主流浏览器对 CSS3 模块的支持情况

| CSS3 模块 | Chrome4 | Safari4 | Firefox3.6 | Opera10.5 | IE10 |
|---|---|---|---|---|---|
| RGBA | √ | √ | √ | √ | √ |
| HSLA | √ | √ | √ | √ | √ |
| MultipleBackground | √ | √ | √ | √ | √ |
| BorderImage | √ | √ | √ | √ | × |
| BorderRadius | √ | √ | √ | √ | √ |
| BoxShadow | √ | √ | √ | √ | √ |
| Opacity | √ | √ | √ | √ | √ |
| CSSAminations | √ | √ | × | × | √ |
| CSSColumns | √ | √ | √ | × | √ |
| CSSGradients | √ | √ | √ | × | √ |
| CSSReflections | √ | √ | × | × | × |
| CSStransforms | √ | √ | √ | √ | √ |
| CSStransforms3D | √ | √ | × | × | √ |
| CSSTransitions | √ | √ | √ | √ | √ |
| CSSFontFace | √ | √ | √ | √ | √ |

　　另外,各主流浏览器厂商都定义了自己的私有属性,即在属性前加上自己的前缀,以便让用户更好地体验 CSS 的新特性。各主流浏览器的私有前缀如表 1 - 4 所示。

表 1 - 4　主流浏览器私有属性

| 内核类型 | 相关浏览器 | 私有前缀 |
|---|---|---|
| Trident | IE8/IE9/IE10 | -ms |
| Webkit | 谷歌(Chrome)/Safari | -webkit |
| Gecko | 火狐(Firefox) | -moz |
| Blink | Opera | -o |

　　注:①运用 CSS3 私有属性时,要遵从一定的书写顺序,即先写私有的 CSS3 属性,再写标准的 CSS3 属性。

　　②当一个 CSS3 属性成为标准属性,并且被主流浏览器的最新版普遍兼容的时候,就可以省略私有的 CSS3 属性。

任务 **实现**

## 1. 任务分析

本次任务主要是让大家了解如何制作一个现代诗欣赏页面,通过任务了解 Web 前端开发基础知识,熟悉 HTML5 和 CSS3。基本的操作步骤如下:

①打开 HBuilder 软件;

②打开项目;

③运行课程教学/course1-1.html 文件,查看效果。

## 2. 代码实现

本次任务主要使用 HBuilder 打开已经存在的 HTML 文件,并运行查看效果,代码保存在【课程教学/course1-1.html】文件中。操作过程如下。

第一步:打开 HBuilder 软件。

第二步:点击【文件】→【打开目录】菜单,弹出"打开目录"对话框,如图 1-2 所示。

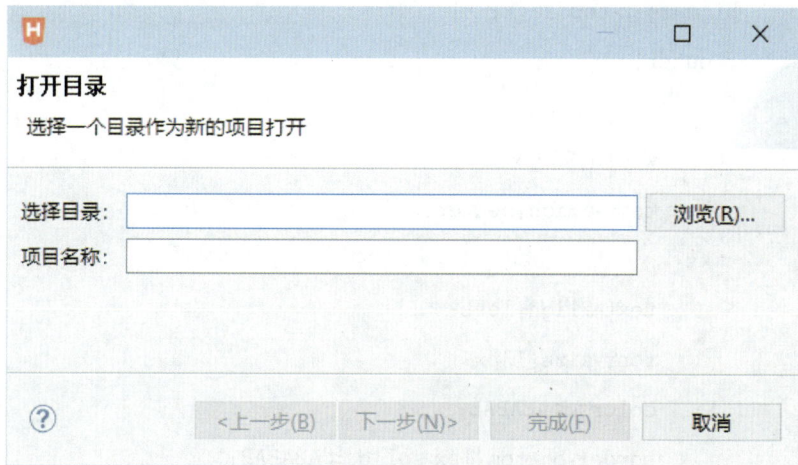

**图 1-2　"打开目录"对话框**

第三步:单击浏览,选择需要导入的项目(文件夹),最左侧的项目管理器中出现项目以及项目下的所有文件。

第四步:双击打开需要运行的 HTML 文件,单击【运行】→【浏览器运行】菜单下的某个浏览器,如图 1-3 所示;或者单击工具栏中的 ▼,选择某个浏览器,然后运行。如果采用默认浏览器运行,也可以使用快捷键 Ctrl+R。

图 1-3  选择浏览器运行菜单

本次运行的 HTML5 文件的具体代码如下：

```
〈! DOCTYPE html〉
〈html〉
〈head〉
    〈meta charset="UTF-8"〉
    〈title〉现代诗欣赏〈/title〉
    〈style〉
        h1{margin-top:20px;  }
        #outer{
            margin:0 auto;
            width:350px;
            text-align:center;  }
        #ks{
            text-align:left;
            font-size:13px;
            color:#ABABAB;
            border-bottom:1px solid #ABABAB;}
        .js1{
            text-align:right;
            font-size:13px;
            color:#ABABAB;
            float:left;  }
        .js2{
            text-align:right;
```

```
                font-size:13px;
                color:#ABABAB;
                float:right;  }
            #end{border-bottom:1px solid #ABABAB;}
        </style>
</head>
<body>
        <div id="outer"><h1>我</h1>
        <p id="ks">2018-11-29        阅读量:109        转载量:25</p>
        <p>我不完美,但我真实;<br><br>
            我不优秀,但我努力;<br><br>
            我不漂亮,但我善良;<br><br>
            我不富足,但我知足;<br><br>
            我,<br><br>
            简简单单,平平凡凡;<br><br>
            做人踏踏实实,做事认认真真;<br><br>
            这就是我!<br><br></p><div id="end">
    <p class="js1">来自:好著《情感美文》</p><p class="js2">反馈</p></div>
</body>
</html>
```

## 3. 任务总结

(1)知识和技术:通过本次任务初步了解如何通过 HTML5 和 CSS3 等技术来实现网页制作。可以看出,HTML5 是网页制作的核心,它消除了不同计算机之间信息交流的障碍;CSS 主要作用是把网页外观做得更加美观。本次任务主要目的是了解 Web 前端开发中的 HTML5 和 CSS3。

(2)思政要点:如何才能树立正确的价值观?如何正确地认识自我?这首小诗给出思考方向,简简单单做人,踏实务实,不沉溺幻想;认认真真做事,坚持本心,不好高骛远。

**【拓展任务——救护野生东北虎新闻页面效果浏览】**

(1)思政要点:东北虎是全球生物多样性保护的旗舰物种,在维持生态系统健康中占据不可替代的地位。而且东北虎对栖息地的生态环境要求很高,这次野生东北虎的出现,充分说明黑龙江省的生态环境越来越好,也反映了我国在环境保护工作取得的成就。

(2)技术要求:拓展任务是制作救护野生东北虎新闻页面,该任务需要继续了解 HTML5

和 CSS3。但增加了更多的页面样式和图片元素，代码保存在"课程教学/course1-1expand.html"文件中。先打开 Web 项目文件，然后双击 course1-1expand.html 文件，使用谷歌浏览器运行查看效果，如图 1-4 所示。

图 1-4　救护野生东北虎新闻页面

## ▶ 任务二　获奖摄影作品展页面效果浏览

**任务** 描述

本次任务是让大家欣赏动态的学生获奖摄影作品展页面效果，如图 1-5 所示。

图1-5　获奖摄影作品展示页面

知识储备

## 1.前端开发工具简介

工欲善其事，必先利其器。最开始编辑网页时，人们把能用记事本写HTML和CSS的人看做大神。但是随着网页越来越复杂，用记事本的开发效率就太低了，于是出现了前端代码编辑器。要说明一点，编辑器只是写代码的工具而已，没有谁优谁劣，用得顺手、开发的效率高，就是好的编辑器。下面简单介绍几个常用前端开发工具。

（1）Dreamweaver　Dreamweaver原来是鼎鼎大名的，很长一段时间DW就是网页制作的主战场。DW 可是被称为 IDE,提供了很多功能,具有所见即所得的功能。DW 有三种视图模式:代码模式、设计模式和拆分模式,拆分模式对于代码不熟练的初学者非常友好。目前 DW 的主要问题是老,当下流行的前后端分离的项目、VUE、Angular、React 框架,使用 DW 有力不从心的感觉,DW 不支持 ES6 语法的高亮提示,不支持 CSS 预编译语法。如果 DW 不推出新的版本,大概 DW 会逐渐退出前端的舞台了。

(2)Sublime　Sublime 是一个文本编辑器,拥护者很多。它非常轻量级,打开文件速度很快。但是使用 Sublime 时需要安装很多插件。

(3)VS Code　VS Code 全称是 Visual Studio Code,它是一款免费软件,安装 VS Code 及其插件非常容易。和微软的其他 Visual Studio 产品比较,VS Code 只是一款轻量级的代码编辑器,而不是一个重量级的完整 IDE。

(4)WebStorm　WebStorm 的功能全、集成度高,几乎想要的功能都有,开发效率非常高,但 WebStorm 的缺点是打开速度慢,占用内存多,且 WebStorm 是收费软件。

(5)HBuilder　HBuilder 是 DCloud 推出的一款支持 HTML5 的 Web 开发 IDE。与上面的几种编辑器相比较,HBuilder 的用户少了一些,但 HBuilder 宣称自己很快。HBuilder 对 BootStrap 和 WebApp 的支持非常好,如果做这样的项目,HBuilder 是个非常好的选择。

### 2. HBuilder 软件的下载与安装

(1)打开网址 https://www.dcloud.io/,如图 1-6 所示。

图 1-6　HBuilder 官网首页

(2)点击 HBuilderX 图标,单击 DOWNLOAD,如图 1-7 所示。

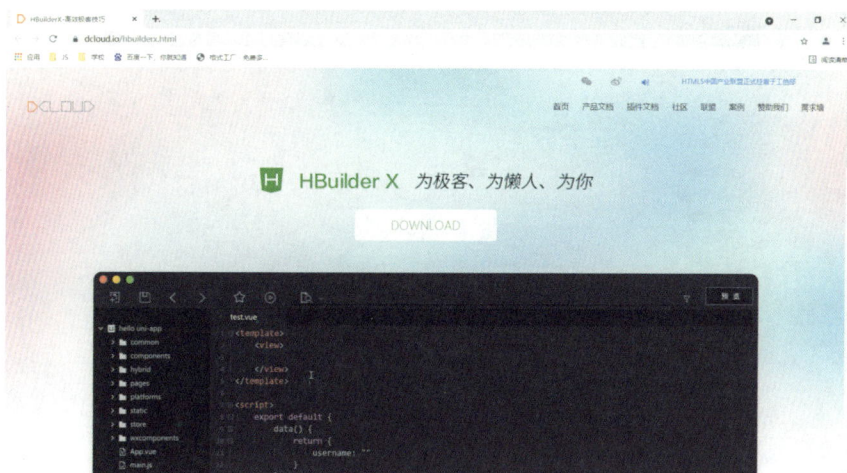

图 1-7　下载页面

(3)在弹出的对话框中选择版本,如图 1-8 所示。

图 1-8　版本选择

(4)将下载好的文件解压缩到安装目录下,如图 1-9 所示(示例为 D 盘)。

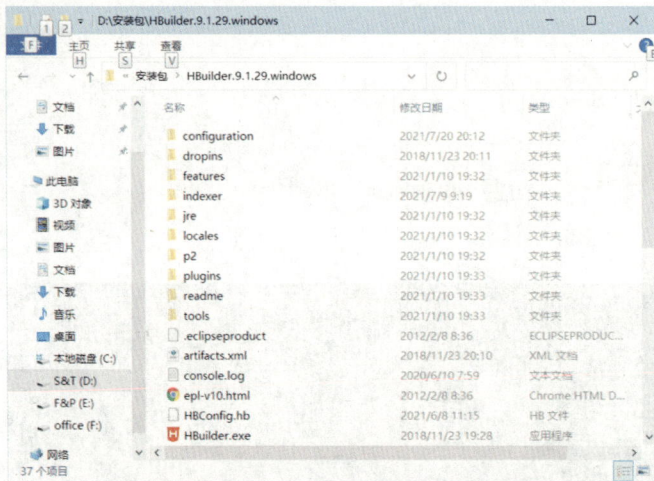

图 1-9　解压缩

（5）打开文件夹，双击 HBuilder.exe（或 HBuilderX.exe）文件，如图 1-10 所示，即可运行软件。

图 1-10　应用程序图标

（6）软件界面构成如图 1-11 所示。

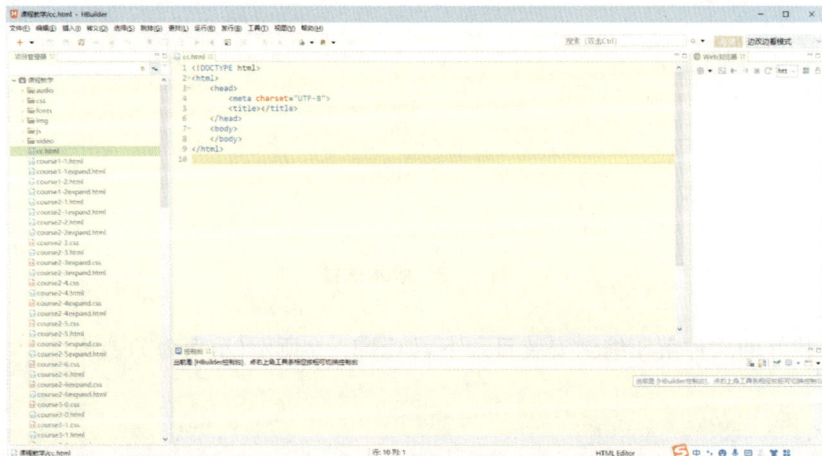

图 1-11　界面构成

　　（7）把鼠标放在 HBuilder.exe 文件图标位置，点击右键，可以将 HBuilder 固定到"开始"屏幕、固定到任务栏，或者发送到桌面快捷方式，方便以后打开软件，如图 1-12 所示。

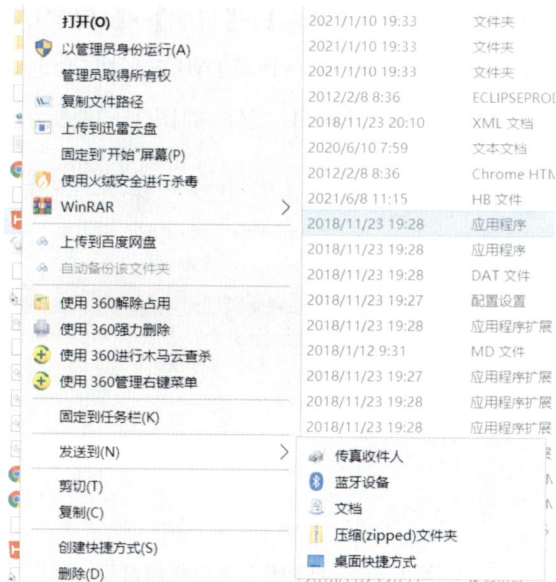

**图 1 - 12　创建快捷方式**

## 3. 用 HBuilder 创建文件

使用 HBuilder 来创建一个 HTML5 页面,大概需要两步,具体步骤如下:

(1)打开 HBuilder,选择菜单栏中的【文件】→【新建】→【Web 项目】菜单命令,出现如图 1 - 13 所示对话框,输入 Web 项目名称。不创建 Web 项目也可以直接创建 HTML5 文件,但是为了方便管理和使用,建议先创建 Web 项目。

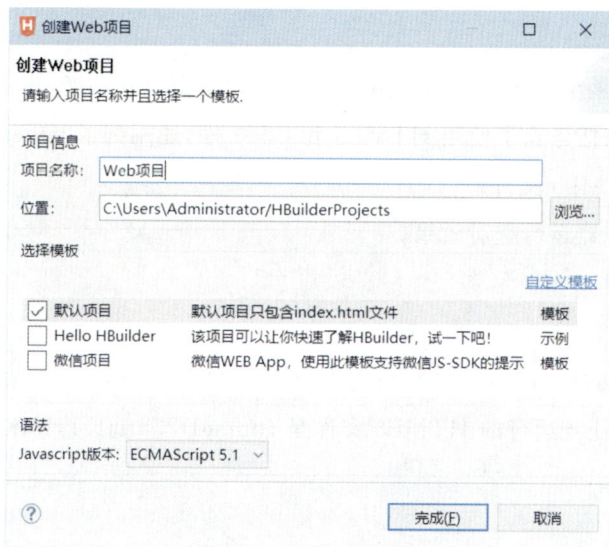

**图 1 - 13　创建 Web 项目**

（2）选中刚才创建的 Web 项目，单击【文件】→【新建】→【HTML】菜单命令，或者直接右键单击选择【新建】→【HTML】命令，将会新建一个 HTML5 文档，命名该文件，单击【完成】按钮，这时会出现带着 HBuilder 框架代码的 HTML 文件，如图 1－14 所示。

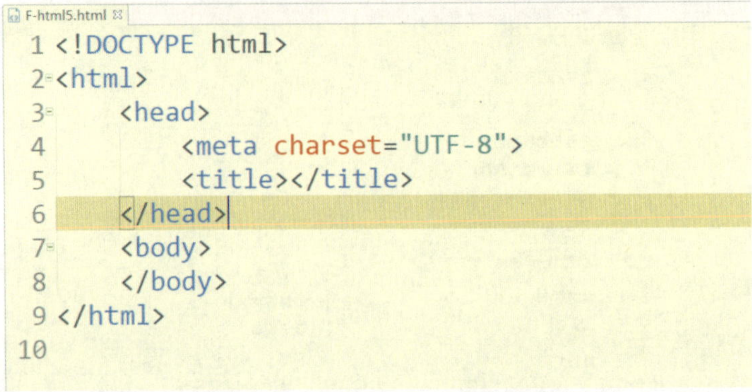

```
F-html5.html ⊠
1 <!DOCTYPE html>
2 <html>
3     <head>
4         <meta charset="UTF-8">
5         <title></title>
6     </head>
7     <body>
8     </body>
9 </html>
10
```

图 1－14　HTML5 文档代码窗口

当需要开始编写 HTML5 代码文件时，继续在文档中直接写代码即可。每次撰写或者修改代码后都需要先保存后运行。如果需要创建 CSS 样式文件、JS 文件或 PHP 等其他文件，方法和创建 HTML5 文件方法类似。谷歌浏览器是网页制作过程中较常用的浏览器，本书涉及的案例大多都在谷歌浏览器中运行（音视频播放器除外）。

## 任务实现

### 1. 任务分析

本次任务欣赏摄影作品展页面，页面中的每张图片都有交互功能，当鼠标滑动到图片上时，出现图片简单介绍，该任务除了使用 HTML5 和 CSS3 外，还用到了 jQuery。操作步骤如下：

（1）双击打开 HTML5 文件；

（2）使用谷歌浏览器运行查看效果。

### 2. 代码实现

在左侧已经打开的项目管理器中，找到需要运行的 HTML5 文件，在浏览器中直接运行，然后查看效果。本次任务运行的 HTML5 文件是 course1-2.html，其具体代码如下：

```
〈! DOCTYPE html〉
〈html〉
〈head〉
        〈meta charset＝"UTF-8"〉
```

```
<title>获奖摄影作品展页面</title>
    <script src="js/jquery-3.4.1.js" type="text/javascript"></script>
    <style>
        h2{text-align:center;}
        #outer{
                width:1400px;
                margin:20px auto;
                text-align:center;}
        .box{
                width:600px;
                height:430px;
                border:1px solid #CCC;
                display:inline-block;
                padding:10px;
                margin:15px;
                list-style:none;
                position:relative;}
        .box img{
                width:600px;
                border:1px solid #CCC;}
        h3{
                line-height:30px;
                padding:0;
                margin:0;
                color:#880000;}
        span{
                color:#000000;
                font-size:16px;
                font-family:"楷体";}
        .box a{
                background:#FFFFFF;
                opacity:0.6;
                width:580px;
```

```
                    padding:10px 20px;

                    position:absolute;

                    bottom:40px;

                    left:0;

                    display:none;

                    line-height:25px;

                    text-decoration:none;

                    font-size:18px;

                    color:#0000ff;}

            </style>

</head>
<body>
        <h2>学生摄影大赛获奖作品</h2>
        <ul  id="outer"><li class="box"><img src="img/course1/摄影大赛获奖作
            品展/1 无悔的青春.jpg"/>    <a href="#">克难忍苦,练好身手,保护人民
            利益! 挥洒血汗,奉献青春,铸就无悔人生!</a>
        <h3>无悔的青春<span>摄影:陈柯伊</span></h3></li>
<li class="box"><img src="img/course1/摄影大赛获奖作品展/2 劳作.jpg"/>
<a href="#">主角是陕西地坑院的建造者,辛勤的劳作让他们自给自足。</a>
        <h3>劳作<span>摄影:张志鹏</span></h3></li>
<li class="box"><img src="img/course1/摄影大赛获奖作品展/3 天地之间.jpg"/>
    <a href="#">弯曲的脊背,黑黝黝的皮肤,发旧的毛巾,他们虽然平凡不为人知,但却非
常伟大。</a>
        <h3>天地之间<span>摄影:郭昕欣</span></h3></li>
<li class="box"><img src="img/course1/摄影大赛获奖作品展/4 风中"网"事.jpg"/>
        <a href="#">渔民的渔网在退潮间,随风飘荡,在落日的余晖下,熠熠生辉!</a>
        <h3>风中"网"事<span>摄影:陈嘉扬</span></h3></li>
<li class="box"><img src="img/course1/摄影大赛获奖作品展/5 写作业.jpg"/>
    <a href="#">一黄一蓝 ,认真地趴在台子上写作业,书包随意丢在一边,聚精会神的他
们已经忘记天气有多冷。</a>
        <h3>写作业<span>摄影:张可贤</span></h3></li>
<li class="box"><img src="img/course1/摄影大赛获奖作品展/6 拼博.jpg"/>
<a href="#">沙滩上,在恶劣的环境里的少年们,依然在努力、在拼博。</a>
```

```
        〈h3〉拼博〈span〉摄影：王浩〈/span〉〈/h3〉〈/li〉

        〈li class＝"box"〉〈img src＝"img/course1/摄影大赛获奖作品展/7 反战游行.jpg"/〉

        〈a href＝"＃"〉2018 年 4 月 16 日拍摄于美国纽约街头，特朗普宣布打击叙利亚，美
国人民走上街头抗议示威。〈/a〉

        〈h3〉反战游行〈span〉摄影：刘永奇〈/span〉〈/h3〉〈/li〉

        〈li class＝"box"〉〈img src＝"img/course1/摄影大赛获奖作品展/8 拒之门外的教
徒.jpg"/〉

        〈a href＝"＃"〉照片中的孩子是一名基督徒，但是由于身份原因，他无法进入教堂祷
告，也不能领取教会免费的药物。〈/a〉

                        〈h3〉拒之门外的教徒〈span〉摄影：程一恒〈/span〉〈/h3〉
                        〈/li〉〈/ul〉

〈/body〉
〈script〉
    $ (function(){
        $ (".box").hover(
            function(){ $ (this).find("a").show();},
            function(){ $ (this).find("a").hide();});});
〈/script〉

〈/html〉
```

## 3. 任务总结

（1）知识和技术：本次任务重点熟悉 HBuilder，H 是 HTML 的首字母，Builder 是构造者。HBuilder 基于 Eclipse，所以顺其自然地兼容了 Eclipse 的插件。从 FrontPage、Dreamweaver，到 Sublime Text 和 WebStorm，Web 编程的 IDE（集成开发环境）已经更换了几批。但是HBuilder 可以生存就是因为有自身的优势：通过完整的语法提示和代码输入法、代码块等，大幅提升 HTML、js、css 的开发效率，它还可以通过外部命令方便地调用各种命令行功能，并设置快捷键。如果习惯了其他工具（如 VS code 或 Sublime）的快捷键，在【菜单工具】→【快捷键方案】中可以切换。目前主流的前端开发工具有以 Sublime 为代表的文本编辑器，以及 Webstorm、Brackets等，其中专门为 HTML5 设计或做了特殊优化的，只有 HBuilder、Webstorm 和 Brackets。

（2）思政要点：从摄影作品中我们看到了中国人的勤劳善良、谦逊好学的传统美德。但也要看到所有的宁静与美好，都是因为有一群年轻人克难忍苦，用血汗和青春守护着我们！请珍惜来之不易的宁静、和平与平等。作为文明古国，我们一直倡导和睦共处；作为大国，我们愿意帮助所有国家、民族和肤色的人。

**【拓展任务——电影排行榜动画效果浏览】**

(1)思政要点：《战狼2》为什么会成功？弘扬主旋律，传播正能量，这就是观众乐意看的，也是永不过时的主题。随着对传统文化、传统思想价值体系的认同与尊崇，随着中国文化软实力的增强，中国将会有更多的优秀文化作品得到全世界的认同。作为网络媒体的主渠道的Web前端开发人员，要发挥专业优势，以传播正能量为己任。

(2)技术要求：拓展任务是电影排行榜动画效果页面，该任务需要大家继续熟悉HTML5、CSS3，了解轻量级框架jQuery。具体代码保存在【课程教学/course1-2expand.html】文件中，按照任务一的方法运行即可在浏览器中观看动态效果，效果截图如图1-15所示。

图1-15　电影排行榜动画效果

**项目小结**

本章的主要任务是了解Web的发展历程、相关技术以及相关概念和知识；了解HTML5、CSS3发展过程以及主要作用和支持浏览器的情况；熟悉各种编辑器的特点和优势；掌握HBuilder下载、使用方法，学会使用HBuilder创建项目、创建运行HTML5、CSS|3等文件。

# 习题一

## 一、选择题

1. Web 前端开发中"Web"指的是（　　）。

A. Internet　　　　　B. Web 客户端　　　　　C. Web 系统　　　　　D. Web 服务器

2. 以下概念或者功能属于"前端"的是（　　）。

A. Web 系统中以网页的形式为用户提供的部分，用户能接触到的部分

B. Web 系统中负责数据存取的部分

C. Web 系统中负责平台稳定性与性能的部分

D. Web 系统中负责完成相应的功能、处理业务的部分

3. 以下关于网页源文件的叙述不正确的是（　　）。

A. 网页源文件是一些代码　　　　　　　　B. 网页源文件客户端是看不见的

C. 网页源文件可以在记事本里打开　　　　D. 网页源文件是纯文本文件

4. 以下关于前端技术标准叙述不正确的是（　　）。

A. 技术标准主要包括 HTML、CSS、JS 等部分技术的一些规定

B. 技术标准是由 W3School 组织提供的

C. 这些技术标准是在做 Web 前端开发的时候需要遵守的

D. 技术标准的应用是一个逐步的过程

5. 以下不是网页的页面元素的是（　　）。

A. 导航栏　　　　　B. logo　　　　　C. 文字与图片　　　　　D. 网页源文件

6. 以下说法中，错误的是（　　）。

A. 网站 logo、banner、导航栏等都是网页的组成部分

B. 主页就是进入网站的第一个页面，也被称为首页

C. 网页就是一系列逻辑上可以视为一个整体的页面的集合

D. 所有网页的扩展名都是 .htm

7. 以下说法中，错误的是（　　）。

A. 网页的本质就是 HTML 等源代码文件

B. 网页就是主页

C. 使用"记事本"编辑网页时，可将其保存为 .htm 或 .html 文件

D. 网站通常就是一个完整的文件夹

8. 下列关于 HTML 语言描述不正确的是（　　）。

A. HTML 语言中可以嵌入如 CSS、JavaScript 等语言

B. HTML 是指超文本链接语言，用超链接将网页组织在一起

C. HTML 语言是通过一系列特定的标记来标识出相应的意义和作用的

D. HTML 文档本身就是文本格式的文件

9. 以下关于浏览器的描述错误的是（　　）。

A. 主流的浏览器有 Chrome、Firefox、IE 等

B. 不同浏览器厂商的浏览器，一定有不同的内核

C. 不同版本的浏览器差别可能很大，对 Web 技术的支持度也会不同

D. Chrome 浏览器可以在进行 Web 前端开发时，用于调试和测试

10. 以下说法错误的是（　　）。

A. HTML 与 CSS 配合使用，是为了内容与样式分离

B. 如果只使用 HTML 而不使用 CSS，网页是不可能有样式的

C. JavaScript 可以嵌入在 HTML 语言中，作为网页源文件的一部分存在

D. CSS 表示层叠样式表，可以添加页面的样式，规定网页的布局

11. 关于内容、结构和表现说法不正确的是（　　）。

A. 内容是页面传达信息的基础

B. 表现使得内容的传达变得更加明晰和方便

C. 结构就是对内容的交互及操作效果

D. 内容就是网页实际要传达的信息，包括文本、图片、音乐、视频、数据、文档等

12. 关于 Web 标准，以下说法不正确的是（　　）。

A. Web 标准是一个复杂的概念集合，它由一系列标准组成

B. Web 标准里的表现标准语言主要包括 CSS

C. Web 标准可以分为 3 个方面

D. 这些标准全部都由 W3C 起草与发布

13. 下列工具中（　　）不是专业的前端开发工具。

A. HBuilder　　　　B. WebStorm　　　　C. Sublime Text　　　D. Pycharm

## 二、判断题

1. （　　）后端部分是对普通用户不可见的，例如从数据库中读取数据。

2. （　　）HTML 是超文本标记语言，是制作网页的标准语言。

3. （　　）Web 系统前端是指系统中用户接触到的部分。

4. （　　）Web 系统后端主要负责完成系统功能，包括数据存取、系统安全等。

5. （　　）网页对应着的源文件包含一些代码，而浏览器可以解析这些代码并呈现出来。

6. （　　）网站中的网页是逻辑相关的，可以通过超链接的方式被组织在一起。

7. （　　）W3C 组织制定关于 Web 技术的一些标准，例如 HTML、CSS、JavaScript 等。

8. （　　）CSS 是负责完成网页内容的，HTML 是用来设置样式的。

### 三、问答题

1. 什么是静态网页？

2. 什么是动态网页？

3. 说出两种获取网页源文件的方法。

4. 说出 HBuilder 中项目管理器的打开方式。

5. 使用 HBuilder 新建项目的步骤是什么？

6. 简述 HBuilder 的优缺点。

# HTML5 标签与 CSS3 样式

## 学习目标

### 1.技术目标

(1)掌握 HTML5 的基本结构标签和新增结构标签；

(2)掌握 HTML5 的文本格式化标签和页面增强标签；

(3)掌握多媒体标签和超级链接标签；

(4)掌握列表标签和表格标签；

(5)掌握 CSS3 的样式书写方法和三种使用方法；

(6)灵活运用 CSS3 的尺寸、字体、文本、列表、渐变、表格等属性进行页面效果设置；

(7)掌握 CSS3 的浮动、定位属性。

### 2.思政目标

(1)了解中华诗词蕴含的家国情怀和积极向上的精神,培养学生报国之志和乐观精神；

(2)学习逆行者不问归期、不惧凶险、不计报酬、无论生死的大无畏奉献精神；

(3)坚守道德底线,将爱国情怀融入日常生活,融入一言一行中；

(4)养成遵守规则的习惯,承担维护社会秩序职责；

(5)学会从青年榜样中汲取精神力量,鼓舞斗志,指导人生方向；

(6)了解优秀传统文化在促进民族认同、凝聚人心、激发民族意志中的作用,自觉继承和发扬优秀传统文化；

(7)学会理性思考,不信谣不传谣,拒绝网络暴力；

(8)理解体育精神,了解自然,学会尊重生命；

(9)建立职业道德底线,学会拒绝诱惑,保护用户个人信息安全,努力提高技术水平,成为信息安全守护者；

(10)知道科学与创新是国家核心竞争力,立志履行技术技能人才的责任与使命,服务国家；

(11)学好专业技术,培养服务新农村建设意识；

(12)养成由浅入深、由易到难的学习习惯,树立一步一个脚印,踏踏实实做好小事、做好当前事的态度。

　　HTML 是一系列 Web 相关技术的总称,其中最重要的 3 项技术是 HTML 核心规范、CSS(Cascading Style Sheets,层叠样式表)和 JavaScript(一种脚本语言,用于增强网页的动态功能)。在 HTML 页面中,带有"〈〉"符号的元素被称为 HTML 标签,例如〈html〉、〈head〉、〈body〉等都是标签。所谓标签就是放在"〈〉"符号中标识某个功能的编码命令,也称为 HTML 标记或者 HTML 元素,本书中统称为标签。HTML5 在之前 HTML4.01 的基础上进行了一定的改进,将 Web 带入一个成熟的应用平台,在这个平台上,视频、音频、图像、动画以及与设备的交互都进行了规范,因此 HTML5 被认为是互联网的下一代标准,互联网的核心技术之一。

　　CSS 是一种用来表现 HTML(标准通用标记语言的一个应用)或 XML(标准通用标记语言的一个子集)等文件样式的计算机语言,也称级联样式表,它可以定义样式结构和显示方式,如字体、颜色、位置等。CSS 不仅可以静态地修饰网页,还可以配合各种脚本语言动态地对网页各元素进行格式化,且能同时控制多张网页的布局。CSS 在 Web 设计领域是一个突破,利用它可以实现修改一个小的样式,就能更新与之相关的所有页面元素,节省了大量工作。CSS3 是层叠样式表的最新版本。

　　**注意:**在 Web 开发中,HTML 主要负责完成网页内容,它通过一系列标签将网络上的文档格式统一,使分散的 Internet 资源连接为一个逻辑整体。CSS 主要用来定义网页的样式,包括针对不同设备和屏幕尺寸的设计和布局。虽然他们各自的内容完全独立,但是在结果呈现中又是密不可分、缺一不可,因此本书中将 HTML 和 CSS 一起进行介绍。

## ▶ 任务一　古诗词欣赏页面制作

### 任务描述

　　本任务是使用 HTML5 的基本结构、文本标签和 CSS3 行内样式表制作一个古诗词欣赏页面,效果如图 2-1 所示。

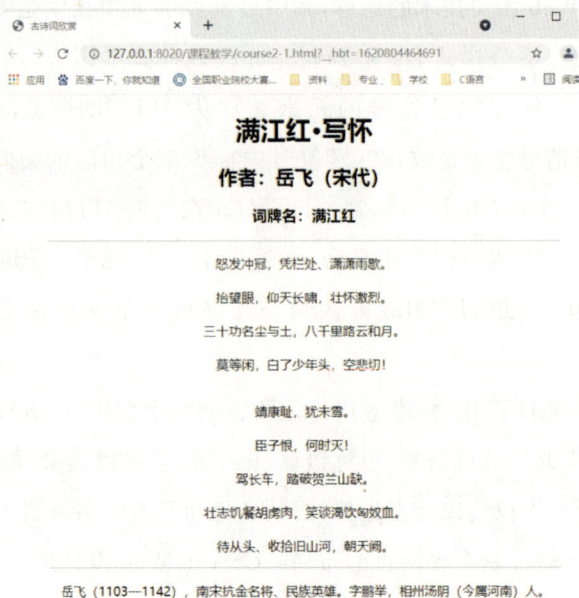

图 2-1　古诗词欣赏页面

## 知识储备

### 1. HTML5 结构标签

HTML5 用〈html〉…〈/html〉、〈head〉…〈/head〉和〈body〉…〈/body〉等三个标签定义页面的基本结构。

（1）〈html〉…〈/html〉：限定了文档的开始点和结束点，在它们之间是文档的头部和主体。

〈html〉标签告知浏览器这是一个 HTML 文档。〈html〉标签是 HTML 文档中最外层的标签，也可称为根标签。可即使〈html〉标签是文档的根标签，它也不包含〈! DOCTYPE html〉标签，〈! DOCTYPE html〉标签必须位于〈html〉标签之前。

（2）〈head〉…〈/head〉：用于定义文档的头部，它是所有头部元素的容器。

文档的头部描述了文档的各种属性和信息，包括文档的标题、在 Web 中的位置以及和其他文档的关系等。绝大多数文档头部包含的数据都不会真正作为内容显示在网页上。下面这些标签可用在 head 部分：〈base〉、〈link〉、〈meta〉、〈script〉、〈style〉和〈title〉。〈title〉定义文档的标题，它是〈head〉标签中唯一必需的标签。

（3）〈body〉…〈/body〉：包含文档的所有内容。

例如文本、超链接、图像、表格和列表等都可以包括在〈body〉标签内。〈body〉标签既支持HTML 中的全局属性，也支持 HTML 中的事件属性。

除此之外，还有定义文档类型声明的〈！DOCTYPE html〉，定义文档标题的〈title〉，定义文档样式的〈style〉，定义换行的〈br/〉等标签，这些标签中还有很多属性，用来进一步详细描述标签或者限定标签操作对象。

## 2. HTML5 基本标签

(1)〈！DOCTYPE html〉：用来向浏览器说明当前文档使用的 HTML 版本。

HTML5 中使用〈！DOCTYPE html〉声明，该声明方式适用于所有版本的 HTML。

在开发工具中快速生成骨架的方法：

方法一：输入 HTML:5，然后按 Tab 键。

方法二：输入！，然后按 Tab 键。

在 HBuilder 中生成的效果如图 2-2 所示：

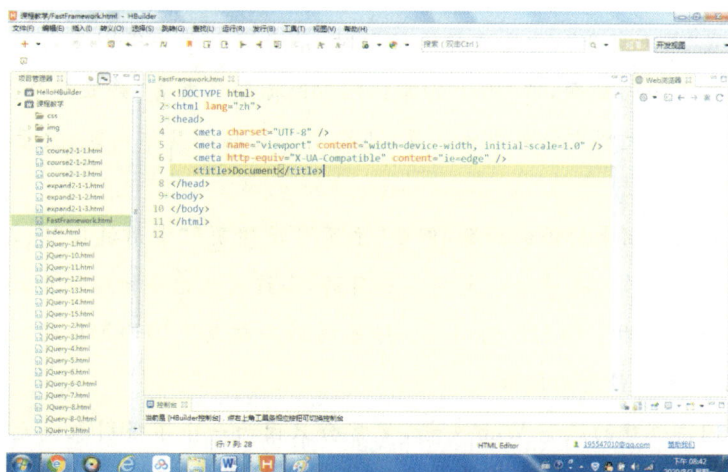

图 2-2　HTML 骨架

(2)〈meta〉...〈/meta〉：提供关于 HTML 的元数据，不会显示在页面，一般用于向浏览器传递信息或者命令，作为搜索引擎，或者用于其他 Web 服务。

一个〈head〉标签可以包含多个〈meta〉标签。〈meta〉标签共有两个属性，分别是 name 属性和 http-equiv 属性。

①name 属性：主要用于描述网页，如网页的关键词等。与之对应的属性值为 content，content 中的内容是对 name 填入类型的具体描述，通常用于搜索引擎抓取。〈meta〉标签中 name 属性的语法格式如下：

〈meta name＝"参数" content＝"具体的描述"〉

②http-equiv 属性：相当于 http 的文件头作用(equiv 是 equivalent 的缩写)，它可以向浏览

器定义一些有用的信息，以帮助正确和精确地显示网页内容，与之对应的属性值为 content，content 中的内容是对 http-equiv 填入类型的具体描述。meta 标签中 http-equiv 属性的语法格式如下：

```
〈meta http-equiv="参数" content="具体的描述"〉
```

（3）〈title〉…〈/title〉：定义文档的标题。

浏览器会以特殊的方式来使用标题，并且通常把它放置在浏览器窗口的标题栏或状态栏中。同样，当把文档加入用户的链接列表或者收藏夹或书签列表时，标题将成为该文档链接的默认名称。

**延伸阅读：标题里是什么？**

选择一个正确的标题，这对于定义文档并确保它能够在 Web 上有效利用来说是十分重要。用户可以用任何顺序、独立地访问文档集中的每一个文档。所以，文档的标题不仅应当根据其他文档的上下文定义，而且还要显示其自身的特点。通常不要采用含有文档引用排序的标题，例如"第十六章"或"第五部分"，看见这样的标题时，读者完全无法猜测其内容到底是什么。一般应该使用描述性更强的标题，像"第十六章：HTML 标题"，或者"第五部分：如何使用标题"，它不仅表达了它在一个大型文档集中的位置，还说明了文档的具体内容，便于读者判断是否需要读下去。

也不要使用网站内用来引用的标题，例如"主页""反馈页""常用链接"等，这完全无法显示和内容的关系。标题的作用是传达一定内容和目的，令读者凭这个标题就可以判断是否有必要访问这个页面。如果使用"HTML 的〈title〉标签的详细信息"、"HTML 的〈title〉标签的反馈页"等标题则更加有利于读者的阅读。

花费大量时间去创建的漂亮 Web 文档，常常会只因为一个不吸引人或无意义的标题而导致无人阅读。根据大数据信息给用户推荐网页，在浏览网页时特别流行，这些推荐网页的推选原则就是根据标题中的相关关键词，因此在庞大的链接数据库中能被挑选中的网页的核心就是标题的相关性，因此，标题的重要性怎么强调都不过分，所以务必为自己的每个文档都认真地选择一个描述性的、实用的，并与上下有区别的独立标题。

（4）〈hi〉…〈/hi〉：标识标题文本的级别。

i 的值为 1、2、3、4、5、6，其中〈h1〉定义最顶层标题，〈h2〉、〈h3〉、〈h4〉定义中低级标题，〈h6〉定义最小的标题。由于层级关系的原因，〈h5〉、〈h6〉很少用。

**注意：** 由于〈h〉标签拥有确切的语义，因此使用时需要选择恰当的标签层级来定义文档的结构。禁止使用〈h〉标签改变同一行中的字体大小。

（5）〈p〉…〈/p〉：定义段落。

浏览器会自动在其前后创建一些空白，段落的行数依赖于浏览器窗口的大小。调节浏览器大小会改变段落的行数。当段落中出现一个以上的空格和换行，浏览器都会解释为一个空格。

（6）〈br/〉：用于插入一个换行符。

**延伸阅读：标签的分类**

根据标签的组成特点，通常将 HTML 标签分为两大类，分别是"双标签"和"单标签"。

双标签：双标签也被称为"体标签"，是指由开始和结束两个标签符号组成的标签。双标签的基本语法格式：〈标签名〉内容〈/标签名〉。例如，前面文档结构中的〈html〉…〈/html〉、〈head〉…〈/head〉、〈body〉…〈/body〉等都属双标签。

单标签：单标签也被称为"空标签"，是指用一个标签符号即可完整地描述某个功能的标等，其基本语法格式如下：〈标签名/〉。例如，〈br/〉就是一个单标签。

（7）〈hr/〉：用于插入一条水平线。

（8）〈div〉…〈/div〉：用于定义文档中的分区或者节。

该标签是一个无语义标签，或者说是一个块标签，其前后相当于添加了换行。它经常用来划分块或者区域，因此可以用作严格的组织工具，并且不需使用任何格式与其关联。

**延伸阅读：标签的关系**

在网页中会存在多种标签，各标签之间都具有一定的关系。标签的关系主要有嵌套关系和并列关系两种，介绍如下。

嵌套关系：嵌套关系也称为包含关系，可以简单理解为个双标签里面包含其他的标签。例如，在 HTML5 的结构代码中，〈html〉标签和〈head〉标签（或〈body〉标签）就是嵌套关系，效果如图 2-3 所示。在嵌套关系的标签中，把最外层的标签通常称为"父级标签"（或者父元素），里面的标签称为"子级标签"（或者子元素），只有双标签才能作为"父级标签"。

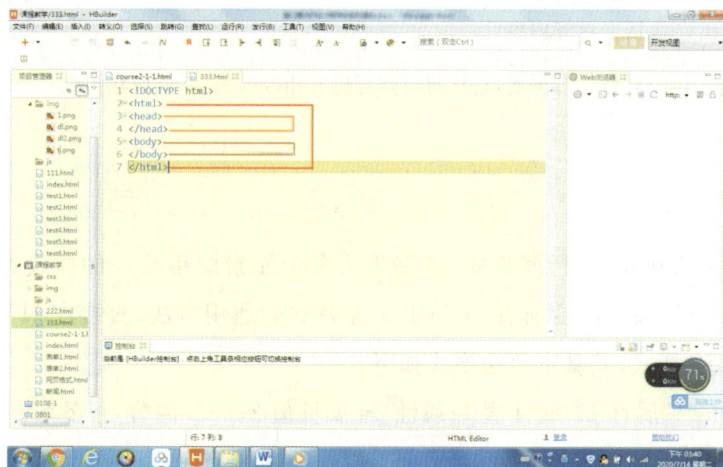

**图 2-3　标签嵌套关系**

需要注意的是，在标签的嵌套过程中，必须先结束最靠近内容的标签，再按照由内到外的顺序依次结束标签。图 2-4 和图 2-5 所示分别为嵌套标签错误写法和正确写法。

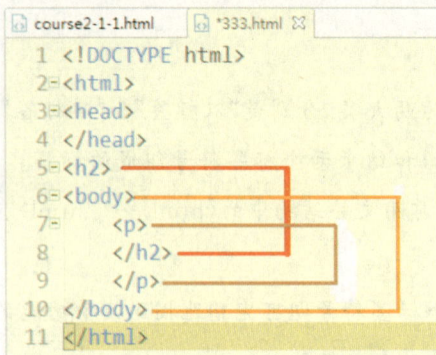

图 2-4    错误的标签嵌套关系图

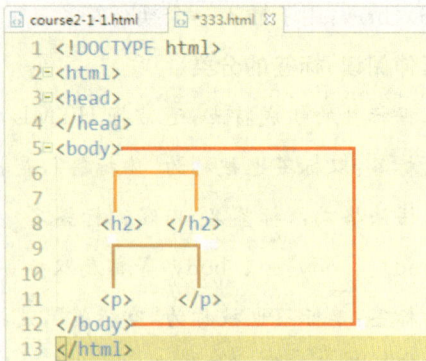

图 2-5    正确的标签嵌套关系

并列关系：并列关系也称为兄弟关系，就是两个标签处于同级别，并且没有包含关系，例如在 HTML5 的结构代码中，〈head〉标签和〈body〉标签就是并列关系。HTML 标签中，无论是单标签还是双标签，都可以拥有并列关系。

（9）align 属性：规定元素中内容的水平对齐方式。

HTML 大部分标签都具有元素水平对齐方式属性，其语法格式为：〈标签 align＝"value"〉，value 取值如表 2-1 所示。

表 2-1    align 属性值

| 值 | 描述 |
| --- | --- |
| left | 左对齐内容 |
| right | 右对齐内容 |
| center | 居中对齐内容 |
| justify | 对行进行伸展，这样每行都可以有相等的长度（就像在报纸和杂志中） |

### 3. CSS3 内嵌样式

内嵌样式也称内联样式、行间样式，可用于为单个元素应用唯一的样式。这是 HTML 中提供的一种通过 style 属性改变所有 HTML 元素样式的通用方法，直接在 HTML 标签中使用 style 属性设置 CSS 样式，其基本语法格式如下：

〈标签名 style＝"属性 1：属性值 1；属性 2：属性值 2；…"〉内容〈标签名〉

语法中 style 是标签的属性，实际上任何 HTML 标签都拥有 style 属性，用来设置行内样式，其中属性和值的书写规范与 CSS 样式规则相同。行内样式只对其所在的标签及嵌套在其中的子标签起作用，因此具有非常高的特异性。需要使用多个样式时，每个样式声明之间使用分号（;）分隔开。

行内样式用起来简单而方便,特别是想测试和预览、更快速修复或者降低 HTTP 请求,这种方式非常有用。但是行内样式仅对当前的 HTML 标签起作用,也就是说,如果希望多个标签使用同一个样式,则需要设置多次。虽然行内样式都写在 HTML 标签中,不需要使用选择器,但是它不能使内容与表现分离,无法体现 CSS 的优势,如果在一个大的应用中所有标签都使用行内样式,那么不仅代码冗余,后期的维护量也会很大,所以在大项目中不推荐使用这种方式来设置样式。

## 任务 实现

### 1. 任务分析

本次任务主要是制作一个展示我国南宋抗金名将、民族英雄岳飞写的一首词,词牌名为《满江红》。页面元素包括标题、段落文本以及用来分割标题、词以及作者介绍的水平线,主要使用的标签有〈h1〉到〈h3〉、〈hr/〉、〈br/〉、〈p〉等,同时使用 CSS3 中的 width 和 algin 来设置文字显示宽度和对齐方式。基本的操作步骤如下:

(1)添加文字信息;

(2)给文本添加标签;

(3)添加水平线标签;

(4)添加换行标签;

(5)添加标题等其他信息;

(6)添加 CSS 样式。

### 2. 代码实现

这是一个简单的入门任务,通过〈head〉中的〈meta charset＝"utf-8"〉设置字符集,并通过〈title〉将网页命名为"古诗词浏览页面"。详细代码如下:

```
〈! DOCTYPE html〉
〈html〉
〈head〉
        〈meta charset＝"utf-8"〉
        〈title〉古诗词欣赏〈/title〉
〈/head〉
〈body〉
        〈div align＝"center" style＝"width:650px;margin:0 auto;"〉
        〈h1 align＝"center"〉满江红·写怀〈/h1〉
        〈h2 align＝"center"〉作者:岳飞(宋代)〈/h2〉
```

```
〈h3 align＝"center"〉词牌名：满江红〈/h3〉〈hr /〉
    〈p〉怒发冲冠，凭栏处、潇潇雨歇。〈br /〉〈br /〉
        抬望眼，仰天长啸，壮怀激烈。〈br /〉〈br /〉
        三十功名尘与土，八千里路云和月。〈br /〉〈br /〉
        莫等闲，白了少年头，空悲切！〈br /〉〈br /〉〈/p〉
    〈p〉靖康耻，犹未雪。〈br /〉〈br /〉
        臣子恨，何时灭！〈br /〉〈br /〉
        驾长车，踏破贺兰山缺。〈br /〉〈br /〉
        壮志饥餐胡虏肉，笑谈渴饮匈奴血。〈br /〉〈br /〉
        待从头、收拾旧山河，朝天阙。〈/p〉〈hr /〉
    〈p align＝"left"〉岳飞（1103—1142），南宋抗金名将、民族英雄。字鹏举，相州汤
阴（今属河南）人。〈/p〉〈/div〉
    〈/body〉
    〈/html〉
```

## 3. 任务总结

（1）知识和技术：本次古诗词浏览页面制作任务使用了 HTML5 中显示文字、换行、水平线以及 div 块等基本标签，并简单使用样式设置 div 的宽度和文字的居中效果。本页面内容相对来说比较简单，是网页制作的入门任务，但是涉及简单网页的制作全过程。

（2）思政要点：作为爱国将领，岳飞在这篇抒怀诗词中，表现了中华民族不甘屈辱、奋发图强的精神。诗词中饱含对祖国的赤胆衷心和对祖国统一殷切期望，彰显中华男儿的浩然正气和英雄气质。无论是抵抗外辱时期抛头颅洒热血的抗日志士，还是前仆后继舍命投身到革命中的中华儿女，以及现在维护祖国和人民安宁的铁骨铮铮的军人，无不传承和弘扬着这种精神。

【拓展任务——新闻网页制作】

（1）思政要点：2020 年 1 月，新冠疫情暴发。一群群医生护士、解放军和救援队，逆向而行，不问归期、不惧凶险、不计报酬、无论生死！武汉紧急封城，关闭离汉通道，暂停市内交通，取消社会聚集活动，严格佩戴口罩。全国各地区根据疫情情况，全民戴口罩，严格管控，学生停课，工厂停工。每个人都克服困难、恪守规定、遵守要求。在党中央的统一指挥、统一协调、统一调度下，全民一心，赢得了这场防守保卫战的全面胜利。

（2）技术要求：参考图 2-6 效果，完成新闻浏览网页制作任务，拓展任务制作以课内任务为基础，但是对文字对齐方式等有了更多的要求。制作过程也是使用 HTML5 的基本文本显示标签，同时也需要使用 CSS3 进行简单的格式设置，美化页面。本任务的详细代码见课程教学文件夹下的 course2-1expand. html。

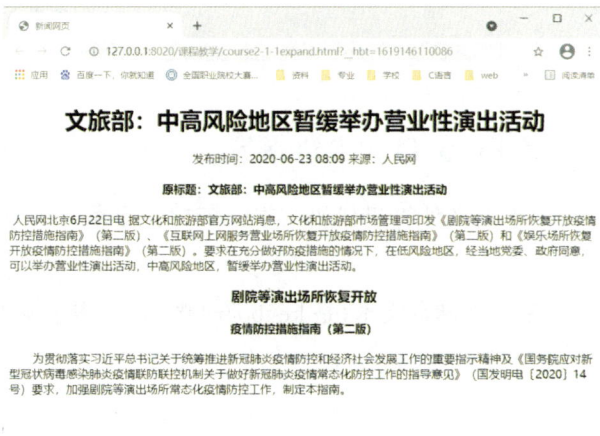

图 2-6　新闻网页

## ▶ 任务二　HTML5 简介页面制作

**任务描述**

　　本次任务主要使用 HTML5 中的文本格式呈现效果标签来设置网页中文字、段落的显示方式，文本中还包括程序代码、网址以及引用等内容，因此需要通过相应的标签将它们标记为代码、键盘输入、网址或者块，部分还需要显示为程序代码段的形式，最终效果如图 2-7 所示。

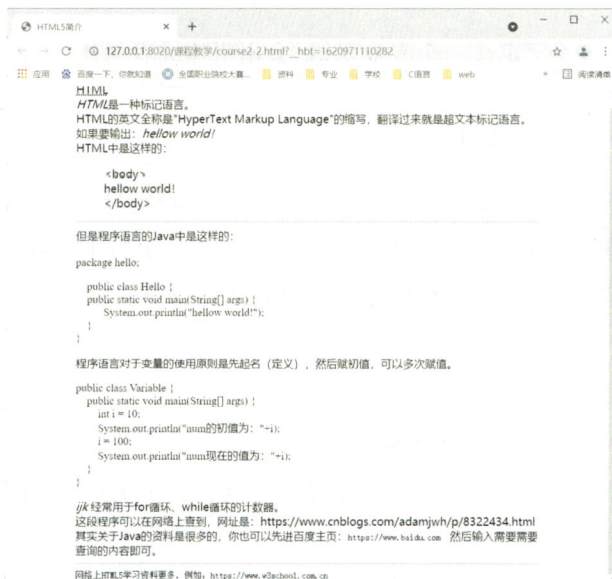

图 2-7　HTML5 简介页面

**知识储备**

### 1. HTML5 计算机输出、引用和术语标签

（1）〈code〉…〈/code〉：用于定义计算机代码文本。该标签显示方式现在还不确定，目前常见的是用等宽字体显示。

（2）〈kbd〉…〈/kbd〉：用于定义键盘文本，是 keyboard 的缩写，表示文本是从键盘上键入的，经常用在与计算机相关的文档或者手册中。

（3）〈samp〉…〈/samp〉：用于定义样本文本，是 sample 的缩写。

（4）〈var〉…〈/var〉：用于定义变量，是 variable 的缩写，会用斜体显示。

（5）〈pre〉…〈/pre〉：用于定义预格式化的文本。被包围在〈pre〉标签中的文本通常会保留空格和换行符，文本也会呈现为等宽字体。

（6）〈abbr〉…〈/abbr〉：用于定义一个缩写，是 abbreviation 的缩写。该标签可以使用全局的 title 属性，这样就能够在鼠标指针移动到该标签上时显示出缩写的完整版本。

（7）〈address〉…〈/address〉：用于定义一个地址，表现形式与斜体相同。

（8）〈blockquote〉…〈/blockquote〉：用于定义块引用，该标签之间的所有文本都会从常规文本中分离出来，经常会在左、右两边进行缩进，有时会使用斜体。

（9）〈q〉…〈/q〉：用于定义一个短的引用，该标签之间的内容周围会加上引号。

（10）〈cite〉…〈/cite〉：用于表示对某个参考文献的引用，通常用于作品的标题或者参考文献，会用斜体显示。

（11）〈dfn〉…〈/dfn〉：用于定义一个专业术语，会用粗体或者斜体显示。

### 2. HTML5 文本格式化标签

HTML5 中的有些标签可以使文本内容在浏览器中呈现特定的文字效果，直接使用这些文本格式化标签就能实现简单的文本格式化效果。但是，一般使用 HTML5 开发的网页页面元素都较为复杂，经常需要使用文本格式化标签和 CSS 样式同时设置，才能完成丰富的页面效果。

（1）〈b〉…〈/b〉：用于定义粗体文本，是 bold 的缩写。

（2）〈strong〉…〈/strong〉：用于定义粗体文本。

（3）〈small〉…〈/small〉：用于定义小号字体文本。与之对应的〈big〉标签在 HTML5 中已被废弃。

（4）〈em〉…〈/em〉：用于定义强调文本，是 emphasized 的缩写，显示效果与斜体文本类似。

（5）〈i〉…〈/i〉：用于定义斜体文本。

（6）〈sub〉…〈/sub〉：用于定义下标文本。

（7）〈sup〉…〈/sup〉：用于定义上标文本。

（8）〈bdo〉…〈/bdo〉：用于定义文本方向。

（9）〈del〉…〈/del〉：用于定义文档中被删除的文本，是 delete 的缩写，会用中画线显示。

（10）〈ins〉…〈/ins〉：用于定义文档中插入的文本，是 insert 的缩写，会用下画线显示。

**注意**：根据 HTML5 的规范，标题文本应使用〈h1〉—〈h6〉，强调文本使用〈em〉，重要文本使用〈strong〉，其他方面的才使用〈b〉。HTML 中还提供了一些特殊的文本格式化标签、计算机输出和引用术语标签。这类标签都会呈现特殊的样式，而且拥有明确的语义。

## 3. 预留字符

编程语言中都有大量的保留字，这些保留字不能用作变量名或者过程名。同样，在 HTML 中也存在大量的类似字符，称作预留字符。在开发过程中，这些预留字符是不能使用的，因为浏览器可能会产生误读。

比如，这样的代码：

〈div〉我们把〈div〉标签叫作块标签。〈/div〉

第二个〈div〉会被浏览器识别为块标签，运行结果如图 2-8 所示。

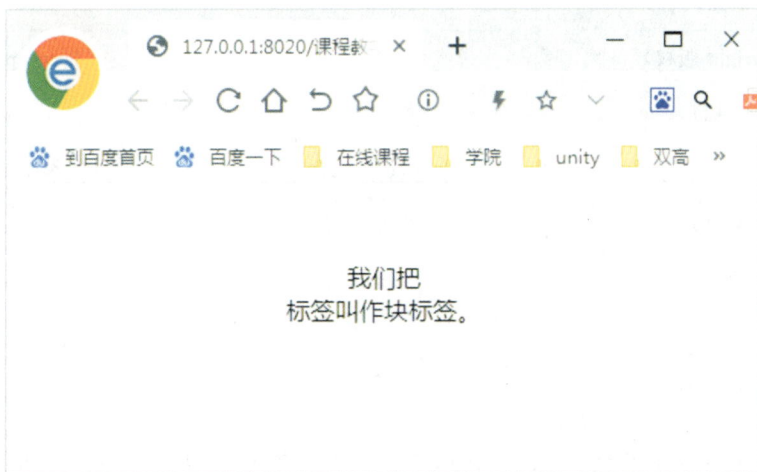

**图 2-8　〈div〉错误的运行结果**

但是在开发中不可避免地会出现需要显示预留字符的情况，因此 HTML 中规定了一些转义字符，用来代替预留字符。例如，HTML 中规定将"〈"和"〉"替换成"&lt;"和"&gt;"。所以上面的代码改为：

〈div〉我们把 &lt;div&gt;标签叫作块标签。〈/div〉

常见的转义字符如表2-2所示。

表 2 - 2　常见的转义字符表

| 显示字符 | 十进制编号 | 实体字符 |
| --- | --- | --- |
| " | &#34; | &quot; |
| & | &#38; | &amp; |
| 〈 | &#60; | &lt; |
| 〉 | &#62; | &gt; |
| 空格,用于显示连续空格 |   |   |

上表中的两种转义字符都可以实现转义,实体字符容易记忆,而十进制编号兼容性好。

HTML还提供了大量的实体字符,用于输入一些特殊符号,如表2-3所示。通过特殊的输入法也可以输入这些字符,但用实体字符会更方便些。

表 2 - 3　实体字符表

| 显示字符 | 十进制编号 | 实体字符 |
| --- | --- | --- |
| ¥(人民币元) | &#165; | &yen; |
| €(欧元) | &#8364; | &euro; |
| ©(copyright版权) | &#169; | &copy; |
| ®(商标) | &#174; | &reg; |
| ™(商标) | &#8482; | &trade; |
| ×(乘号) | &#215; | &times; |
| ÷(除号) | &#247; | &divide; |

## 4. CSS3 内部样式

内部样式也称为嵌入样式,将CSS代码集中写在HTML文档的head头部标签中,并且用style标签定义。其基本语法格式如下:

```
〈style type="text/css"〉
    选择器{属性1：属性值1；属性2：属性值2；…}
〈/style〉
```

其中〈style〉…〈/style〉用于定义HTML文档引入的样式,一般位于head标签中title标签之后,该标签的type属性是必需的,在定义〈style〉标签的内容时,一般取值为"text/css",在

HTML5中可以省略，写上比较符合规范。内部样式仅对当前页面有效。在页面加载过程中，先加载样式，后加载页面元素。它将 CSS 样式从 HTML 标签中分离出来，使得 HTML 代码更加整洁，而且 CSS 样式可以被多次利用。

## 5. CSS3 的尺寸属性

CSS3 可以设置每个元素的大小，包括宽度、最小宽度、最大宽度、高度、最小高度、最大高度。尺寸的属性如表 2-4 所示。

表 2-4　尺寸属性及值

| 属性 | 含义 | 属性值 |
|------|------|--------|
| width | 设置元素的宽度 | auto/长度/百分比/inherit |
| min-width | 设置元素的最小宽度 | 长度/百分比/inherit |
| max-width | 设置元素的最大宽度 | 长度/百分比/inherit |
| height | 设置元素的高度 | auto/长度/百分比/inherit |
| min-height | 设置元素的最小高度 | 长度/百分比/inherit |
| max-height | 设置元素的最大高度 | 长度/百分比/inherit |

元素的大小通常是自动的，浏览器会根据内容计算出实际的宽度和高度。如果手动设置了宽度和高度，则可以定制元素的大小。宽度和高度都也可以设置一个最小值与一个最大值，当测量的长度超过了定义的最小值或者最大值，则直接转换成最小值或者最大值。确定的取值方式可以直接通过 CSS 设置，也可以是基于包含它的块级元素的百分比。

设置尺寸大小的 CSS3 语法为：

```
property:value
```

例如：

```
width:50px
```

value 取值如表 2-5 所示。

表 2-5　属性值

| 值 | 描　述 |
|------|--------|
| auto | 默认值。浏览器可计算出实际的宽度 |
| length | 使用 px、cm 等单位定义宽度 |
| % | 定义基于包含块（父元素）宽度的百分比宽度 |
| inherit | 从父元素或者祖先元素那继承值 |

任务 实现

## 1. 任务分析

本次任务页面文本内容有 3 个部分,第一部分为 HTML 介绍,文本效果涉及短引用、专业术语以及块引用等;第二部分主要是 Java 程序部分,文本呈现的效果有计算机代码文本、预格式化文本、变量文本等;第三部分涉及样本文字。每个部分文字的展现效果不尽相同,因此代码书写过程较为繁琐和复杂,简单操作步骤如下:

①添加文字信息;

②添加 2 条横线,分割为三个部分;

③第一部分添加定义专业术语、删除线等标签;

④第二部分添加定义计算机代码文本、变量文本等标签;

⑤第三部分添加引用样本文字标签;

⑥添加 CSS 样式。

## 2. 代码实现

这个一个文本格式控制任务,内容分为三部分,各个部分划分明确,制作过程稍显繁杂,每个部分都有几个不同的标签。通过〈head〉中的〈meta charset＝"utf-8"〉设置字符集,并通过〈title〉将网页命名为"HTML5 简介"。详细 HTML 代码如下:

```
〈IDOCTYPE html〉
〈html〉
〈head〉
    〈meta charset＝"utf-8"〉
    〈title〉HTML5 简介〈/title〉
    〈style〉
        div{
            width:680px;
            margin:0 auto;}
        code,pre{
            font-family:"times new roman";
            font-size:16px;   }
    〈/style〉
〈/head〉
```

〈body〉

　　〈div〉〈abbr title＝"HyporText Markup Language"〉HTML〈/abbr〉〈br /〉

　　　　〈dfn〉HTML〈/dfn〉是一种标记语言。〈br /〉

　　　　〈ins〉HTML〈/ins〉的英文全称是〈q〉HyperText Markup Language〈/q〉,翻译过来就是超文本标记语言。〈br /〉

　　　　如果要输出:〈cite〉hellow world! 〈/cite〉

　　〈br /〉在 HTML 中是这样的:

　　〈blockquote〉

　　　　&lt;body&gt;〈br /〉

　　　　hellow world! 〈br /〉

　　　　&lt;/body&gt;

　　〈/blockquote〉〈hr/〉

　　而在程序语言 Java 中是这样的:

　　〈code〉

　　　　〈br/〉〈br/〉package hello;

　　〈/code〉

　　〈pre〉

　　　　public class Hello {

　　　　public static void main(String[] args)

　　　　{

　　　　　　System.out.println("hellow world!");

　　　　　　}

　　　　}

　　〈/pre〉

　　程序语言对于变量的使用原则是先起名(定义),然后赋初值,可以多次赋值。

　　〈pre〉

　　　　public class Variable {

　　　　　　public static void main(String[] args) {

　　　　　　　　int i＝10;

　　　　　　　　System.out.println("num 的初值为:"＋i);

　　　　　　　　i＝100;

　　　　　　　　System.out.println("num 现在的值为:"＋i);

　　　　　　}

```
        }
    </pre>
    <var>ijk</var>经常用于for循环、while循环的计数器。<br/>
    这段程序可以在网络上查到,网址是:https://www.cnblogs.com/adamjwh/p/
8322434.html<br/>
    其实关于Java的资料是很多的,你也可以先进百度主页:<kbd>https://www.
baidu.com</kbd>   然后输入需要查询的内容即可。<hr />
    <samp>网络上关于HTML5的学习资料也很多,例如:https://www.w3school.com.cn
</samp><br /></div>
    </body>
    </html>
```

### 3.任务总结

(1)知识和技术:本次任务制作浏览器中文本的显示效果和页面样式,主要使用HTML5标签进行设置。相对于上次任务而言,本次任务制作比较繁杂。希望通过本次任务,让同学们充分掌握HTML5文本格式化标签的使用,学会通过CSS3中文字属性设置页面文字显示样式。

(2)思政要点:孟子云,"不以规矩,不能成方圆"。Web前端开发这种冰冷的程序也一样,页面想简洁明了地标出引用术语,必须使用引用术语标签;文本内容想标题醒目、重点突出,必须使用文本格式化标签。正因为有这些规则存在,社会才能够有序地运转,我们才能有序地生活。

【拓展任务——流程控制语句简介页面制作】

(1)思政要点:程序主要通过严格的流程控制语句得到千变万化的结果,就像人类世界中的自由和规则。自由是天赋人权,但是如果没有规则,自由则没有保障。程序能够作出智能的选择和判断,必须在流程控制之下。如果完全不遵循流程控制规则,程序就无法运行。当代大学生们要在遵守规则和制度的前提下,敢想、敢说、敢干、敢闯,才能发挥优势,获得成功。

(2)技术要求:参考图2-9效果,完成包括特殊显示要求的流程控制语句页面制作任务,这次拓展任务和课堂任务要求基本一致,只是对文本格式有了一些新要求。在完成本次拓展任务时可以以课堂任务为基础,稍作修改,即可实现拓展任务要求。在完成拓展任务过程中,请查阅手册资料进行深入学习,既要确保拓展任务顺利完成,也要将知识点融会贯通。详细代码见course2-2expand.html文件。

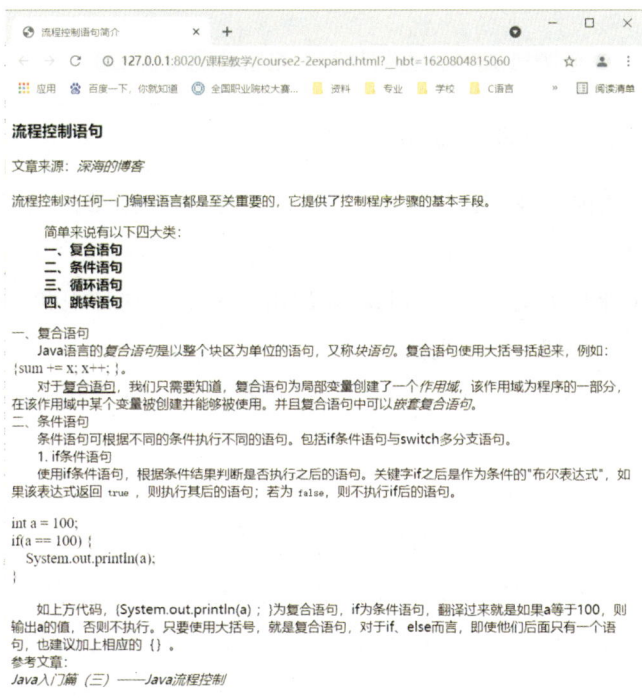

图 2-9　流程控制语句简介页面

## ⊙ 任务三　优秀毕业设计作品展示页面制作

### 任务描述

　　本次任务主要制作一个展示优秀毕业设计作品的页面，页面中包括视频、图片和文字，由于内容较多，页面需要上下翻页，因此需要使用〈a〉标签制作锚点，图片和视频利用多媒体标签制作，文本部分采用之前学习的文本格式化标签进行设置，效果如图 2-10 所示。

图 2-10　优秀毕业设计作品展示页面

知识储备

## 1. HTML5 多媒体与超级链接标签

在 HTML5 出现之前,在网页上呈现图片比较容易,但是如果想在网页上播放音频和视频,则需要安装第三方插件,常用的是 Flash。使用插件比较烦琐,也容易出现安全性问题,而且大部分情况下只能在计算机上使用。HTML5 的出现改变了这种现状,只需要使用〈audio〉、〈video〉两个标签就可以处理音频和视频。

(1)〈img〉:用来定义图像的标签,这是一个空元素标签。为了更加严谨和可靠,在实际开发中,一般写成〈img/〉。

〈img〉标签的语法格式如下:

〈img src="图片文件路径" alt="图像的替代文本"/〉

①src 属性:图片的存储位置,可以是相对路径或者绝对路径,也可以是网址。

②alt 属性:"图像的替代文本"主要针对的是无图浏览器,或纯文字型浏览器,图片会显示成图像的替代文本。

**延伸阅读:绝对路径和相对路径**

绝对路径是指文件在硬盘上实际存放的路径。例如"会员登录界面背景.jpg"这个图片是存放在硬盘的"E:\Web 前端教材新版\课程教学\img\course1\电影排行榜"目录下,那么"会员登录界面背景.jpg"这个图片的绝对路径就是"E:\Web 前端教材新版\课程教学\img\course1\电影排行榜\会员登录界面背景.jpg"。如果要使用绝对路径指定网页的背景图片,就应该使用如下语句:background:url(E:\Web 前端教材新版\课程教学\img\course1\电影排行榜\会员登录界面背景.jpg)。

所谓相对路径,就是相对于自己的目标文件位置。常用的三种相对路径的写法如下:

第一种,background:url(会员登录界面背景.jpg)。

例如:"course3-2.html"文件里引用了"会员登录界面背景.jpg"图片,由该图片相对于 html 文件来说在同一个目录,因此在 html 文件里使用上面代码后,只要这两个文件的相对位置没有变(也就是说还是在同一个目录内),那么无论将 html 文件上传到 Web 服务器的哪个位置,在浏览器里都能正确地显示图片。

第二种,background:url(img/course3/会员登录界面背景.jpg)。

例如:"course3-2.html"文件所在目录为"E:\Web 前端教材新版\课程教学",而"会员登录界面背景.jpg"图片所在目录为"E:\Web 前端教材新版\课程教学\img\course3",那么图片相对于 html 文件来说,是在其所在目录的"img"子目录下,则引用图片的语句如上所示。

**注意:**相对路径应使用"/"字符作为目录的分隔字符,而绝对路径可以使用"\"或"/"字符作为目录的分隔字符。由于"img"目录是"课程教学"目录下的子目录，因此在"img"前不用再加上"/"字符。在相对路径里常使用"../"来表示上一级目录。如果有多个上一级目录，可以使用多个"../"。假设"course3-2.html"文件所在目录为"E:\Web 前端教材新版\课程教学"，而"会员登录界面背景.jpg"图片所在目录为"E:\Web 前端教材新版"，那么图片相对于 html 文件来说，图片在其所在目录的上级目录里，则引用图片的语句应该为：background：url(../会员登录界面背景.jpg)。

第三种，background：url(../img/course3/会员登录界面背景.jpg)；

例如："course3-2.html"文件所在目录为"E:\Web 前端教材新版\课程教学"，而"会员登录界面背景.jpg"图片所在目录为"E:\Web 前端教材新版\img"，那么图片相对于 html 文件来说，图片在其所在目录的上级目录里的"img"子目录里，则引用图片的语句如上所示。

(2)〈audio〉…〈/audio〉：定义声音，如音乐或者其他音频流。

〈audio〉标签的语法格式如下：

〈audio src="音频文件地址" controls="controls"〉〈/audio〉

①src：音频文件的存储位置。

②controls：设置是否使用播放控制。如果在标签中写入 controls="controls"，那么网页会显示 audio 自带的播放控件；如果没有写入，则不会显示播放控件。

〈audio〉标签支持三种视频格式：WAV、MP3、OGG。在使用过程中浏览器对音频的兼容性如表 2-6 所示。

表 2-6　浏览器音频支持情况一览表

| 音频格式 | Chrome | Firefox | IE9 | Opera | Safari |
|---|---|---|---|---|---|
| OGG | 支持 | 支持 | 支持 | 不支持 | 不支持 |
| MP3 | 支持 | 不支持 | 支持 | 不支持 | 支持 |
| WAV | 不支持 | 支持 | 不支持 | 支持 | 不支持 |

(3)〈video〉…〈/video〉：定义视频，如电影片段或者其他视频流。

〈video〉标签的语法格式如下：

〈video src="视频文件路径" controls="controls"〉〈/video〉

①src：视频文件的存储位置。

②controls：设置是否使用播放控制。如果在标签中写入 controls="controls"，那么网页会显示 video 自带的播放控件；如果没有写入，则不会显示播放控件。

〈video〉标签支持三种视频格式：MP4、WebM、OGG。在使用过程中浏览器对视频的兼容性如表 2-7 所示。

表 2-7　浏览器视频支持情况一览表

| 格式 | IE | Firefox | Opera | Chrome | Safari |
|---|---|---|---|---|---|
| OGG | 不支持 | 3.5+ | 10.5+ | 5.0+ | 不支持 |
| MPEG4 | 9.0+ | 不支持 | 不支持 | 5.0+ | 3.0+ |
| WebM | 不支持 | 4.0+ | 10.6+ | 6.0+ | 不支持 |

（4）〈source〉：为媒体元素（比如〈video〉和〈audio〉）定义媒体资源。

〈source〉标签允许提供两个视频/音频文件供浏览器使用，浏览器根据它对媒体类型或者编/解码器的支持进行自动选择。IE9+、Firefox、Opera、Chrome 和 Safari 都支持〈source〉标签。IE 8 或更早版本的 IE 浏览器不支持〈source〉标签。

语法格式如下：

```
〈audio(video) controls〉
     〈source src="" type=""〉
     〈source src="" type=""〉
〈/audio(video) 〉
```

source 为新增标签，它的主要属性有 3 个：

①media：规定媒体资源的类型，供浏览器决定是否下载。

②src：规定媒体文件的 URL。

③type：规定媒体资源的 MIME 类型。

（5）〈a〉…〈/a〉：定义超链接，用于从一个页面链接到另一个页面。

超链接在本质上属于一个网页的一部分，它是一种允许网页同其他网页或者站点之间进行链接的标签，各个网页链接在一起后，才能真正构成一个网站。超链接可以是一个字、一个词或者一组词，也可以是一幅图像。超链接是 Web 页面和其他媒体的重要区别之一。

HTML5 继续使用超链接〈a〉标签，用于从一个页面链接到另一个页面。它最重要的属性是 href 属性，指链接的目标。当〈a〉和〈/a〉标签之间的内容为文本内容时就是文本链接，这是〈a〉标签最主要的链接形式。链接目标可以是站内目标，也可以是站外目标；站内目标可以用相对路径，也可以用绝对路径，站外目标则必须用绝对路径。〈a〉标签的语法格式如下：

```
〈a href="规定链接指向的页面的 url"〉〈/a〉
```

如果不使用 href 属性，则不可以使用如下属性：download、hreflang、media、rel、target 及 type。href 中还可以使用锚点作为网页内部跳转地址。〈a〉标签中常用属性如表 2-8 所示。

表 2-8　〈a〉标签中常用属性

| 属性 | 值 | 描　述 |
|------|-----|--------|
| download | filename | 规定被下载的超链接目标 |
| href | URL | 规定链接指向的页面的 URL |
| hreflang | language_code | 规定被链接文档的语言 |
| media | media_query | 规定被链接文档是为何种媒介/设备优化的 |
| rel | text | 规定当前文档与被链接文档之间的关系 |
| target | _blank/_parent/_self/_top/framename | 规定在何处打开链接文档 |
| type | MIME type | 规定被链接文档的的 MIME 类型 |

超链接会产生网页跳转动作,在哪里打开目标页面,这在〈a〉标签的 target 属性进行规定,它的默认值为_self,其他的值还有_blank、_parent、_top 等,含义如下。

- _self:在超链接所在框架或者窗口中打开目标页面。
- _blank:在新浏览器窗口中打开目标页面。
- _parent:将目标页面载入含有该链接框架的父框架集或者父窗口中。
- _top:在当前的整个浏览器窗口中打开目标页面,因此会删除所有框架。

HTML5 中常用属性如下:

①class:用于定义元素的类名。通常用于定义 CSS 样式表中的类,偶尔会通过 JavaScript 改变所有具有指定 class 的元素。class 属性通常用在〈body〉元素内部,因此它不能在以下元素中使用:〈base〉、〈head〉、〈html〉、〈meta〉、〈param〉、〈script〉、〈style〉、〈title〉。

②id:用于指定元素的唯一 id。该属性的值在整个 HTML 文档中应具有唯一性。该属性的主要作用是可以通过 JavaScript 和 CSS 为指定的 id 改变或者添加样式、动作等。

③style:用于指定元素的行内样式。使用该属性后将会覆盖任何全局的样式设定,包括〈style〉元素定义的样式和父元素定义的样式。

④download:指示浏览器下载 URL。使用此属性会提示用户将其保存为本地文件。如果属性有一个值,那么它将在 save 提示符中作为预填充的文件名使用(如果用户需要,仍然可以更改文件名)。

⑤media:规定目标 URL 是对什么类型的媒介/设备进行优化的。

## 2. CSS3 外部样式表

外部样式表也称外链式,是将所有的样式放在一个或多个以.CSS 为扩展名的外部样式表文件中,通过 link 标签将外部样式表文件链接到 HTML 文档中。

其基本语法格式如下：

〈head〉

　　〈link rel＝"stylesheet" href＝"css 格式文件" type＝"text/css"/〉

〈/head〉

link 是单标签，需要放在 head 头部标签中，并且必须指定 link 标签的三个属性：

①href：定义所链接外部样式表文件的 url，可以是相对路径，也可以是绝对路径。

②type：定义所链接文档类型，一般指定为"text/css"，表示链接的外部文件为 CSS 样式表。

③rel：定义当前文档与被链接文档之间的关系，一般指定为"stylesheet"，表示被链接的文档是一个样式表文件。

三种样式表的优缺点如表 2－9 所示。

表 2－9　三种样式表对比表

| 样式表 | 优点 | 缺点 | 使用情况 | 控制范围 |
|---|---|---|---|---|
| 行内样式表 | 书写方便，权重高 | 没有实现样式和结构相分离 | 较少 | 控制一个标签 |
| 内嵌样式表 | 部分结构和样式相分离 | 没有彻底分离 | 较多 | 控制一个页面 |
| 外部样式表 | 完全实现结构和样式相分离 | 需要引入 | 最多 | 控制整个站点 |

## 3. CSS3 字体属性

HTML 最核心的内容还是以文本内容为主，CSS3 也为 HTML 的文字设置了文字属性，不仅可以更换不同的字体，还可以设置文字的风格等。CSS 中常用字体属性如表 2－10 所示。

表 2－10　字体属性值

| 属性 | 含义 | 属性值 |
|---|---|---|
| font-family | 定义文本的字体系列 | 字体名称/字体系列/inherit |
| font-size | 定义文本的字体尺寸 | 绝对大小/相对大小/长度/百分比/inherit |
| font-style | 定义文本的字体是否是斜体 | normal/italic/oblique/inherit |
| font-variant | 定义是否以小型大写字母的字体显示文本 | normal/small-caps/inherit |
| font-weight | 定义字体的粗细 | normal/bold/bolder/lighter/100/200/300/400/500/600/700/800/900/inherit |
| font | 可以用一条样式定义各种字体属性 | 以上 5 个属性值 |

①font-family：用于设置元素的字体。语法格式：

font-family：字体族名称"/字体系列；

字体名称由多个 font-family、generic-family 单独或者共同组成。family-name 指的是字体族名称，也就是常说的"字体"。一个字体族名称就是一种字体，比如"微软雅黑"是一种字体，也就是一个字体族名称。generic-family 指的是字体族（系列），也就是一种类型的字体，一个字体族就是一种类型的字体。一种类型的字体有很多种类似但不相同的字体，比如"sans-serif"是一类叫无衬线的字体，有很多种类似的字体，也就是一个字体族。font-family 中有两种类型的字体系列名称。

指定的系列名称，像"times""courier""arial"这样的具体字体的名称。

通常字体系列名称，像"serif""sans-serif""cursive""fantasy""monospace"这样的字体系列的名称。

对于 font-family 中设置的多个字体，可以认为是设置元素字体的优先级，浏览器一般会使用它第一个可用的字体，当浏览器不支持第一个，会尝试下一个。

CSS3 中增加了使用服务器字体的属性功能，浏览器在解析该字体名称时，优先使用客户端的字体，找不到时就会使用服务器字体。目前支持的字体文件格式有 ＊.ttf 和 ＊.otf。

②font-size：用于设置字体的尺寸，实际上它设置的是字体中字符框的高度，字符的实际字形可能比这些框高或者低。语法格式：

font-size：value；

value 的取值有绝对大小、相对大小、长度和百分比，具体如表 2-11 所示。

**表 2-11　字体大小属性值**

| 值 | 描述 |
| --- | --- |
| xx-small、x-small、small、medium、large、x-large、xx-large | 把 font-size 设置为不同的尺寸，从 xx-small 到 xx-large 默认值：medium |
| smaller | 把 font-size 设置为比父元素更小的尺寸 |
| larger | 把 font-size 设置为比父元素更大的尺寸 |
| length | 把 font-size 设置为一个固定的值 |
| ％ | 把 font-size 设置为基于父元素的一个百分比值 |
| inherit | 规定应该从父元素继承字体尺寸 |

③font-style：用于设置斜体、倾斜或正常字体。默认值为 normal，显示效果为标准效果。语法格式：

font-style：值；

value 值 italic 和 oblique 显示效果差不多，主要区别是有些字体只有设置 oblique 才能显示斜体，有些字体只有设置 italic 才能显示斜体。具体值如表 2-12 所示。

表 2-12　字体样式属性值

| 值 | 描　　述 |
|---|---|
| normal | 默认值。浏览器显示一个标准的字体样式 |
| italic | 浏览器会显示一个斜体的字体样式 |
| oblique | 浏览器会显示一个倾斜的字体样式 |
| inherit | 规定从父元素继承字体样式 |

④font-variant：用于设置字体使用小型大写字体，默认为 normal。语法格式：

font-variant：值；

如果将 value 值设置为 small-caps，则意味着所有的小写字母均会被转换为大写，但是所有使用小型大写字体的字母与其余文本相比，其字体尺寸更小。具体值如表 2-13 所示。

表 2-13　字体样式属性值

| 值 | 描　　述 |
|---|---|
| normal | 默认值。浏览器会显示一个标准的字体 |
| small-caps | 浏览器会显示小型大写字母的字体 |
| inherit | 规定从父元素继承 font-variant 属性的值 |

⑤font-weight：用于设置字体的粗细，默认值为 normal。语法格式：

font-weight：值；

value 设置为 normal 时，等同于 400，显示为正常粗细；设置为 bold（粗体），等同于 700。具体值如表 2-14 所示。

表 2-14　字体样式属性值

| 值 | 描　　述 |
|---|---|
| normal | 默认值。定义标准的字符 |
| bold | 定义粗体字符 |
| bolder | 定义更粗的字符 |
| lighter | 定义更细的字符 |
| 100、200、300、400、500、600、700、800、900 | 描述定义由粗到细的字符 |
| inherit | 规定从父元素继承字体的粗细 |

⑥font：简写属性，在一个声明中可以对上面的五个属性和 line-height 属性都进行设置。

语法格式：

> font:font-style font-variant font-weight font-size/line-height font-family...

其中 font-family 和 font-size 的值是必需的。其他属性可以缺省不写,但是如果书写,需要按照上面的顺序,未设置的属性会使用其默认值,属性值用空格直接连接。line-height 属性用来设置行间距。font 后面还可以继续添加的其他属性见表 2-15。

表 2-15　font 部分其他属性

| 值 | 描　述 |
|---|---|
| caption | 定义被标题控件(比如按钮、下拉列表等)使用的字体 |
| icon | 定义被图标标记使用的字体 |
| menu | 定义被下拉列表使用的字体 |
| message-box | 定义被对话框使用的字体 |
| small-caption | caption 字体的小型版本 |
| status-bar | 定义被窗口状态栏使用的字体 |

## 4. CSS3 文本属性

HTML 网页经常需要控制文本的颜色、对齐方式、换行风格等显示效果,这些效果都是由 CSS 文本属性控制的,CSS 中常用文本属性如表 2-16 所示。

表 2-16　文本属性

| 属性 | 含义 | 属性值 |
|---|---|---|
| color | 定义文本的颜色 | 颜色名/十六进制数/RGB 函数/transparent/inherit |
| direction | 定义文本方向或者书写方向 | ltr/rtl/inherit |
| lettler-spacing | 定义字符的间距 | normal/长度/inherit |
| line-height | 定义文本的行高 | normal/number/长度/百分比/inherit |
| text-align | 定义文本的水平对齐方式属性 | left/right/center/inherit |
| text-decoration | 为文本添加装饰效果 | none/underline/overline/line-through/blink/ inherit |
| text-indent | 定义文本的首行缩进方式 | 长度/百分比/inherit |
| text-shadow | 为文本添加阴影效果 | x-positionly-position/blur/color |
| ltext-transform | 切换文本的大小写 | none/capitalize/uppercase/lowercase/inherit |
| white-space | 设置如何处理元素内的空白 | normal/pre/nowrap/inherit |
| word-spacing | 定义单词之间的距离 | normal/长度/inherit |
| text-overflow | 设置当文本溢出元素框时的处理方式 | clip/ellipsis/string |
| word-break | 规定自动换行方式 | normal/break-all/keep-all |
| word-wrap | 规定单词的换行方式 | normal/break-word |

（1）color　color 用于设置文本的颜色，既可以写颜色名，也可以直接写十六进制颜色值，还可以输入 rgb()函数值。

（2）direction　direction 用于设置文本的方向，等同于 dir 属性，属性值同样有 ltr 和 rtl 两种。

（3）letter-spacing　letter-spacing 用于设置字符间隔的大小，默认值为 normal，可以设置为数字（正数间距变大，负数间距减小，字符甚至会挤在一起）；如果设置为 0，则等同于 normal。

（4）line-height　line-height 用于设置行高，默认值为 normal，可以使用的属性值如表 2 - 17 所示。

表 2 - 17　行高设置属性

| 属性值 | 描　　述 |
| --- | --- |
| normal | 默认值，显示为合理的行间距 |
| number | 数字，可以是小数，此数字会与当前的字体尺寸相乘设置行间距 |
| 长度 | 设置固定的行间距 |
| 百分比 | 基于当前字体尺寸的百分比设置行间距 |
| inherit | 从父元素继承 line-height 设置 |

（5）text-align　text-align 用于设置元素中文本的水平对齐方式，它的属性值主要有 left（左对齐）、right（右对齐）、center（居中）、inherit。该属性默认值受 direction 影响，如果 direction 属性是 ltr，则默认值是 left；如果 direction 属性是 rtl，则默认值是 right。

（6）text-decoration　text-decoration 用于为文本添加装饰，它可以设置的装饰主要有 underline（添加下画线）、overline（添加上画线）、line-through（添加删除线）、blink（添加闪烁的效果）、none（无任何装饰）、inherit。其中，none 为默认值。值得注意的是，浏览器对 blink 的支持性较差，所以不建议使用。

（7）text-indent　text-indent 用于设置文本块首行文本的缩进，它的属性值可以是固定的长度值，也可以是相对于父元素宽度的百分比，默认值为 0。

（8）text-shadow　text-shadow 用于设置文本的阴影，普通文本默认是没有阴影的。一条阴影的属性值中有 4 个属性，即 x-position、y-position、blur、color。其中，x-position 为阴影在 x 轴方向上偏移的距离，可以为负数，负数表示向左偏移；y-position 表示阴影在 y 轴方向上偏移的距离，可以为负数，负数表示向上偏移；blur 表示向周围模糊的程度，模糊的距离越大，模糊的程度也就越大；color 表示阴影的颜色。4 个参数中，x-position 和 y-position 是必需的。

（9）text-transform　text-transform 用于设置文本的大小写，这个属性会改变文字的大小写,不会考虑源文件中的大小写。它的属性值可以是 capitalize(文本中每个单词以大写字母开头)、uppercase(全部大写字母)、lowercase(全部小写字母)、none(和源文件保持一致)、inherit,默认值为 none。

(10)white-space　white-space 用于设置元素内部的空白,它的属性值可以是 normal(空白会被浏览器忽略)、pre(等同于〈pre〉元素,空白会被浏览器保留)、nowrap(文本不会换行,直到遇到〈br/〉)、inherit。其中,normal 为默认值。

(11)word-spacing　word-spacing 用于设置单词间的间隔,它的属性值只能为 normal 或者一个长度值,这个长度值可以是负数。word-spacing 和前面提到的 letter-spacing 有相似之处。两者不同的是 word-spacing 通常只对西文有效,而且它的间隔是单词的间隔;letter-spacing 基本上对所有的语言都有效,它的间隔是每个字符的间隔。

(12)text-overflow　该属性用于设置当文本超过元素框大小时的处理方式,它需要配合 overflow:hidden 和 white-space:nowrap 才能生效。text-overflow 属性值如表 2-18 所示。

表 2-18　text-overflow 属性

| 值 | 描述 |
| --- | --- |
| clip | 修剪文本 |
| ellipsis | 显示省略符号来代表被修剪的文本 |
| string | 使用给定的字符串来代表被修剪的文本 |

(13)word-break　属性用于设定自动换行的处理方式,它的属性值可以设置成 normal(默认值,使用浏览器默认的换行规则)、break-all(等同于使用了 word-wrap:break-word,允许在单词内换行)、keep-all(只能在半角空格或者连字符处换行,通常用在中文、日文、韩文等全角字符语言中)。

(14)word-wrap　该属性用于设置长单词是否允许换行显示到下一行,它的属性值可以设置成 normal(默认值,只在允许的断字点换行)、break-word(可以在长单词或者 url 中间换行)。

**任务 实现**

## 1. 任务分析

本次任务制作的是包含文字、图片、视频多种媒体元素的页面,文字部分使用之前学习的基本标签和文本格式化标签进行处理,而图片、视频则需要通过〈img/〉和〈video〉标签引入。任务的重点是页面效果制作部分,需要将多种媒体形式排列整齐。本次采用内部样式表和行内样式表共同设置图片显示方式,内部样式表设置所有〈div〉块和图片的大小、边框以及对齐方式,行

内样式表设置⟨div⟩块和图片的位置,操作步骤如下:

(1)划分区域;

(2)添加文字信息;

(3)添加超级链接和锚点;

(4)添加图片、视频等多媒体元素;

(5)使用外链式定义 CSS 样式;

(6)给图片添加行内式,定义图片位置;

(7)给文字添加效果,美化页面以及调整页面整体布局。

## 2. 代码实现

这个任务的重点是图片显示,为了使图片显示整齐有序,可采用内部样式表和行内样式表共同设置图片在页面中的显示位置和方式。在代码的⟨head⟩部分添加⟨style⟩来控制所有⟨div⟩块、⟨img⟩引入图片的大小、居中对齐、边框颜色粗细等内容,每个⟨div⟩块和图片位置则使用内部样式表控制,如此,在提升效果的同时也大大简化了代码。通过⟨head⟩中的⟨meta charset＝"utf-8"⟩设置字符集,并通过⟨title⟩将网页命名为优秀毕业设计作品展,外链式样式代码如下:

```
div{
    font-size:18px;
    padding:5px;}
  a{   text-decoration:none;     }
#outer{
    width:1080px;
    margin:0 auto;   }
#bt{
    font-family:"微软雅黑";
    font-size:40px;
    font-weight:bold;
    text-shadow:3px 3px 5px #000000;
    color:#FFFFFF;
    word-spacing:180px;
    text-align:center;     }
    blockquote{
    font-size:20px;}
```

```
#dl{   text-indent:40px;   }
.video{   text-align:center;}
#back{
        position:absolute;
        right:20%;      }
img{   width:500px;}
    .pic{
    border:1px solid #455365;
    padding:5px;
width:500px;      }
```

详细 HTML 代码如下：

```
<! DOCTYPE html>
<html>
<head>
        <meta charset="UTF-8">
        <title>优秀毕业设计作品展</title>
          <link rel="stylesheet" href="course2-3.css" type="text/css">
</head>
<body>
        <div id="outer">
        <p id="bt">优秀毕业设计展示</p><br />
        <span><a href="#rove">建筑漫游作品</a></span>
        <span><a href="#design">室内设计作品</a></span>
        <span><a href="#clip">影视短片作品</a></span><hr>
<blockquote id="rove">
<b>作品名称：</b>大明宫<br /><br />
<b>参与学生：</b>李巨龙 欧文博 成林林 寇潇逸<br /><br />
<b>作品介绍：</b><p id="dl">这里曾经灿烂辉煌,这里曾是文化交流中心,这里更是曾
经的世界文明中心！再现辉煌,不是用来怀念的;采用三维技术,不是用来炫技的！因为我们坚
信,经过底蕴深厚的文化熏陶,站在曾经的文明肩膀上,我们心胸更加宽广,我们眼界更加长远,
我们的未来更加灿烂！</p>
<b>作品类型：</b>三维建筑漫游<br /></blockquote>
```

```
〈div class="video"〉
    〈video src="img/course2/video/视频作品 2 李巨龙——大明宫.mp4" width=
"1000px" controls="controls"〉〈/video〉〈/div〉〈br〉〈span id="back"〉〈a href="#bt"〉返回
〈/a〉〈/span〉〈br〉〈hr〉

〈blockquote id="design"〉
〈b〉作品名称:〈/b〉极简〈br /〉〈br /〉

〈b〉参与学生:〈/b〉贺灏宇〈br /〉〈br /〉

〈b〉作品介绍:〈/b〉〈p id="dl"〉简约风格的特色是将设计元素、色彩、照明、原材料简化到
最少的程度,但对色彩、材料的质感要求很高。因此,简约的空间设计通常非常含蓄,往往能达
到以少胜多、以简胜繁的效果。简洁、实用、省钱,是现代简约风格的基本特点。这是因为人们
装修时总希望在经济、实用、舒适的同时,体现一定的文化品味。简约风格不仅注重居室的实用
性,还体现出了工业化社会生活的精致与个性,符合现代人的生活品位。〈/p〉

〈b〉作品类型:〈/b〉室内设计
〈/blockquote〉
 〈div align="center"〉
    〈div style="position:absolute;left:245px;top:1550px;" class="pic"〉
    〈img src="img/course2/贺灏宇毕业设计作品——室内设计/01 客厅.jpg" /〉〈br〉
    客厅〈br〉〈/div〉
    〈div style="position:absolute;right:245px;top:1550px;" class="pic"〉
    〈img src="img/course2/贺灏宇毕业设计作品——室内设计/02 主卧.jpg" /〉〈br〉
    主卧〈br〉〈/div〉
    〈div style="position:absolute;left:245px;top:1910px;" class="pic"〉
    〈img src="img/course2/贺灏宇毕业设计作品——室内设计/03 次卧.jpg" /〉〈br〉
    次卧〈br〉〈/div〉
    〈div style="position:absolute;right:245px;top:1910px;" class="pic"〉
    〈img src="img/course2/贺灏宇毕业设计作品——室内设计/04 书房.jpg" /〉〈br〉
    书房〈br〉〈/div〉
    〈div style="position:absolute;left:245px;top:2270px;" class="pic"〉
    〈img src="img/course2/贺灏宇毕业设计作品——室内设计/05 餐厅.jpg" /〉〈br〉
    餐厅〈br〉〈/div〉
    〈div style="position:absolute;right:245px;top:2270px;" class="pic"〉
    〈img src="img/course2/贺灏宇毕业设计作品——室内设计/06 厨房.jpg" /〉〈br〉
    厨房〈br〉〈/div〉
```

```
〈div style="position:absolute;left:245px;top:2630px;" class="pic"〉
〈img src="img/course2/贺灏宇毕业设计作品——室内设计/07 主卫.jpg" /〉〈br〉
主卫〈br〉〈/div〉
〈div style="position:absolute;right:245px;top:2630px;" class="pic"〉
〈img src="img/course2/贺灏宇毕业设计作品——室内设计/08 次卫.jpg" /〉〈br〉
次卫〈br〉〈/div〉〈/div〉
```

〈br〉〈br〉〈br〉〈br〉〈br〉〈br〉〈br〉〈br〉〈br〉〈br〉〈br〉〈br〉〈br〉〈br〉〈br〉〈br〉
〈br〉〈br〉〈br〉〈br〉〈br〉〈br〉〈br〉〈br〉〈br〉〈br〉〈br〉〈br〉〈br〉〈br〉〈br〉〈br〉
〈br〉〈br〉〈br〉〈br〉〈br〉〈br〉〈br〉〈br〉〈br〉〈br〉〈br〉〈br〉〈br〉〈br〉〈br〉

```
〈br〉〈span id="back"〉〈a href="#bt"〉返回〈/a〉〈/span〉〈br〉〈hr〉
〈blockquote id="clip"〉
〈b〉作品名称:〈/b〉宅客梦〈br/〉〈br/〉
〈b〉参与学生:〈/b〉王岗 谷江超 代璐璐〈br/〉〈br/〉
```

〈b〉作品介绍:〈/b〉〈p id="dl"〉作品讲述了一名大学生的梦,他梦到怪兽入侵的场景,怪兽在街道被围堵从而闯进校园,几名学生幻化为兵马俑、功夫熊猫大战怪兽,最后怪兽被自己所打倒。他们从小就看打怪兽的情节,希望自己有一天可以成为打败怪兽的英雄,他们用自己的技术、自身的努力实现了梦想,保护了校园。〈/p〉

```
〈b〉作品类型:〈/b〉视频短片〈br/〉
〈/blockquote〉
〈div class="video"〉
    〈video src="img/course2/video/视频作品 9 王岗——宅客梦.mp4" width=
"1000px" controls="controls"〉〈/video〉〈br〉
〈/div〉〈br〉〈span id="back"〉〈a href="#bt"〉返回〈/a〉〈/span〉〈br〉〈hr〉〈/div〉
〈/body〉
〈/html〉
```

## 3.任务总结

(1)知识和技术:本次任务使用了多媒体标签和超级链接标签,这些标签相对比较简单。比较复杂的是为了美化页面,提升页面整体效果,需要使用很多样式,因此本书采用外部链接 CSS 样式表,但是,在图片显示部分必须使用各自不同位置信息的地方,还是需要使用内部样式进行设置。总之,一般根据需要混合使用三种样式表,才能呈现出完美的效果。文字处理需要使用文本属性,这部分内容也比较简单,根据页面需要使用文字样式进行文字大小、颜色、字体以及阴影设置,实现效果即可。

　　(2)思政要点:展示往届优秀的毕业生作品,可以给学弟学妹们树立优秀的榜样,给他们一种力量,鼓舞斗志;给他们竖起一面旗帜,指引方向;给他们动力,时时刻刻激励他们前行。

　　**【拓展任务——优秀传统文化之皮影戏简介页面制作】**

　　(1)思政要点:2011年,中国皮影戏入选人类非物质文化遗产代表作名录,成为中国传统文化的典型代表之一。一个国家的强盛离不开文化的支撑,优秀传统文化更是文化软实力的体现,具有促进国家民族认同、凝聚人心、激发民族意志的作用。只有把传统文化彻底融入中国特色社会主义建设中,才能造就实现中国梦的强大文化力量。

　　(2)技术要求:参考图2-11效果,制作优秀传统文化——皮影戏介绍的图文混排网页,这也是一个长网页。首先,要实现网页内的跳转,目录中的7部分内容既能实现跳转到指定内容,同时能够返回;其次,图片要实现横向整齐排列,同时将相关文字显示在图片的周围;再次,图片要实现超级链接功能,点击图片链接至详细介绍页面中(360百科)。页面元素制作代码见course2-3expand.html文件,详细样式设置见course2-3expand.css文件。

图2-11　优秀传统文化之皮影戏介绍页面

## ▶ 任务四　新闻板块首页制作

**任务** 描述

　　本次任务使用列表标签、CSS列表属性以及浮动属性制作新闻板块首页,呈现内容为图文混排。首先使用div将内容划成几块,然后使用浮动属性设置排列形式,新闻标题则采用列表形式显示。同时对hr进行更复杂的样式设置,效果如图2-12所示。

**图 2 - 12　新闻板块首页**

知识储备

## 1. HTML5 列表标签

通常人们会将相关信息用列表的形式放在一起,这样会使内容显得更加有条理性。HTML5提供了无序列表、有序列表、定义列表等3种列表模式。

(1)〈ul〉…〈/ul〉:用于定义无序列表,无序列表的每一项前缀都显示为图形符号,用〈li〉定义列表项。

• type 属性:〈ul〉的 type 属性定义图形符号的样式,属性值为 disc(点)、square(方块)、circle(圆)、none(无)等,但由于实际使用并不美观,因此通常用 CSS 指定前缀样式。

(2)〈ol〉…〈/ol〉:用于定义有序列表,有序列表的前缀通常为数字或者字母,用〈li〉定义列表项。

• type 属性:〈ol〉的 type 属性也是定义图形符号的样式,属性值为 1(数字)、A(大写字母)、I(大写罗马数字)、a(小写字母)、i(小写罗马数字)等。〈ol〉还可以通过 start 属性定义序号的开始位置。

(3)〈dl〉…〈/dl〉:用于定义列表,子标签仅有〈dt〉、〈dd〉两种。

(4)〈dt〉…〈/dt〉:用于定于标题列表项,常用于〈dl〉标签内。

（5）〈dd〉…〈/dd〉：用于定于列表项目，常用于〈dl〉标签内。

定义列表是一种特殊的列表，它的内容不仅仅是一列项目，而是项目及其注释的组合。定义列表内部可以有多个列表项标题，列表项标题内部又可以有多个列表项描述。

## 2. CSS3 列表属性

CSS3 的列表属性用于改变列表标签中的相关标记项，甚至可以使用图像作为列表项的标记。CSS3 列表属性如表 2-19 所示。

表 2-19　CSS3 列表属性

| 属性 | 含义 | 属性值 |
| --- | --- | --- |
| list-style-image | 设置列表项标记样式为图像 | none/inherit/url（图像的 URL） |
| list-style-position | 设置列表项标记的位置 | inside/outside/inherit |
| list-style-type | 设置列表项标记的类型 | none/disc/circle/square/decimal/lower-roman/upper-roman/lower-alpha/upper-alpha 等 |
| list-style | 可以用一条样式定义各种列表属性 | 以上 3 个属性值 |

1）list-style-image 和 list-style-position

list-style-image 用于指定一个图像作为列表项的标记，图像相对于列表项内容的放置位置通常使用 list-style-position 属性控制。list-style-image 的默认值为 none，可以使用 URL 指定一个图像作为标记。

list-style-position 用于设置在何处放置列表项标记。list-style-position 的默认值为 outside，表示保持标记位于文本的左侧，列表项目标记放置在文本以外，且环绕文本不根据标记对齐。如果设置为 inside，则列表项目标记放置在文本以内，且环绕文本根据标记对齐。

2）list-style-type

list-style-type 可以设置标记的类型，默认值为 disc。可以设置的常见样式如表 2-20 所示。

表 2-20　list-style-type 常见样式

| 值 | 描述 |
| --- | --- |
| disc | 实心圆，默认值 |
| circle | 空心圆 |
| square | 方块 |
| decimal | 数字 |

续表

| 值 | 描　述 |
|---|---|
| low-roman | 小写罗马数字 |
| upper-roman | 大写罗马数字 |
| low-alpha | 小写字母 |
| upper-alpha | 大写字母 |
| none | 无标记 |
| inherit | 继承父元素的该设置 |

3）list-style

list-style 是一个简写属性,可以在一个样式中对 list-style-image、list-style-position、list-style-type 全部进行设置;也可以省略其中的某几项,将这几项的属性值直接用空格拼接,作为 list-style 的属性值即可;还可以直接设置为 inherit,从父元素继承。

## 3. CSS 渐变

CSS 渐变可以显示两种或多种指定颜色之间的平滑过渡。CSS 定义了两种渐变类型:线性渐变(向下/向上/向左/向右/对角线)和径向渐变(由其中心定义)。

### 1）线性渐变

如需创建线性渐变,必须定义至少两个色标。色标就是要呈现平滑过渡的颜色,还可以设置起点和方向(或角度)以及渐变效果。语法格式:

linear-gradient(direction, color-stop1, color-stop2,…);

线性渐变——从上到下(默认):

background-image:linear-gradient(red,yellow);

线性渐变——从左到右:

background-image:linear-gradient(to right,red,yellow);

线性渐变——对角线:

background-image:linear-gradient(to bottom right,red,yellow);

渐变色至少需要两个,但也可以使用多个色标实现多个颜色渐变效果。例如:

background-image:linear-gradient(to right,red,orange,yellow,green,blue,indigo,violet);

①使用角度　如果希望对渐变角度做更多的控制,则可以定义一个角度来取代预定义的方向(向下、向上、向右、向左、向右下等)。值 0deg 相当于向上(to top),值 90deg 相当于向右(to right),值 180deg 相当于向下(to bottom)。语法格式:

linear-gradient(angle，color-stop1，color-stop2)；

angle 指定水平线和渐变线之间的角度。

②使用透明度　CSS 渐变中还支持透明度使用。如需添加透明度,需要使用 rgba()函数来定义色标。rgba()函数前三个参数代表红、绿、蓝,参数值为 0～255,最后一个参数代表透明度,值的范围为 0～1,0 表示全透明,1 表示完全不透明(显示为前三个参数混合之后的颜色)。例如语句:

background-image：linear-gradient(to right，rgba(255,0,0,0)，rgba(255,0,0,1))；

设置从左向右开始线性渐变,它开始完全透明,然后过渡为不透明的红色。

- 重复线性渐变

CSS3 中还提供了 repeating-linear-gradient()函数,用于设置重复线性渐变。该函数在两种渐变方式中均可使用。例如语句:

background-image：repeating-linear-gradient(red，yellow 10%，green 20%)；

设置红黄重复重复填充效果。

### 2)径向渐变

径向渐变也要至少定义两种颜色,除此之外,还需要指定渐变的中心、形状(圆形或椭圆形)、大小。默认情况下,渐变的中心是 center(表示在中心点),渐变的形状是 ellipse(表示椭圆形),渐变的大小是 farthest-corner(表示到最远的角落),颜色节点均匀分布。语法格式:

radial gradient(shape size at position，start-color，…，last-color)；

如果希望制作颜色节点不均匀分布的径向渐变,在颜色后面添加参数(通常使用百分比%)即可。shape 参数定义形状,值为 circle(圆形)或 ellipse(椭圆形),默认是 ellipse;size 参数定义渐变的大小,它有四个值,closest-side、farthest-side、closest-corner、farthest-corner。

## 4. CSS3 浮动属性

在页面布局中经常用到 CSS 的浮动(float)属性,这是一个比较重要的属性。浮动属性控制着块状元素的显示位置,可以使块状元素显示在同一行。在所有进行页面布局中属性中,浮动属性的使用频率是最高的。主要的浮动属性如表 2-21 所示。

表 2-21　浮动属性

| 属性 | 含义 | 属性值 |
| --- | --- | --- |
| float | 设置边框是否需要浮动以及浮动方向 | left/right/none/inherit |
| clear | 设置元素哪一侧不允许出现其他浮动元素 | left/right/both/none/inherit |
| clip | 裁剪绝对定位元素 | rect()/auto/inherit |
| overflow | 设置内容溢出元素框时的处理方式 | visible/hidden/scroll/auto/inherit |
| display | 设置元素如何显示 | none/block/inline/inline-block/inherit |
| visibility | 定义元素是否可见 | visible/hidden/collapse/inherit |

　　(1)float:定义元素在哪个方向浮动。该属性之前经常用于图像,使文本围绕在图像周围。但目前在 CSS 中,任何元素都可以浮动,而且无论是何种元素,都会生成一个块级框。如果不希望浮动元素和后面元素重叠,一般需要指定宽度;如果浮动元素没有宽度,则会产生重叠现象。float 属性值如表 2-22 所示。

表 2-22　float 属性值

| 值 | 描　述 |
| --- | --- |
| left | 元素向左浮动 |
| right | 元素向右浮动 |
| none | 默认值。元素不浮动,并会显示在其在文本中出现的位置 |
| inherit | 从父元素继承 float 属性的值 |

　　(2)clear:规定元素的哪一侧不允许出现其他浮动元素。clear 属性定义了元素的哪边上不允许出现浮动元素。如果声明为左边或右边清除,会使元素的上外边框边界刚好在该边上浮动元素的下外边距边界之下。clear 属性值如表 2-23 所示。

表 2-23　clear 属性值

| 值 | 描　述 |
| --- | --- |
| left | 在左侧不允许浮动元素 |
| right | 在右侧不允许浮动元素 |
| both | 在左右两侧均不允许浮动元素 |
| none | 默认值。允许浮动元素出现在两侧 |
| inherit | 从父元素继承 clear 属性的值 |

　　(3)clip:剪裁绝对定位元素。该属性使用于绝对定义元素,使用 clip 属性设置元素的可见尺寸,即一个剪裁矩形,当一幅图像的尺寸大于包含它的元素时,超出内容会根据 overflow 的值来处理。剪裁区域可能比元素的内容区大,也可能比内容区小。clip 属性值如表 2-24 所示。

表 2-24　clip 属性值

| 值 | 描　述 |
| --- | --- |
| shape | 设置元素的形状。唯一合法的形状值是:rect(top, right, bottom, left) |
| auto | 默认值。不应用任何剪裁 |
| inherit | 从父元素继承 clip 属性的值 |

（4）overflow：规定当内容溢出元素框时如何处理。这个属性定义溢出元素内容区的内容会如何处理。如果值为 scroll，不论是否需要，用户代理（User Agent）都会提供一种滚动机制。overflow 属性值如表 2 - 25 所示。

表 2 - 25　overflow 属性值

| 值 | 描　　述 |
|---|---|
| visible | 默认值。内容不会被修剪，会呈现在元素框之外 |
| hidden | 内容会被修剪，并且其余内容是不可见的 |
| scroll | 内容会被修剪，但是浏览器会显示滚动条以便查看其余的内容 |
| auto | 如果内容被修剪，则浏览器会显示滚动条以便查看其余的内容 |
| inherit | 从父元素继承 overflow 属性的值 |

（5）display：属性规定元素应该生成的框的类型。这个属性用于定义建立布局时元素生成的显示框类型。对于 HTML 等文档类型，如果使用 display 不谨慎会很危险，因为可能违反 HTML 中已经定义的显示层次结构。而对于 XML，由于 XML 没有内置的这种层次结构，所以 display 是绝对必要的。display 属性值如表 2 - 26 所示。

表 2 - 26　display 属性值

| 值 | 描述 |
|---|---|
| none | 此元素不会被显示 |
| block | 此元素将显示为块级元素，元素前后会带有换行符 |
| inline | 默认。此元素会被显示为内联元素，元素前后没有换行符 |
| list-item | 此元素会作为列表显示 |
| run-in | 此元素会根据上下文作为块级元素或内联元素显示 |
| table | 此元素会作为块级表格来显示（类似〈table〉），表格前后带有换行符 |
| inline-table | 此元素会作为内联表格来显示（类似〈table〉），表格前后没有换行符 |
| table-row-group | 此元素会作为一个或多个行的分组来显示（类似〈tbody〉） |
| table-header-group | 此元素会作为一个或多个行的分组来显示（类似〈thead〉） |
| table-footer-group | 此元素会作为一个或多个行的分组来显示（类似〈tfoot〉） |
| table-row | 此元素会作为一个表格行显示（类似〈tr〉） |
| table-column-group | 此元素会作为一个或多个列的分组来显示（类似〈colgroup〉） |
| table-column | 此元素会作为一个单元格列显示（类似〈col〉） |
| table-cell | 此元素会作为一个表格单元格显示（类似〈td〉和〈th〉） |
| table-caption | 此元素会作为一个表格标题显示（类似〈caption〉） |
| inherit | 从父元素继承 display 属性的值 |

(6)visibility:规定元素是否可见。这个属性指定是否显示一个元素生成的元素框。这意味着元素仍占据它本来的空间,不过可以完全不可见(即使不可见的元素也会占据页面上的空间,一般使用 display 属性来创建不占据页面空间的不可见元素)。值 collapse 在表中用于从表布局中删除列或行。visibility 属性值如表 2－27 所示。

**表 2－27　visibility 属性值**

| 值 | 描　述 |
| --- | --- |
| visible | 默认值。元素是可见的 |
| hidden | 元素是不可见的 |
| collapse | 当在表格元素中使用时,此值可删除一行或一列,但是它不会影响表格的布局。被行或列占据的空间会留给其他内容使用。如果此值被用在其他的元素上,会呈现为"hidden" |
| inherit | 从父元素继承 visibility 属性的值 |

## 任务 实现

### 1. 任务分析

根据页面内容,将页面划分为 4 块,图片、即时新闻、焦点新闻、视频新闻,分别在左侧和右侧显示。使用〈ul〉、〈li〉标签制作无序列表,通过列表属性设置无序列表显示的属性。操作步骤如下:

(1)使用 div 建立框架结构;

(2)使用 img 导入图片;

(3)添加无序列表,设置相关样式;

(4)添加新闻标题,设置相关样式。

### 2. 代码实现

本次任务层次关系较多,div 内包括四个 div 小块,第一个 div 放置图片;第二个 div 放置新闻列表;第三个、第四个 div 分别放置两个新闻标题。通过〈head〉中的〈meta charset＝"utf-8"〉设置字符集,再使用〈title〉设置网页名称为新闻板块首页。详细 HTML 代码如下:

```
〈! DOCTYPE html〉

〈html〉

〈head〉

        〈meta charset＝"UTF-8"〉

        〈title〉新闻板块首页〈/title〉
```

```
        〈link rel="stylesheet" href="course2-4.css" />
    〈/head〉
    〈body〉
        〈div id="outer"〉〈div id="pic"〉〈img src="img/course2/新闻列表/新闻图片.jpg" /〉
〈/div〉
        〈div id="newslist"〉〈hr id="topic"/〉
        〈span id="ch"〉即时新闻〈/span〉〈br /〉
            〈span id="en"〉INSTANT NEWS〈/span〉〈hr/〉
            〈ul 〉〈li〉揭秘白宫分房潜规则 盘盘拜登身边人权力值〈/li〉
            〈li〉美将解除中国留学生赴美限制 外交部:积极一步 望妥善安排〈/li〉
            〈li〉拜登讲话释放重要信号,对这件事松口!印度实际感染者最高或超 5 亿?专家
直指印公共政策失败!〈/li〉
            〈li〉张中祥:中国展现外交智慧 推动多边机制应对全球气候变化〈/li〉
            〈li〉外媒:中美民众周末驾车出行带动汽油市场复苏,印度疫情扯后腿〈/li〉
            〈li〉中信新书《大国竞合》:超越"认知藩篱"〈/li〉
            〈li〉拜登即将发表百日演讲,美媒预计听众"寥寥无几"〈/li〉
            〈li〉24 日,98 岁基辛格再出山,"中美合作"响彻全球!杨洁篪有言在先〈/li〉
            〈li〉事关高考生,河北省教育考试院发布最新消息!〈/li〉
            〈li〉西藏自治区 2021 年高校招生规定发布〈/li〉〈/ul〉〈/div〉
    〈div id="focus"〉〈hr id="topic"〉
        〈span id="ch"〉焦点新闻〈/span〉〈br /〉
                〈span id="en"〉FOCAL NEWS〈/span〉 〈hr/〉〈/div〉
    〈div id="video"〉〈hr id="topic"〉
        〈span id="ch"〉视频新闻〈/span〉〈br /〉
        〈span id="en"〉VIDEO NEWS〈/span〉〈hr/〉 〈/div〉 〈/div〉
    〈/body〉
    〈/html〉
```

外链式 CSS 样式设置如下:

```
#outer{
    margin:0 auto;
    width:900px;}
#pic,#focus{
    width:500px;
```

```css
    float:left;}
#newslist,#video{
    width:390px;
    float:right;    }
img{
    padding:5px;
    width:491px;    }
#ch{
    font-size:24px;
    color:#102b6a;
    font-weight:bolder;}
#en{
    font-size:12px;
    background:linear-gradient(to right, #444693, #594c6d);;
    font-family:"arial";
    color:#FFFFFF;
    width:105px;
    text-align:center;}
ul{
    list-style-type:none;
    list-style-image:url(img/course2/新闻列表/list 样式-1.png);
    list-style-position:outside;}
ul>li{
    line-height:34px;
    font-size:14px;
    color:#000000;    }
#topic{
    background-image:linear-gradient(to right, red , yellow);
    border:none;
height:2px;}
```

## 3.任务总结

(1)知识和技术：列表标签本身比较简单，但是在使用过程中要按照需要进行嵌套，就必须弄清楚各个列表之前的层次关系，这是列表标签学习的重点和难点。同时要注意对于无序列表图形和有序列表序号标识方法属性充分掌握。

(2)思政要点：随着网络技术的发展和自媒体的出现，每个人都可以自由发表观点和意见。由于不具备职业素养，不清楚新闻职业准则，甚至不调查事实真实就自由发表言论，逐渐成为网络暴力行为，四川德阳一位女医生自杀事件不就是因为这吗？因此不管是网络传播者还是"吃瓜"群众，都必须对自己在互联网上的言行负责，在一个视频、一则传言未经证实之前，"不要匆忙站队下结论"。拒绝网络暴力，从每个人做起！

【拓展任务——第十四届全运会会徽、吉祥物释义页面制作】

(1)思政要点：体育之表是增强人民体质，但体育之里其实是一种精神。体育精神伴随着生命的出现而出现，且一直在影响着我们。为了发现大自然的美丽，我们去登山、潜水；为了探索人类自身的体能，我们跳高、跑步；为探寻历史古迹，我们去徒步、去骑行。通过体育的各种形式，我们变得更了解自然、更尊重生命。因此拥有体育精神的人在面对社会的挑战和工作压力的时候，更能很好地进入状态，摆脱消极。

(2)技术要求：拓展任务参考图2-13、2-14效果，该网页内容是制作第十四届全运会会徽、吉祥物简单介绍以及说明的一个页面。页面基本采用图文混排形式，整体分为两个部分，上半部分为吉祥物介绍，下半部分为会徽介绍。吉祥物和释义采用左右排列方式，列表标识采用小红旗，吉祥物和释义下是详细文字介绍；下半部分是会徽介绍，图片位于文上方，图片下方是详细文字介绍。页面制作详细代码见 course2-4expand.html 文件，样式见 course2-4expand.css 文件。

图 2-13　第十四届全运会释义页面上半部分　　　图 2-14　第十四届全运会释义页面下半部分

## ▶ 任务五 个人信息登记表网页制作

**任务描述**

本次任务使用表格标签制作展示个人信息登记表的网页,网页内容包括行合并、列合并等表格形式,同时要控制照片、工作经历等表格的高度,效果如图2-15所示。

图2-15 个人信息登记表网页

**知识储备**

## 1. HTML5 表格标签

(1)〈table〉…〈/table〉:用于定义表格,其常用属性见表2-28。

表2-28 table的常用属性

| 属性 | 含义 |
|---|---|
| border | 设置表格的边框宽度 |
| width | 设置表格的宽 |
| height | 设置表格的高 |
| cellpadding | 设置内边距 |
| cellspacing | 设置外边距 |

（2）〈caption〉…〈/caption〉：用于定义表格标题。

（3）〈tr〉…〈/tr〉：用于定义表格行，子标签仅有〈td〉和〈th〉两种。

（4）〈td〉…〈/td〉：用于定义单元格，常用于〈tr〉标签中。

（5）〈th〉…〈/th〉：用于定义单元格，，常用于〈tr〉标签中，但显示效果与〈td〉不一样，通常用于表格页眉。

做表格时，经常会用到合并单元格的功能，HTML5 也提供了此类功能。〈td〉可以指定 colspan 和 rowspan 两个属性，分别表示该单元格横跨多少列和该单元格纵跨多少行。

（6）〈tbody〉…〈/tbody〉：用于定义表格主体，子标签仅有〈td〉和〈th〉两种。

（7）〈thead〉…〈/thead〉：用于定义表格表头，子标签仅有〈td〉和〈th〉两种。

（8）〈tfoot〉…〈/tfoot〉：用于定义表格页脚，子标签仅有〈td〉和〈th〉两种。

〈tbody〉、〈thead〉、〈tfoot〉通常用于对表格内容进行分组，当创建某个表格时，也许希望拥有一个标题行、一些带有数据的行，以及位于底部的一个总计行。这种划分使浏览器有能力支持独立于表格标题和页脚的表格正文滚动。当长的表格被打印时，表格的表头和页脚可被打印在包含表格数据的每张页面上。

（9）〈col〉…〈/col〉：用于为表格中一个或者多个列定义属性值，通常位于〈colgroup〉标签内。

（10）〈colgroup〉…〈/colgroup〉：用于对表格中的列进行组合，以方便对其进行格式化。

## 2. CSS 表格属性

CSS 表格属性用于改变表格的外观。CSS 表格属性如表 2 - 29 所示。

表 2 - 29　CSS 表格属性

| 属性 | 含义 | 属性值 |
| --- | --- | --- |
| border-collapse | 设置是否合并表格边框 | separate/collapse/inherit |
| border-spacing | 设置相邻单元格边框之间的距离 | 长度/inherit |
| caption-side | 设置表格标题的位置 | top/bottom/inherit |
| empty-cells | 设置是否显示表格中空单元格上的边框和背景 | show/hide/inherit |
| table-layout | 设置用于表格的布局算法 | auto/fixed/inherit |

（1）border-collapse　border-collapse 用于设置是否合并表格的边框，默认值为 separate，显示效果是分开的，不会忽略 border-spacing 和 empty-cells 属性。也可以改成 collapse，但这样会忽略 border-spacing 和 empty-cells 属性，然后将边框合并为一个单一的边框。

（2）border-spacing　border-spacing 用于设置相邻单元格边框之间的距离。属性值可以设置一个长度，表示水平垂直间距都用这个长度；如果设置两个长度，那么第一个长度表示水平间距,第二个长度表示垂直间距。

(3)caption-side　caption-side 用于设置表格标题的位置,默认值为 top,表示标题在表格的上方;还可以使用 bottom,表示标题在表格的下方。

(4)empty-cells　empty-cells 用于设置是否显示表格中的空单元格,默认值为 show,表示在空单元格周围绘制边框;还可以使用 hide,表示不在空白单元格周围绘制边框。

(5)table-layout　table-layout 用于设置表格单元格列宽的设置方式。table-layout 的默认值为 auto,表示列宽由最宽的单元格决定,这种方式在确定最终布局之前需要访问表格所有的内容,效率较低;还可以使用 fixed,表示列宽由表格宽度和列宽度决定,不受表格内容的影响,这种方式可能会产生文字重叠的问题,但效率较高。

## 任务实现

### 1. 任务分析

本次任务制作一个 8 行 7 列表格,其中照片为 4 行合并效果,专业技术职务为 2 列合并,有何熟悉专业专长为 3 列合并,身份证号为 5 列合并,工作经历、奖励惩罚为 6 列合并,而且工作经历、奖励惩罚行高单独设置,同时表格居中显示,单元格内文字居中并设置大小,操作步骤如下:

①制作 8 行 7 列表格;

②设置置行、列合并效果;

③设置表格居中效果;

④在.css 样式文件中设置表格大小、文字样式和大小、行高等。

### 2. 代码实现

这个任务中先完成简单表格,然后根据需要进行行和列合并制作,通过外部样式表,使用 width、height、border 属性在.css 样式文件中设置表格大小、边框粗细,通过 text-align、font-weight 设置 td 中文字的对齐方式和文字大小,通过设置 id,使用 height 指定有特殊要求的表格行高。制作时在〈head〉中设置字符集、网页名称、链接样式表〈link rel="stylesheet" href="course2-5.css"〉。详细 HTML 代码如下:

```
〈! DOCTYPE html〉
〈html〉
〈head〉
        〈meta charset="UTF-8"〉
        〈title〉个人信息登记表〈/title〉
〈link rel="stylesheet" type="text/css" href="course2-5.css"〉
```

```
</head>
<body>
    <div  align="center">
    <table><caption><h2>个人信息登记表</h2></caption>
        <tr><td>姓名</td><td>     </td>
        <td>性别</td><td>       </td>
        <td>出生日期</td><td>        </td>
        <td rowspan="4">        照片       </td></tr>
        <tr><td>民族</td><td>         </td>
        <td>籍贯</td><td>  </td><td>出 生 地</td><td>  </td></tr>
        <tr><td>入党时间</td><td>           </td>
        <td>参加工作时间</td><td>         </td>
        <td>健康状况</td><td>          </td></tr>
        <tr><td>身份证号</td><td colspan="5"></td></tr>
        <tr><td>专业技术职务</td><td colspan="2"></td>
        <td>有何熟悉专业专长</td><td colspan="3"></td></tr>
        <tr><td id="mul">工作经历</td><td colspan="6"></td></tr>
        <tr><td id="mul">奖励惩罚</td><td colspan="6"></td></tr>
        <tr><td>备注</td><td colspan="6"></td></tr></table></div>
</body>
</html>
```

该网页的 CSS 样式设置代码如下：

```
table{
border-collapse:collapse;
border:2px solid midnightblue;
width:800px;
height:560px;}
tr td{
border:1px solid midnightblue;
text-align:center;
font-weight:bold ;}
#mul{height:150px;     }
```

## 3. 任务总结

(1)知识和技术：在使用基本的表格标签〈table〉、〈caption〉、〈tr〉、〈td〉、〈th〉制作表格时非常简单，但是就目前的需要而言，表格形式是非常复杂和多样的，需要结合〈tbody〉、〈thead〉、〈tfoot〉、〈colgroup〉、〈col〉等标签进行灵活处理，同时需要掌握使用〈table〉、〈td〉、〈th〉几项表格样式设置的方法和技巧。

(2)思政要点：根据公开信息，2011年至今，已有11.27亿用户隐私信息被泄露，包括基本信息、设备信息、账户信息、隐私信息、社会关系信息和网络行为信息等。人为倒卖信息、PC电脑感染、网站漏洞、手机漏洞是目前个人信息泄露的四大途径。作为Web前端开发人员，既要提高技术水平，建立安全防火墙，成为个人信息守护者；也要严守职业道德，拒绝各种诱惑，牢记网络不是法外之地。

**【拓展任务——项目申请表网页制作】**

(1)思政要点：繁荣和成就来源于科技与创新，科技与创新反作用于经济，经济又直接对其他领域产生积极影响。进入21世纪，科学与创新是生产力中最活跃的因素和社会变革的主导推动力量，在国家的竞争中，这些越来越成为关键，与国家利益紧密联系在一起。因此，无论是科学研究，还是进行技术创新，都是在为国家服务，为国家利益付出。

(2)技术要求：参考图2-16效果，制作一个项目申请表格网页。该表格复杂度比课程任务更高，制作过程中注意有双重列合并、行合并以及空行处理，并采用.css样式文件设置表格和单元格的边框、文字大小、行高等网页显示样式。本书提供了样式表文件，详见代码见expand2-6CSS.css，在〈head〉标签中通过〈link rel＝"stylesheet" href＝"course2-6expand.css" type＝"text/css"〉调用外部样式。页面制作详细代码见course2-6expand.html文件。

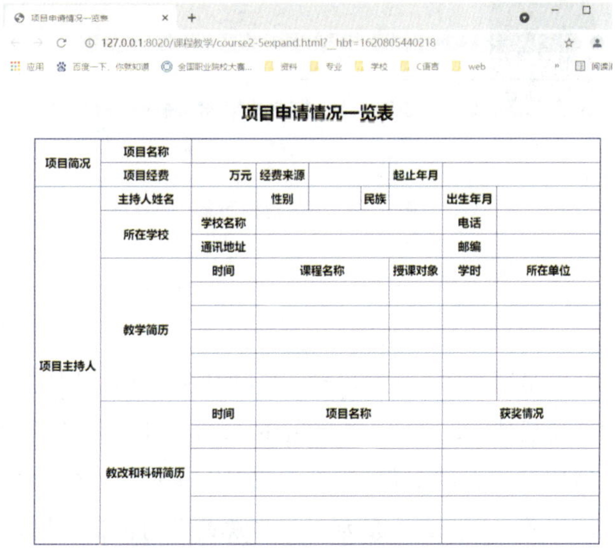

图2-16　项目申请表格网页

# 任务六 美食街页面制作

## 任务描述

本次任务使用 HTML5 新增的文档结构标签制作美食街网页,整体页面内容比较长,包括三部分,左侧是标题列表;右侧上边是美食街最新推荐内容,包括两个区域,介绍两种最新推荐美食;下边是网页版式转换链接。在页面样式设置中除了基本的样式之外,主要使用之前讲过的浮动属性等样式设置方法。效果如图 2-17 所示。

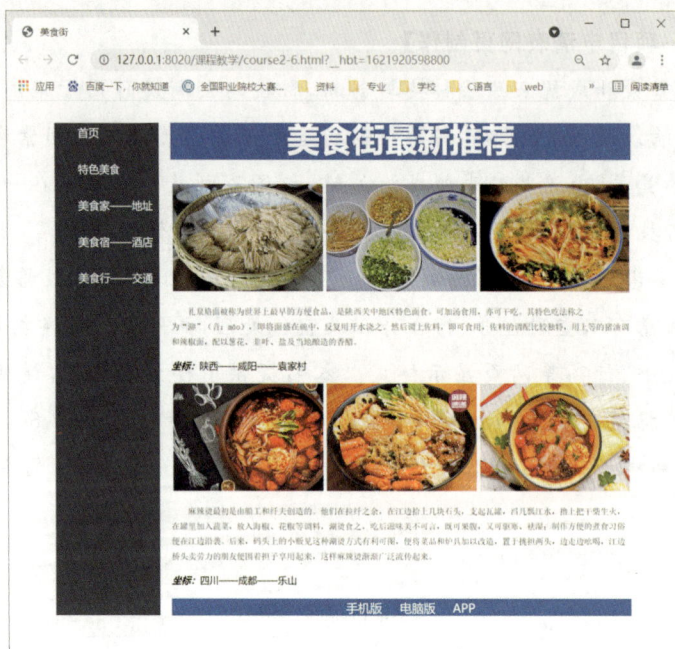

图 2-17 美食街页面

## 知识储备

HTML5 是 HTML 的最新版本,由 W3C 在 2014 年完成标准制定。HTML5 增强了浏览器本机功能,减少了浏览器插件(如 Flash)应用程序,提高了用户体验满意度,使开发更加方便。HTML 从 1.0 到 5.0 经历了巨大的变化,从单一的文本显示功能到图文并茂的多媒体显示功能,许多特性经过多年的完善,已经发展成为一种非常重要的标记语言。HTML5 新增了一些文档结构标签、文本格式化标签、页面增强标签等,下面开始详细介绍这些标签。

## 1. HTML5 的新增结构标签

在 HTML5 出现之前,HTML 页面只能用〈div〉标签作为结构标签,这为代码阅读带来了极大的困扰。在 HTML5 中增加了大量的结构标签,如〈header〉、〈footer〉、〈aside〉、〈nav〉等。有了这些新增的结构标签,在查看页面标签时,可以更加快速地定位到想看的代码,提高了代码的阅读性。

(1)〈header〉…〈/header〉:用于定义文档或者节的页眉,展示介绍性内容,通常包含一组介绍性的或者辅助导航的实用标签。它可能包含一些标题标签,但也可能包含其他标签,如 Logo 搜索框、作者名称等。

(2)〈footer〉…〈/footer〉:用于定义文档或者节的页脚。页脚通常包含文档的作者、版权信息、使用条款链接、联系信息等。

(3)〈article〉…〈/article〉:用于定义文档内的文章。该标签可以是一个论坛帖子,可以是一篇新闻报道,可以是一条博客条目,也可以是一条用户评论。总之,只要是一篇独立的文档内容,就可以使用该标签。〈article〉标签可以嵌套使用,如代表博客评论的〈article〉标签可嵌套在代表博客文章的〈article〉标签中。〈article〉标签也可以使用〈header〉、〈footer〉、〈section〉等标签将一篇独立的文档内容分成若干块。

(4)〈section〉…〈/section〉:用于定义文档中的一个区域(或者节)。一般通过是否包含一个标题(〈h1〉~〈h6〉)作为子节点辨识每一个〈section〉标签。〈section〉标签可以包含多个〈article〉,表示该区域内部包含多篇文章。同样,〈section〉标签也可嵌套使用,用于表示该区域的子区域。

(5)〈aside〉…〈/aside〉:用于定义与当前页面或者当前文章内容几乎无关的附属信息,被认为是独立于主体内容的一部分,并且可以被单独拆分出来而不会使整体受影响。其通常表现为侧边栏或者嵌入内容。

(6)〈figure〉…〈/figure〉:用于定义一段独立的引用,经常与〈figcaption〉配合使用,通常用在主文中的图片、代码、表格等之中。当这部分内容转移到附录中或其他页面时不会影响到主体。

(7)〈figcaption〉…〈/figcaption〉:用于表示与其相关联的引用的说明/标题,描述其父节点〈figure〉标签中的其他数据。

(8)〈hgroup〉…〈/hgroup〉:用于对多个〈h1〉~〈h6〉标签进行组合,一般用来展示标题的多个层级或者副标题。但是〈hgroup〉标签目前并没有广泛使用,这是因为其在 WHATWG 版本的 HTML5 规范是存在的,但在 W3C 公布的 HTML5 中这个标签是被删除的。目前,〈hgroup〉标签在大多数浏览器中是有部分实现的,该标签的语义目前还停留在理论中。

(9)〈nav〉…〈/nav〉:用于定义页面上的导航链接部分。导航条样式有很多,常见的有顶部导航、底部导航、侧边导航。

**延展阅读:新的布局方式**

HTML5 中新的布局方式中,一般情况下,〈body〉标签中包括了〈header〉、〈article〉、〈aside〉、〈footer〉等标签,其中〈header〉包括〈nav〉中标签,大多时候〈article〉中包括〈section〉标签。标签之间的位置关系如图 2-18 所示。

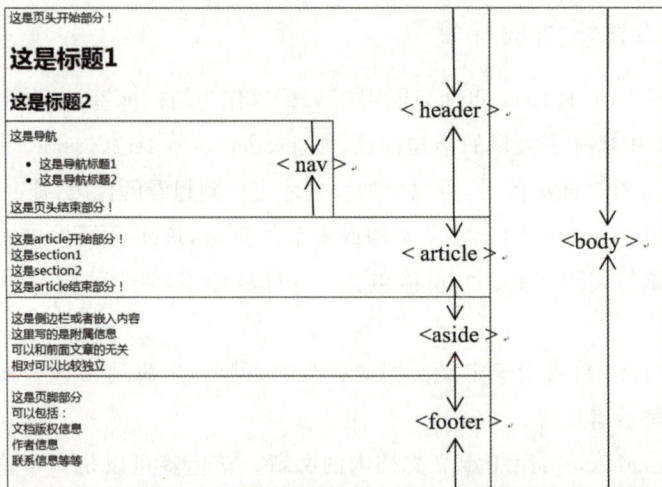

图 2-18    文档结构标签之间的位置关系

## 2. HTML5 的新增其他标签

（1）〈time〉…〈/time〉：用于显示被标注的内容是日期或者时间，它采用的是 24 小时制，一般会用到以下两个属性。

· datetime：该属性表示此标签内容为时间和日期，并且属性值必须是一个有效的日期时间格式。如果此值不能被解析为日期，那么标签就不会有一个关联的时间戳。该属性值主要是给机器读取的，而不是显示给用户看的，这样方便其他代码读取该日期时间，并且可以拿到一个标准的时间戳。

· pubtime：指示〈time〉标签中的日期时间是文档的发布日期。

有效日期时间格式为 yyyy-mm-ddThh:mm:ss，T 为分隔符。时间日期格式详见表 2-30。

表 2-30    时间日期格式表

| 日 期 | 2020-03 | 2020-03-15 | 03-15 |
|---|---|---|---|
| 时 间 | 12:16 | 12:16:06 | 12:16:06.466 |
| 日 期 | 2020-03-15T12:16 | 2020-03-15T12:16:06 | 2020-03-15T12:16:06.466 |
| 时 间 | 2020-03-15 12:16 | 2020-03-15 12:16:06 | 2020-03-15 12:16:06.466 |
| 日 期 时 间 时 区 | 2020-03-15T12:16Z | 2020-03-15T12:16:06Z | 2020-03-15T12:16:06.466Z |
| | 2020-03-15T12:16+0800 | 2020-03-15T12:16:06+0800 | 2020-03-15T12:16:06.466+0800 |
| | 2020-03-15T12:16+08:00 | 2020-03-15T12:16:06+08:00 | 2020-03-15T12:16:06.466+08:00 |
| | 2020-03-15 12:16Z | 2020-03-15 12:16:06Z | 2020-03-15 12:16:06.466Z |
| | 2020-03-15 12:16+0900 | 2020-03-15 12:16:06+0900 | 2020-03-15 12:16:06466+0900 |
| | 2020-03-15 12:16+09:00 | 2020-03-15 12:16:06+09:00 | 2020-03-15 12:16:06466+09:00 |

（2）〈meter〉…〈/meter〉：用于表示一个已知最大值和最小值的计数器，又被称作 gauge（尺度），常用于电池电量、磁盘用量、速度表等。〈meter〉标签还可以指定下面这些属性。

- form：指定〈meter〉标签所属的一个或者多个表单。
- value：指定〈meter〉标签的当前值。
- min：指定〈meter〉标签的最小值。
- max：指定〈meter〉标签的最大值。
- low：指定〈meter〉标签指定范围的最小值。
- high：指定〈meter〉标签指定范围的最大值。
- optimum：指定〈meter〉标签最优值。

（3）〈progress〉…〈/progress〉：用于表示一个进度条，常用于下载进度、加载进度等显示任务进度的场景。〈progress〉标签还可以指定如下属性。

- max：指定任务总工作量。
- value：指定已完成的任务量。

## 3. CSS3 定位属性

CSS3 的定位主要用于设置目标组件的位置，以及是否漂浮在页面上。CSS3 定位常用属性如表 2-31 所示。

表 2-31　定位常用属性

| 属性 | 含　义 | 属性值 |
|---|---|---|
| position | 元素的定位类型 | absolute/fixed/relative/static/inherit |
| top | 设置定位元素上外边距边界与其包含块上边界之间的偏移 | auto/%/length/inherit |
| right | 设置定位元素上外边距边界与其包含块右边界之间的偏移 | |
| left | 设置定位元素上外边距边界与其包含块左边界之间的偏移 | |
| bottom | 设置定位元素上外边距边界与其包含块下边界之间的偏移 | |
| z-index | 设置元素的堆叠顺序 | auto/number/inherit |

（1）position：规定元素的定位类型。该属性定义建立元素布局所用的定位机制。任何元素都可以定位，不论该元素本身是什么类型。使用绝对或固定定位时，会生成一个块级框；使用相对定位时，元素会相对于它在正常流中的默认位置进行位置偏移。position 常见参数如表 2-32 所示。

表 2 - 32　position 参数值

| 值 | 描述 |
|---|---|
| static | 默认值。元素出现在正常的流中(忽略 top、bottom、left、right 或者 z-index 声明) |
| absolute | 生成绝对定位的元素,相对于 static 定位以外的第一个父元素进行定位。元素的位置通过 left、top、right 以及 bottom 属性进行规定 |
| relative | 相对定位。相对于其正常位置进行定位。例如,left:20 会向元素的 left 位置添加 20 像素 |
| fixed | 固定定位。相对于浏览器窗口进行定位。元素的位置通过 left、top、right 以及 bottom 属性进行规定 |
| inherit | 规定应该从父元素继承 position 属性的值 |

(2)z-index 属性:z-index 属性设置元素的堆叠顺序。拥有更高堆叠顺序的元素总是会处于堆叠顺序较低的元素的前面。z-index 仅能在定位元素上奏效(例如 position:absolute;)。元素可拥有负的 z-index 属性值。该属性设置一个定位元素沿 z 轴的位置,z 轴定义为垂直延伸到显示区的轴。如果为正数则离用户更近,为负数则表示离用户更远。

## 任务 实现

### 1.任务分析

本次任务制作一个用来推荐美食的美食街页面,最左侧使用的是 aside 嵌套 nav,nav 嵌套 ul 和 li 标签,li 中嵌套 a 标签,显示主要标题的列表信息;左侧使用的是 header＋section＋footer 结构,显示本页标题、展示内容以及页脚,标题展示文字,展示内容使用两个 section 完成图文混排,这也是显示的重点内容;页尾则显示页面版式变化链接。具体操作步骤如下:

①制作左侧导航列表;

②制作右侧标题;

③制作页面展示内容;

④制作页脚;

⑤使用 CSS 完善页面效果。

### 2. 代码实现

这个任务页面结构较复杂,为了便于排版,先添加外部〈div〉,左侧在〈li〉下的〈a〉标签中添加文本,然后对样式进行设置;右侧整体也放在〈div〉中,然后再采用 header＋section＋footer 结构,〈header〉中使用〈h1〉表前添加文本信息;〈section〉中采用〈img〉和〈p〉进行图文混排;最后在 footer 中添加〈span〉和〈a〉标签设置链接。在〈head〉中设置字符集、网页名称,并通过〈link rel ="stylesheet" href="course2-6.css"〉与样式表链接。详细 HTML 代码如下:

```
〈! DOCTYPE html〉
    〈html〉
    〈head〉
        〈meta charset="UTF-8"〉
        〈title〉美食街〈/title〉
        〈link href="course2-6.css" rel="stylesheet"/〉
    〈/head〉
    〈body〉
        〈div id="outer"〉
        〈aside class="aside"〉〈nav class="nav"〉
            〈ul〉〈li〉〈a href="#"〉首页〈/a〉〈/li〉
            〈li〉〈a href="#"〉特色美食〈/a〉〈/li〉
            〈li〉〈a href="#"〉美食家——地址〈/a〉〈/li〉
            〈li〉〈a href="#"〉美食宿——酒店〈/a〉〈/li〉
            〈li〉〈a href="#"〉美食行——交通〈/a〉〈/li〉〈/ul〉〈/nav〉〈/aside〉
        〈div id="content"〉〈header〉〈h1〉美食街最新推荐〈/h1〉〈/header〉
        〈section〉〈img src="img/course2/美食街/烙面 1.png" 〉〈img src="img/
course2/美食街/烙面 2.png"〉〈img src="img/course2/美食街/烙面 3.png"〉
        〈p class="biref"〉    礼泉烙面被称为世界上最早的方便食品,是陕西关中地区特色面
食。可加汤食用,亦可干吃。其特色吃法称之为"冸(音:mǎo)",即将面盛在碗中,反复用开水浇
之。然后调上佐料,即可食用,佐料的调配比较独特,用上等的猪油调和辣椒面,配以葱花、韭
叶、盐及当地酿造的香醋。〈/p〉
        〈p〉〈em〉〈strong〉坐标:〈/em〉〈/strong〉陕西—咸阳—袁家村〈/p〉〈/section〉
        〈section〉〈img src="img/course2/美食街/麻辣烫 1.jpeg" 〉〈img src="img/
course2/美食街/麻辣烫 2.jpeg"〉〈img src="img/course2/美食街/麻辣烫 3.jpeg"〉
〈/section〉
        〈p class="biref"〉    麻辣烫最初是由船工和纤夫创造的。他们在拉纤之余,
在江边拾上几块石头,支起瓦罐,舀几瓢江水,撸上把干柴生火,在罐里加入蔬菜,放入海椒、花
椒等调料,涮烫食之,吃后滋味美不可言,既可果腹,又可驱寒、祛湿;制作方便的煮食习俗便在
江边沿袭。后来,码头上的小贩见这种涮烫方式有利可图,便将菜品和炉具加以改造,置于挑担
两头,边走边吆喝,江边桥头卖劳力的朋友便围着担子享用起来,这样麻辣烫渐渐广泛流传起
来。〈/p〉
        〈p〉〈em〉〈strong〉坐标:〈/em〉〈/strong〉四川—成都—乐山〈/p〉
```

〈footer〉〈p〉〈span〉手机版〈/span〉〈span〉〈a href＝"＃"〉电脑版〈/a〉〈/span〉〈span〉〈a href＝"＃"〉APP〈/a〉〈/span〉〈/p〉〈/footer〉〈/div〉〈/div〉

　　　〈/body〉

〈/html〉

该网页的 CSS 样式设置代码如下：

```css
#outer{
        width：980px；
        margin：0 auto；
        padding：0；              }
.aside{
        width：180px；
        height：826px；
        float：left；
        background：#2d3741；
        margin-top：30px；        }
ul li{
        list-style：none；
        height：60px；          }
ul li a{
        text-decoration：none；
        color：#FFFFFF；
        font-size：18px；
        font-family："微软雅黑"；              }
#content{
        margin-left：20px；
        float：left；
        width：780px；          }
h1{
    text-align：center；
    font-size：55px；
    margin-top：30px；
    background：#224b8f；
    color：#FFFFFF；        }
img{
```

```
        width: 254px;
        padding: 3px;
      }
.biref{
        font-size: 14px;
        font-family: "宋体";
        line-height: 25px;           }
footer{
        text-align: center;
        background: #224b8f;
        color: #FFFFFF;
        height: 30px;
        line-height: 30px;
        font-size: 20px;           }
span{   margin-left: 30px;           }
span a{
        text-decoration: none;
        color: #FFFFFF;           }
```

## 3. 任务总结

（1）知识和技术：新的文档布局结构标签，大大方便了代码定位速度，提高了代码的可读性。本次任务是制作一个美食街网页，具有很强的实用性，但是涉及到整体页面的结构的代码和样式设置相对比较复杂。希望通过本案例让学生学会页面结构板块的划分、分析能力，以及创新编写代码和制作样式的能力。

（2）思政要点：随着社会的不断进步和发展，我国特别重视农村发展，推出乡村振兴战略等系列政策，各地也因地制宜推出生态保护型、文化传承型、休闲旅游型、高效农业型等多种模式，在促进农村经济的发展过程中起到支撑作用，也为建设中国新农村，实现可持续发展，推进城乡一体化发展的农村建设做出巨大贡献。

【拓展任务——学生作品展示页面制作】

（1）思政要点：通过展示初始建模、材质美化、合成场景、输出成品四个阶段的作品，让学生体现由浅入深、由小到大的学习过程。如同我们做事的方法，从小事开始，经过不懈努力，才可能成就大事业。正如老子的《道德经》中说的："千里之行，始于足下。"十九大为我们描绘了我国今后30多年发展的美好蓝图。但是不管多远的"千里之行"，青年的一代人都必须从当前的小事情开始，不驰于空想、不骛于虚声，一步一个脚印，踏踏实实干好眼前事。

(2)技术要求：参考图 2-19、2-20 效果，制作三维静帧图片的展示页面，顶部是课程导航，页眉显示的课程名称、教师姓名以及主题信息；主体部分是三维静帧图片四种类型和示例图片信息，图片末尾有一个链接；在每个部分下方有留言区；页尾是课程开设情况和学时等信息；右侧有一个侧边栏。根据效果，对页面结构进行划分，然后充分使用文档结构标签，尽量使用最简单的结构和代码实现。由于该拓展任务内容复杂，故将样式写在 .css 样式文件中，页面代码见 course2-6expand.html 文件，框架样式表见 course2-6expand.css 文件，顶部的文字 logo、左右图片和提交图片作品的 class 分别为 logo、headphoto 和 photo。

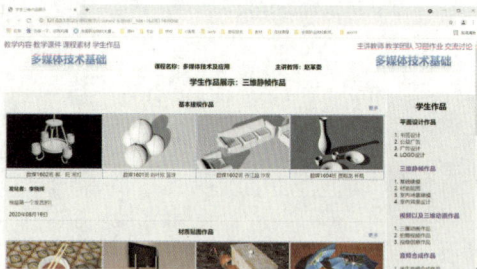

图 2-19　学生作品展示页面页眉

图 2-20　学生作品展示页面页脚

## 项目小结

本章的主要内容包括 HTML5 和 CSS3 两部分。HTML5 主要用来制作页面内容和元素，CSS 主要用来设置页面的布局、元素和内容的显示样式。HTML5 主要内容有基本标签、文本格式化标签、图片标签、超级链接标签、列表标签和表格标签，新增的文档结构标签、文本格式化标签、页面增强标签、多媒体标签等常用标签，每个标签中都会涉及一些的常用属性，这也是必须掌握的内容。CSS3 主要内容为设置元素和内容的尺寸、字体、文本、列表、表格属性，设置位置的浮动、定位属性以及渐变效果等。

## 习题二

### 一、选择题

1. HTML 文档中的元素分为(　　　)两部分。

A. 内容文本、标签　　　　　　　　　　B. 文本、多媒体元素

C. 超文本、多媒体元素　　　　　　　　D. 标签、框架

2. 下面语句中，(　　　)将 HTML 页面的标题设置为"HTML 练习"。

A.〈head〉HTML 练习〈/head〉　　　　　B.〈title〉HTML 练习〈/title〉

C.〈body〉HTML 练习〈/body〉　　　　　D.〈html〉HTML 练习〈/html〉

3. 为了标识一个 HTML 文件，应该使用的标签是(　　　)。

A.〈style〉〈/style〉　　　　　　　　　B.〈body〉〈/body〉

C.〈head〉〈/head〉　　　　　　　　　D.〈html〉〈/html〉

4. 以下是〈! DOCTYPE〉元素作用的是（　　　）。

A. 用来定义文档类型

B. 用来声明命名空间

C. 用来向搜索引擎声明网站关键字

D. 用来向搜索引擎声明网站作者

5. 表示水平分割线线的 HTML 代码是（　　　）。

A.〈hr/〉　　　　B.〈br/〉　　　　C.〈tr/〉　　　　D.〈hr〉〈/hr〉

6. 下面标记中,（　　　）在标记的位置添加一个回车符。

A.〈h1〉　　　　B.〈enter〉　　　　C.〈br/〉　　　　D.〈hr/〉

7. 在 HTML 中,标记〈pre〉的作用是（　　　）。

A. 标题标签　　　B. 预排版标签　　　C. 换行标签　　　D. 文字效果标签

8. 超文本标记语言〈a href＝"https://www.cctv.com"〉央视国际〈/a〉的作用是（　　　）。

A. 插入一段央视国际网站的文字

B. 插入一幅央视国际网站的图片

C. 创建一个指向央视国际网站的电子邮件

D. 创建一个指向央视国际网站的超链接

9. 以下说法正确的是（　　　）。

A.〈a〉标签是页面链接标签,只能用来链接到其他页面

B.〈a〉标签是页面链接标签,只能用来链接到本页面的其他位置

C.〈a〉标签的 src 属性用于指定要链接的地址

D.〈a〉标签的 href 属性用于指定要链接的地址

10. 假如要将图片文件 asrlogo.jpg 插入页面,并为该图片设置提示文字为"ASR Outfitters Logo",下面语句正确的是（　　　）。

A.〈omg scr＝"asrlogo.jpg"〉ASR Outfitters Logo〈/omg〉

B.〈img src＝"asrlogo.jpg" alt＝"ASR Outfitters Logo"〉

C.〈img src＝"asrlogo.jpg"〉alt＝"ASR Outfitters Logo"

D.〈omg url＝"asrlogo.jpg" alt＝"ASR Outfitters Logo"〉

11. 如果图片不能正常显示,错误的原因可能是（　　　）。

A. 引用图片的路径不对　　　　　　B. 该图片太模糊

C. 图片太大　　　　　　　　　　　D. 图片太小

12. 无序列表的 HTML 代码是（　　　）。

A.〈li〉〈ui〉…〈/li〉〈/ul〉　　　　　　B.〈ul〉〈li〉…〈/li〉〈/ul〉

C.〈ol〉〈li〉…〈/li〉〈/ol〉　　　　　　D.〈li〉〈ol〉…〈/li〉〈/ol〉

13. 设置围绕表格的边框宽度的 HTML 代码是（　　　）。

A. 〈table size＝""〉        B. 〈table border＝""〉

C. 〈table bordersize＝""〉        D. 〈tableborder＝""〉

14. 定义表行的 HTML 是( )。

A. 〈table〉       B. 〈td〉       C. 〈th〉       D. 〈tr〉

15. CSS 是( )的缩写。

A. Colorful Style Sheets       B. Computer Style Sheets

C. Cascading Style Sheets       D. Creative Style Sheets

16. 下列( )是定义样式表中的注释语句。

A. /＊注释语句＊/       B. //注释语句

C. //注释语句//       D. '注释语句'

17. 表示内嵌样式的元素是( )。

A. 〈style〉       B. 〈css〉       C. 〈script〉       D. 〈link〉

18. 如果要在不同的网页中应用相同的样式表定义,应该( )。

A. 直接在 HTML 的元素中定义样式表

B. 在 HTML 的标记中定义样式表

C. 通过一个外部样式表文件定义样式表

D. 以上都可以

19. 引用外部样式表的格式是( )。

A. 〈style src＝"mystyle. css"〉

B. 〈link rel＝"stylesheet" type＝"text/css" href＝"mystyle. css"〉

C. 〈stylesheet〉mystyle. css〈/stylesheet〉

D. 〈a href＝"style. css"〉〈/a〉

20. 引用外部样式表的元素应该放在( )。

A. HTML 文档的开始的位置       B. HTML 文档的结束的位置

C. head 元素中       D. body 元素中

21. 下列选项中不属于 CSS 文本属性的是( )。

A. font-size       B. text-align       C. line-height       D. text－decoration

22. 下列( )表示 p 元素中的字体是粗体。

A. p {text-size:bold}       B. p {font-weight:bold}

C. 〈p style＝"text-size:bold"〉       D. 〈p style＝"font-size:bold"〉

23. 下列 CSS 属性( )可以更改字体大小。

A. text-size       B. font-size       C. text-style       D. font-style

24. 下列 CSS 属性( )能够更改文本字体。

A. text       B. line-height       C. font-family       D. text-decoration

25. 下列样式定义字体为宋体、字体颜色为红色、斜体、大小 20px、粗细 800 号,正确的定义是( )。

A. p {font-family:20px;font-size:宋体;font-weight:800;color:red;font-style:italic;}

B. p {font-family:宋体;font-size:20px;font-weight:800;color:red;font-style:italic;}

C. p {font-family:20px;font-size:800;font-weight:宋体;color:red;font-style:italic;}

D. p{font-family:800;font-size:20px;font-weight:red;color:italic;font-style:宋体;}

26. 下面代码使用 HTML 元素的 id 属性,将样式应用于网页上的某个段落:〈p id="firstp"〉这是第一个段落〈/p〉。以下关于样式规则定义正确的是( )。

A. 〈style type="text/css"〉
　　　p{color:red}
　〈/style〉

B. 〈style type="text/css"〉
　　　♯firstp {color:red}
　〈/style〉

C. 〈style type="text/css"〉
　　. firstp {color:red}
　〈/style〉

D. 〈style type="text/css"〉
　　　p. firstp {color:red}
　〈/style〉

27. 在 CSS 语言中下列( )是"列表项标号图像"的语法。

A. width:〈值〉

B. height:〈值〉

C. list-style-image:〈值〉

D. list-style-picture:〈值〉

28. 下列( )表示列表项符号是小方块。

A. list-style-type:square

B. list-type:square

C. type:2

D. type:square

29. 关于 list-style-type 属性叙述不正确的是( )。

A. 可以设置列表项目标号类型

B. 对无序列表有效

C. 对有序列表有效

D. 对表格单元格有效

**二、判断题**

1.( )默认情况下,h1 标签的文字字号要远小于 h6 标签。

2.( )HTML 的注释语句格式为:/* */。

3.( )HTML 的标签一定是成对出现的,否则无法完成嵌套关系。

4.( )HTML 不区分大小写。

5.( )所有 HTML 标签都由开始标签和结束标签构成。

6.( )Unicode 编码与 UTF-8 编码都涵盖了所有语言文字。

7.( )网页源文件本身的编码方式与浏览器解读的编码方式如果不同,就会出现乱码。

8.( )执行代码〈a href="www. sina. com. cn"〉新浪首页〈/a〉可以跳转到新浪网首页。

9.( )CSS 样式的选择器可以是标签的名字。

10.( )有了 CSS 样式,就可以做到使内容与样式分离,便于分别修改。

11. (　　)添加 CSS 行内样式的时候,采用的是 style 标签进行添加。

12. (　　)CSS 行内样式只对当前元素起作用。

13. (　　)CSS 内嵌样式用 CSS 定义样式,然后在 HTML 部分引用这种样式。

14. (　　)如果设置 table 标签的 border 属性,默认可以看到两层边框线。

15. (　　)可以使用 table-collapse 属性将表格边框和单元格边框重合在一起显示。

### 三、实践题

1. 请完成下图所示古诗词鉴赏页面制作,可参考 course2-7exercize. html。

# 游子①吟②

### 孟郊 〔唐代〕

慈母手中线,

游子身上衣。

临行密密缝,

意恐迟迟归。

谁言寸草心,

报得三春晖。

①游子: 古代称远游旅居的人。
②吟: 诗体名称。

2. 请完成下图所示"加沙地带持续遭遇空袭"新闻网页制作,可参考 course2-8exercize. html。图片素材存放在"课程教学\img\course2"文件夹中,名字为"war.jpg"。

## 加沙地带持续遭遇空袭

发稿时间: 2021-05-19 08:40:00 来源: 央视网 中国青年网

央视网消息: 当地时间2021年5月18日, 加沙地区, 巴以冲突持续, 加沙地带持续遭遇空袭, 许多民居受到战火牵连, 街道满目疮痍。以色列空袭造成的巴勒斯坦死亡人数已超过210人。

# HTML5 表单与 CSS3 盒模型

**学习** **目标**

### 1.技术目标

(1)熟悉 HTML5 表单概念和基本属性;

(2)熟练掌握 HTML5 常用标签和新增标签的使用方法和技巧;

(3)掌握 input 标签新增的功能和属性;

(4)熟练掌握 CSS3 背景属性使用方法;

(5)熟悉盒模型的概念和作用;

(6)掌握内边距、外边距及边框属性的使用方法和技巧。

### 2.思政目标

(1)提高专业技术水平,提高守护人民财产安全的责任感;

(2)增强网络规范意识,增强净化网络环境能力;

(3)营造尊师重教氛围,培养学生的奉献精神和担当精神;

(4)培养学生团队意识,强化集体荣誉感,抑制学生攀比之风,建立平等意识。

(5)提高学生挫折承受力,培养坚持不懈、坚忍不拔的精神;

(6)明确学生学习的主体地位,提高学生独立思考能力、主动探索学习能力,提高学生主动学习积极性;

(7)培养学生独立的思维能力,批判性、研究性的学习能力;

(8)提高个人信息安全意识,提高个人安全、财产安全防护意识;

(9)继承和弘扬中华民族"扶危济困,助人为乐"的传统美德。

网络是生活中常见的信息传达渠道之一,上网时经常会遇到账号注册、账号登录、搜索、用户调查等,大部分网站都使用 HTML 表单与用户进行交互。HTML 表单是可以通过网络接收其他用户数据的平台,在注册页面输入的账户和密码、网上订货信息等都以表单的形式来收集,并传递给后台服务器,实现网页与用户间的沟通对话。而表单的核心内容就是表单控件,HTML 提供了一系列的表单控件,用于定义不同的表单功能,如密码输入框、文本域、下拉列表、复选框等。

CSS 样式设置会假定所有的 HTML 文档元素都生成了一个描述该元素在 HTML 文档布

局中所占空间的矩形元素框,可以形象地将其看作是一个盒子。CSS 围绕这些盒子产生了一种"盒模型"概念,通过定义一系列与盒子相关的属性,可以极大地丰富和促进各个盒子乃至整个 HTML 文档的表现效果和布局结构。对于是盒子的元素,如果没有特殊设置,默认总是占独立的一行,宽度为浏览器窗口的宽度,在其前后的元素不管是不是盒子,都只能排列在它的上面或者下面。

# 任务一 住房公积金查询登录页面制作

**任务 描述**

本次任务是使用表单、单行输入控件和标签等控件,制作用户登录界面,效果如图 3 - 1 所示。

图 3 - 1 住房公积金查询登录页面

**知识 储备**

## 1. HTML5 表单构成

在 HTML5 中,一个完整的表单通常由表单控件、提示信息和表单域 3 个部分构成,如图 3 - 2所示。

图 3-2　表单构成

表单控件：包含了具体的表单功能项，如单行文本输入框、密码输入框、复选框、提交按钮、搜索框等。

提示信息：一个表单中通常还需要包含一些说明性的文字，提示用户进行填写和操作。

表单域：相当于一个容器，用来容纳所有的表单控件和提示信息，可以通过它处理表单数据所用程序的 url 地址，定义数据提交到服务器的方法。如果不定义表单域，表单中的数据就无法传送到后台服务器。

## 2. form 表单

HTML5 中使用〈form〉标签来实现表单创建，该标签用于在网页中创建表单区域，属于一个容器标签，其他表单控件需要在它的范围内才有效。

〈form〉…〈/form〉：用于生成输入表单。

在 HTML5 之前的规范中，其他表单控件，如单行文本框、多行文本域、单选按钮、复选框、表单按钮等都必须放在〈form〉元素之内，否则用户输入的信息可能无法提交到服务器上。表单控件基本上都支持全局标准属性和全局事件属性。〈form〉元素可以指定如下属性。

（1）action：指定当单击表单内的"确定"按钮时该表单被提交到的地址，这个属性不能缺。

表单收集到信息后，需要将信息传递给服务器进行处理，action 属性就是用来指定这个接收并处理表单数据的服务器程序的 url 地址。例如：〈form action＝"index. asp"〉，这表示表单数据会传送到名为"index. asp"的页面去处理。action 的属性值可以是相对路径或绝对路径，还可以是接收数据的 E-mail 邮箱地址。例如：〈form action＝mailto：htmlcss@163. com〉，表示当提交表单时，数据会以电子邮件的形式传递到指定邮箱地址。

（2）method：指定提交表单时发送哪种类型的请求，这个属性也不能缺。

属性值可以是 get,也可以是 post,取决于后端程序员提供的 API。

①get:get 请求会将请求参数的名和值转换成字符串,并附加在原 URL 之后,因此,在地址栏等地方可以看到请求的参数。这种请求方式的优点是一目了然,缺点是传输的数据量比较小,因为 URL 的最大长度是 2048 个字符,而且这种请求方法不安全,所以一般仅用于从指定的资源请求数据。

②post:post 请求通过 HTTP 的 post 机制,将所有请求参数的名和值放在 HTMLHEADER 中传输。这种方法的优点是安全性较高,并且对请求的数据长度没有要求,可以传输很大的数据量。post 请求一般用于向指定的资源提交要被处理的数据。

(3)name:指定表单的名称,通常与 id 属性值相同。只有设置了 name 属性的表单元素才能在提交表单时传递它们的值。

(4)enctype:用于指定表单内容编码使用的字符集。该属性有以下 3 个值。

①application/x-www-form-urlencoded:HTML 表单默认的编码方式和传输编码类型,在发送前编码所有字符。

②multipart/form-data:传输数据的特殊类型,主要是上传非文本内容,如图片或者 MP3 等。

③text/plain:纯文本传输,在发送邮件时要设置这种编码类型,否则会出现接收时编码混乱的问题。

(5)target:用于指定使用哪种方式打开目标 URL,它的属性值可以是 _blank、_parent、_self、_top 中的一个,使用方法与〈a〉元素的 target 相同。

### 3. 表单标签

(1)〈input/〉:单行输入标签。〈input〉标签是一个单标签,没有结束标签,在实际开发中建议将此标签写成〈input/〉。〈input/〉标签在表单控件中功能最丰富、种类最多,可以通过它的 type 属性设定想要的表单控件类型。

①单行文本输入框〈input type="text" /〉:单行文本输入框常用来输入简短的信息,如用户名、账号、证件号码等,常用的属性有 name、value、size、maxlength。size 和 maxlength 定义显示的宽度和最大字符数。

②密码输入框〈input type="password"/〉:同单行文本框,可输入一行密码文本,但该区域字符会被掩码,内容将以圆点(或星号)的形式显示。

③单选按钮〈input type="radio"/〉:单选按钮用于单项选择,如选择性别、是否操作等。在定义单选按钮时,必须为同一组中的选项指定相同的 name 值,相同 name 属性的单选按钮只能选一个,"单选"才会生效。可以对单选按钮应用 checked 属性,用 checked="checked"指定默认选中项。

④复选框〈input type="checkbox"/〉:复选框是可以多选的选择框,常用于多项选择,如选

择兴趣、爱好等。可对其应用 checked 属性,用 checked＝"checked"指定默认选中项。

　　⑤普通按钮〈input type＝"button"/〉:普通按钮常常配合 JavaScript 脚本语言使用,大部分情况下执行的是 JavaScript 脚本。

　　⑥提交按钮〈input type＝"submit"/〉:提交按钮是表单中的核心控件,单击后会将表单数据发送到服务器。用户完成信息的输入后,一般都需要单击提交按钮才能完成表单数据的提交。可以对其应用 value 属性,改变提交按钮上的默认文本。

　　⑦重置按钮〈input type＝"reset"/〉:当用户输入的信息有误时,可单击重置按钮取消已输入的所有表单信息。可以对其应用 value 属性,改变重置按钮上的默认文本。

　　⑧图像形式的提交按钮〈input type＝"image"/〉:图像形式的提交按钮与普通的提交按钮在功能上基本相同,只是它用图像替代了默认的按钮,外观上更加美观。需要注意的是,必须为其定义 src 属性指定图像的 url 地址。

　　⑨隐藏域〈input type＝"hidden"/〉:隐藏域对于用户是不可见的,通常用于后台的程序,一般用于定义隐藏的参数。

　　⑩文件域〈input type＝"file"/〉:用于文件上传。当定义文件域时,页面中将出现一个文本框和一个"浏览..."按钮,用户可以通过填写文件路径或直接选择文件的方式,将文件提交给后台服务器。

　　〈input/〉除了 type 属性,还可以指定以下几个属性,如表 3－1 所示。

表 3－1　〈input/〉其他常用属性

| 属性 | 属性值 | 说　　明 |
| --- | --- | --- |
| name | 由用户自定义 | 控件的名称 |
| value | 由用户自定义 | 〈input/〉控件中的默认文本值 |
| size | 正整数 | 设置〈input/〉控件在页面中的显示宽度 |
| readonly | readonly | 设置文本框的内容为只读,不允许用户直接编辑修改 |
| disabled | disabled | 设置首次加载禁用该元素,属性值仅有 disabled,表示该元素被禁用,第一次加载页面时禁用该控件(显示为灰色),它将无法获取输入焦点,无法被选中,无法响应单击事件 |
| checked | checked | 设置单选框、复选框初始状态为选中,属性值仅有 checked,表示初始就被选中 |
| maxlength | 正整数 | 设置文本框中允许输入的最多字符数 |
| src | 由用户自定义 | 设置图像域所显示的图像的 URL |

　　(2)〈label〉…〈/label〉:标签控件。〈label〉的作用是为 input 等其他控件元素定义标注(标记)进行说明。该标签提高了鼠标用户的可用性,当用户点击〈label〉标签中的文本时,浏览器就会自动将焦点转到和该标签相关联的控件上。使标签和表单控件关联的方法有以下两种。

　　①使用〈label〉标签的 for 属性,指向关联表单控件的 id。语法格式为:

〈label for="关联控件的 id" form="所属表单 id 列表"〉文本内容〈/label〉。

②将说明和表单控件一起放入〈label〉元素内部。

**注意：**

①关联控件的 id 一般指的是 input 元素的 id；

②form 为 HTML5 新增的一个属性，它是用来规定所属的一个或多个表单的 id 列表；

③当〈label〉标签不在表单标签〈form〉中时，就需要使用 form 属性来指定所属表单。

### 4. CSS 背景属性

（1）background-color：设置元素的背景颜色。background-color 属性为元素设置一种纯色。这种颜色会填充元素的内容、内边距和边框区域，扩展到元素边框的外边界（但不包括外边距），如图 3-3 所示。如果边框有透明部分（如虚线边框），会透过这些透明部分显示出背景色。具体属性值见表 3-2。

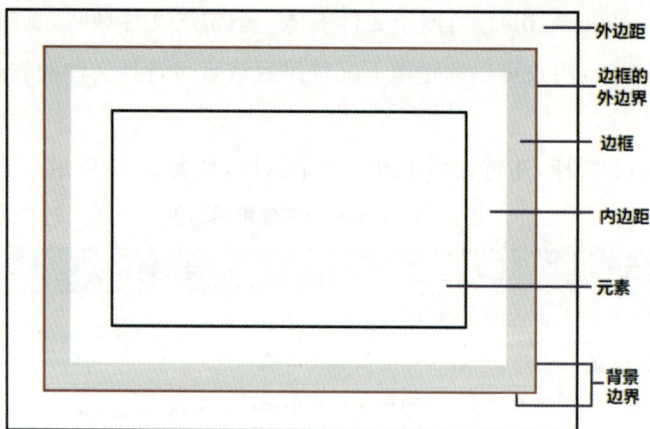

**图 3-3　背景范围**

**表 3-2　background-color 属性值**

| 值 | 描　　述 |
|---|---|
| color_name | 规定颜色值为颜色名称的背景颜色（比如 red） |
| hex_number | 规定颜色值为十六进制值的背景颜色（比如＃ff0000） |
| rgb_number | 规定颜色值为 rgb 代码的背景颜色（比如 rgb(255,0,0)） |
| transparent | 默认，背景颜色为透明 |
| inherit | 规定应该从父元素继承 background-color 属性的设置 |

（2）background-image：为元素设置背景图像。元素的背景占据了元素的全部尺寸，包括内边

距和边框,但不包括外边距。默认地,背景图像位于元素的左上角,并在水平和垂直方向上重复。

**注意**:背景中经常设置一种可用的背景颜色,即使背景图像不可用,页面也可获得良好的视觉效果。

background-image 属性会在元素的背景中设置一个图像。根据 background-repeat 属性的值,图像可以无限平铺、沿着某个轴(x 轴或 y 轴)平铺,或者不平铺。初始背景图像(原图像)根据 background-position 属性的值放置。具体属性值见表 3-3。

表 3-3　background-image **属性值**

| 值 | 描　　述 |
| --- | --- |
| url('URL') | 指向图像的路径 |
| none | 默认值,不显示背景图像 |
| inherit | 规定应该从父元素继承 background-image 属性的设置 |

(3)background-repeat:设置是否及如何重复背景图像。背景图像默认在水平和垂直方向上重复。background-repeat 属性定义了图像的平铺模式。从原图像开始重复,原图像由 background-image 定义,并根据 background-position 的值放置。具体属性值见表 3-4。

表 3-4　background-repeat **属性值**

| 值 | 描　　述 |
| --- | --- |
| repeat | 默认。背景图像将在垂直方向和水平方向重复 |
| repeat-x | 背景图像将在水平方向重复 |
| repeat-y | 背景图像将在垂直方向重复 |
| no-repeat | 背景图像将仅显示一次 |
| inherit | 规定应该从父元素继承 background-repeat 属性的设置 |

(4)background-position:设置背景图像的起始位置。这个属性设置背景原图像(由 background-image 定义)的位置,背景图像如果要重复,将从这一点开始。具体属性值见表 3-5。

表 3-5　background-image **属性值**

| 值 | 描　　述 |
| --- | --- |
| top left<br>top center<br>top right<br>center left<br>center center<br>center right<br>bottom left<br>bottom center<br>bottom right | 如果仅规定了一个关键词,那么第二个值将是"center"。默认值:0%0% |

| 值 | 描　述 |
|---|---|
| x％ y％ | 第一个值是水平位置,第二个值是垂直位置。左上角是 0％ 0％。右下角是 100％ 100％。如果仅规定了一个值,另一个值将是 50％ |
| xpos ypos | 第一个值是水平位置,第二个值是垂直位置。左上角是 0 0。单位是像素(0px 0px)或任何其他的 CSS 单位。如果仅规定了一个值,另一个值将是 50％,％和 position 值可以混合使用 |

注意:把 background-attachment 属性设置为"fixed",才能保证该属性在 Firefox 和 Opera 中正常。

（5）background-attachment:设置背景图像是否固定或者随着页面的其余部分滚动。具体属性值见表 3 - 6。

表 3 - 6　 background-attachment 属性值

| 值 | 描　述 |
|---|---|
| scroll | 默认值。背景图像会随着页面其余部分的滚动而移动 |
| fixed | 当页面的其余部分滚动时,背景图像不会移动 |
| inherit | 从父元素继承 background-attachment 属性的设置 |

（6）background-clip:规定背景的绘制区域。具体属性值见表 3 - 7。

表 3 - 7　 background-clip 属性值

| 值 | 描　述 |
|---|---|
| border-box | 背景被裁剪到边框盒 |
| padding-box | 背景被裁剪到内边距框 |
| content-box | 背景被裁剪到内容框 |

（7）background-origin:规定 background-position 属性相对于什么位置来定位。具体属性值见表 3 - 8。

表 3 - 8　 background-origin 属性值

| 值 | 描　述 |
|---|---|
| padding-box | 背景图像相对于内边距框来定位 |
| border-box | 背景图像相对于边框盒来定位 |
| content-box | 背景图像相对于内容框来定位 |

注意:如果背景图像的 background-attachment 属性为"fixed",则该属性没有效果。

（8）background-size：规定背景图像的尺寸。具体属性值见表3-9。

表3-9　background-size **属性值**

| 值 | 描　　述 |
|---|---|
| length | 设置背景图像的高度和宽度。第一个值设置宽度,第二个值设置高度<br>如果只设置一个值,则第二个值会被设置为"auto" |
| percentage | 以父元素的百分比来设置背景图像的宽度和高度。第一个值设置宽度,第二个值设置高度。<br>如果只设置一个值,则第二个值会被设置为"auto" |
| cover | 把背景图像扩展至足够大,以使背景图像完全覆盖背景区域<br>背景图像的某些部分也许无法显示在背景定位区域中 |
| contain | 把图像扩展至最大尺寸,以使其宽度和高度完全适应内容区域 |

（9）background：在一个声明中设置所有的背景属性。可以设置的属性包括：background-color，background-position，background-size，background-repeat，background-origin，background-clip，background-attachment，background-image。

如果不设置其中的某个值，也不会出问题，例如：background：#ff0000 url('smiley.gif')；也是允许的。一般建议使用这个属性，而不是分别使用单个属性，因为这个属性在较老的浏览器中能够得到更好的支持，而且输入更方便。具体属性值见表3-10。

表3-10　background **属性值**

| 值 | 描　　述 |
|---|---|
| background-color | 规定要使用的背景颜色 |
| background-position | 规定背景图像的位置 |
| background-size | 规定背景图片的尺寸 |
| background-repeat | 规定如何重复背景图像 |
| background-origin | 规定背景图片的定位区域 |
| background-clip | 规定背景的绘制区域 |
| background-attachment | 规定背景图像是否固定或者随着页面的其余部分滚动 |
| background-image | 规定要使用的背景图像 |
| inherit | 规定从父元素继承background属性的设置 |

**任务** 实现

## 1. 任务分析

本次任务主要是制作查询系统的登录界面,根据表单构成制作form表单,再使用表单中的〈input〉和〈label〉标签制作页面元素;使用背景属性添加背景图片,然后添加横线等其他部分内容美化整体效果。基本的操作步骤如下：

①添加 form 表单；

②添加标题文字；

③使用〈input〉和〈label〉标签制作交互部分；

④制作 CSS 样式中的背景属性添加图片和横线样式等其他内容。

## 2. 代码实现

定义两层〈div〉块，第一层用来显示整个背景，并通过 background 属性调用一张图片；第二层显示交互界面，通过 background-image 属性调用图片，同时显示标题、横线以及交互部分的提示信息和控件。制作时先在.css 中定义样式，详见 course3-1.css，两层〈div〉使用不同的 id 号进行处理。在〈head〉中设置字符集、网页名称，使用〈link rel＝"stylesheet" href＝"course3-1.css" type＝"text/css" /〉链接样式表。详细 HTML 代码如下：

```
〈! DOCTYPE html〉
〈html〉
〈head〉
        〈meta charset＝"UTF-8"〉
        〈title〉住房公积金查询〈/title〉
        〈link rel＝"stylesheet" href＝"course3-1.css" type＝"text/css" /〉
〈/head〉
〈body〉
        〈form action＝""〉〈div id＝"outer" align＝"center"〉
          〈div id＝"login1"〉〈h2〉滨海市住房公积金查询系统〈/h2〉
          身份证号码　｜　〈span〉公积金账号〈/span〉〈hr /〉
          〈label〉身份证号码：〈input type＝"text" maxlength＝"18" /〉〈/label〉〈br /〉
〈br /〉
          〈label〉姓名：〈input type＝"text" /〉〈/label〉〈br /〉〈br /〉
          〈label〉密码：〈input type＝"password" /〉〈/label〉〈br /〉〈br /〉
          〈input type＝"image" src＝"img/course3/登录.png"〉〈/input〉〈/div〉〈/div〉
〈/form〉〈/body〉
    〈/html〉
```

该网页的 CSS 样式设置代码如下：

```
#outer{
width:960px;
height:600px;
background:url(img/course3/住房登录界面背景.jpg);
margin:0 auto;}
#login1{
width:480px;
height:320px;
background-image:url(img/course3/登录背景.png);
padding:3px;
margin:0 auto;
position:relative;
top:20%;}
span{  color:lightgray;  }
h2{  color:yellow;  }
hr{  width:430px;  }
```

## 3. 任务总结

（1）知识和技术：本次任务比较简单，制作一个 form 表单的登录页面，然后使用〈input〉制作两个输入文本框，一个密码输入框，一个图像类型实现登录按钮制作，将控件均放在〈label〉中实现控件关联，同时在 .css 文件中设置背景和其他页面样式，实现最终效果。

（2）思政要点：随着网络技术和计算机技术的不断发展，几乎每个人的薪资、福利、金融交易都网络化了。在一个完全网络化的世界，应该如何确保个人信息安全？从技术层面来说，可以通过身份认证技术确定访问者的合法性；也可以通过安全防护技术避免非法用户的非法入侵；甚至可以通过数字签名以及生物识别技术识别具有唯一性的人体的特征确保信息安全。但这些都需要专业技术人员持续不懈的努力。

【拓展任务——会员登录界面制作】

（1）思政要点：在虚拟的网络世界里，匿名有助于掩饰身份，发言者莽撞、粗鲁、无所顾忌。他们肆无忌惮地宣泄郁积心理，表达实名情况下不敢显露的心愿，使网络世界真相和谣言混杂难辨。所以某些网络境况中必须实行实名制，约束网络行为，降低和避免网络犯罪行为发生，预防和震慑不法之徒散布虚假信息、制造社会恐慌。为了更有秩序的生活，也为了促进互联网健康发展，匿名和实名需要共存。

(2)技术要求:参考图 3-4 效果,完成会员登录界面,页面也可以采用双层〈div〉结构,标题和主体内容用横线进行分割,图像继续使用 CSS 背景属性制作图片背景和登录页面背景,同时采用 rgba()进行背景色透明度设置,再采用〈input〉和〈label〉标签进行简单交互设计,两个按钮使用〈input type="image"〉制作,设置"忘记密码"的位置靠右,其他知识可以查手册自行学习。详细代码可参考 course3-1expand.html 以及 course3-1expand.css 文件。

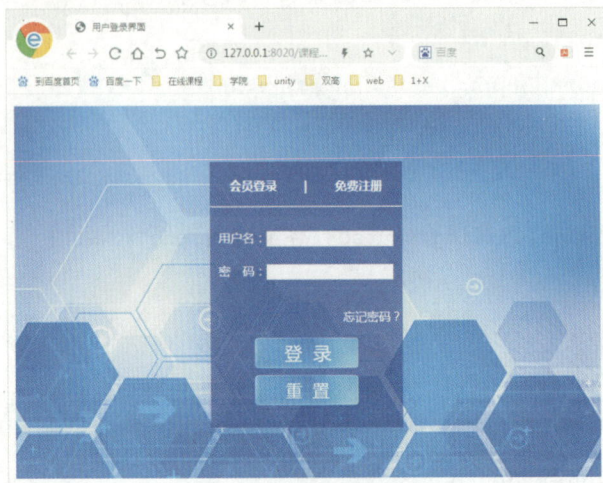

图 3-4　会员登录界面

## 任务二　优秀教师申报表页面制作

**任务 描述**

本次任务内容是制作一个优秀教师申报表页面,页面中有需要输入的单行文本,有下拉菜单,还有选项组列表,有需要输入较多文字的文本域,最后添加三个按钮。为了便于排列,将所有元素放在表格中进行排版。建立.css 样式文件,在样式中添加背景图片,设置文本、选项组、按钮等的高度和宽度,最终效果如图 3-5 所示。

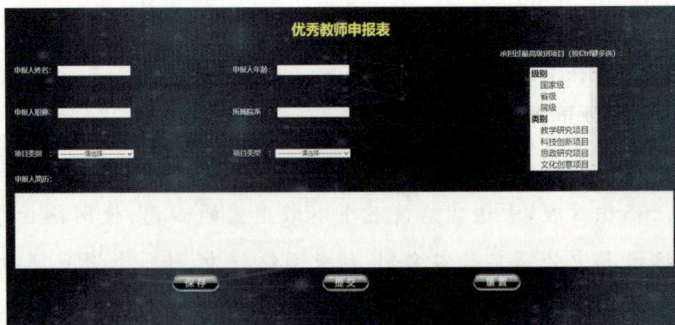

图 3-5　优秀教师申报表页面

知识储备

## 1. 列表框、按钮以及多行文本域标签

HTML5 中为下拉列表、按钮以及多行文本输入都提供了专门的控件,这使得表单内容形式呈现得更加丰富,制作起来也更加简洁方便。

(1)〈select〉…〈/select 〉:用于在表单中添加一个下拉菜单。

〈select〉有如下属性:

①size:该属性值代表〈select〉控件下同时显示列表项个数。指定该属性后,〈select〉会自动生成列表框。

②multiple:该属性用来指定〈select〉控件中是否允许多选,其属性值只能是 multiple。指定该属性后,〈select〉也会自动生成列表框。

〈select〉控件用于创建下拉菜单或者列表框,但必须配合〈option〉和〈optgroup〉标签使用。每个〈option〉代表一个下拉菜单选项或者列表项;每个〈optgroup〉表示一个列表项组,该元素只能有一个或者多个〈option〉作为子标签。

(2)〈option〉…〈/option〉:定义下拉菜单中的具体选项。

每对〈select〉…〈/select〉中至少应包含一对〈option〉…〈/option〉。〈option〉有如下属性:

①selected:指定该列表项初始状态为选中状态,其属性值只能是 selected。

②value:指定该列表项对应的请求参数。

(3)〈optgroup〉…〈/optgroup〉:定义选项组。

〈optgroup〉标签必须嵌套在〈select〉标签中,一对〈select〉中通常包含多对〈optgroup〉标签。在〈optgroup〉与〈/optgroup〉之间为〈option〉…〈/option〉标签定义的具体选项。〈option〉有如下属性:

• label:定义具体的组名,这个属性必须设置。

(4)〈button〉…〈/button〉:用于定义一个按钮。

〈button〉标签内部可以包含普通文本、文本格式化元素、图片等内容。与〈input type＝"button"〉的按钮相比,〈button〉提供了更加丰富的显示内容和视觉效果。〈button〉中 type 的属性值只能为 button、reset 和 submit 等三种,与〈input〉的三种按钮正好对应。

(5)〈textarea〉…〈/textarea〉:创建多行文本输入框。

〈textarea〉标签的属性包括以下几个:

①cols:指定该文本域的宽度,这个属性必须设置。

②rows:指定该文本域的高度,这个属性必须设置。

③readonly:指定该文本域只读,这个属性值只能是 readonly。

④name:控件的名你。

⑤disabled：属性值仅有 disabled，表示第一次加载页面时禁用该控件（显示为灰色）。

### 2. CSS3 盒模型

CSS 盒模型（Box Model），用来设计和布局。HTML 文档中的每个盒子都可以看成是由从内到外的四个部分构成，即内容或者元素区（content）、内边距（padding）、边框（border）和外边距（margin）。CSS 为四个部分定义了一系列相关属性，通过对这些属性的设置可以丰富盒子的表现效果，各部分位置关系如图 3－6 所示。

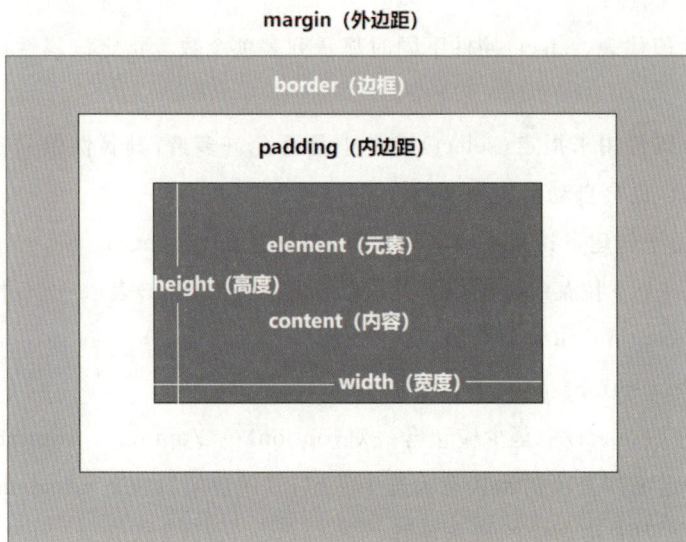

图 3－6　盒模型

内容区是盒模型的中心，它呈现了盒子的主要信息内容，这些内容可以是文本、图片等多种类型。内容区有三个属性，width、height 和 overflow。使用 width 和 height 属性可以指定盒子内容区的高度和宽度，当内容信息太多，超出内容区所占范围时，可以使用 overflow 溢出属性来指定处理方法。当 overflow 属性值为 hidden 时，溢出部分将不可见；为 visible 时，溢出的内容信息可见，只是被呈现在盒子的外部；当 overflow 属性值为 scroll 时，滚动条将被自动添加到盒子中，用户可以通过拉动滚动条显示内容信息；当 overflow 属性值为 auto 时，将由浏览器决定如何处理溢出部分。

### 3. CSS3 内边距

元素的内边距在边框和内容区域之间。设置之后，会在内容或者元素之外添加一个区域，内容或者元素的整体大小会变大，它的值是内容或者元素的值加上内边距的参数值。填充的属性有五种，即 padding-top、padding-bottom、padding-left、padding-right 以及综合了以上四种方向的快捷填充属性 padding。设置盒子背景色属性时，可使背景色延伸到填充区域。

### 1）内边距属性

CSS 内边距常用属性如表 3-11 所示。

表 3-11　内边距常用属性

| 属性 | 含义 | 属性值 |
| --- | --- | --- |
| padding-top | 定义元素的上内边距 | 长度/百分比/inherit |
| padding-rgiht | 定义元素的右内边距 | |
| padding-bottom | 定义元素的下内边距 | |
| padding-left | 定义元素的左内边距 | |
| padding | 用一个声明定义所有的内边距属性 | auto/长度/百分比/inherit |

控制该区域最简单的属性是 padding，按照上右下左的顺序定义，也可以省略方式定义；还可以通过 padding-top、padding-right、padding-bottom、padding-left 精准控制内边距。其属性值可以是 auto（自动）、长度（不允许使用负数）、百分比（相对于父元素宽度的比例）、inherit。

### 2）值复制规则

通常设置内边距时，如果四个参数均有，则按照上、右、下、左的顺序依次输入。但是，当输入参数值不完整时，则会依次执行由上到右、由上到下、由右到左的次序复制，不缺少的参数不复制，且对参数的认定按照上、右、下、左位置顺序，不能跳过任何一个。

比较下列案例：

输入 padding:10px

所有参数均缺少，先执行由上到右，padding:10px 10px

然后执行由上到下，padding:10px 10px 10px

最后执行由右到左，padding:10px 10px 10px 10px

---

输入 padding:10px 15px

不缺少上、右参数，不执行第一条

直接执行由上到下，padding:10px 15px 10px

最后执行由右到左，padding:10px 15px 10px 15px

---

输入 padding:10px 15px 20px

不缺少上、右、下参数，不执行第一条和第二条

直接执行由右到左，padding:10px 15px 20px 15px

因此，在输入内边距时，必须满足上面复制规则才可以采用省略写法，例如 padding:10px 15px 20px 15px 可简写为 padding:10px 15px 20px。不满足规则，则不可以采用省略写法，例

如 padding：10px 10px 20px 20px 不可以简写为 padding：10px 20px 或者 padding：10px 10px 20px。

在元素定位、大小设置等过程中,有很多像内边距这样的属性通过四个参数描述,在使用这些参数时都必须注意这两点:参数值的顺序和参数值缺省时的复制规则。

### 4.网页默认的布局方式

文档流指文档中能够明确显示对象在排列时所占用的具体方位。文档流不但是盒子模式定位的基础所在,它也是 HTML 中默认的网页布局模式,在没有特殊要求的情况下,页面中的块状元素呈现自上而下的动态分布形式,内联元素则是按照从左到右的方式存在。如果想要改动某一汉字或是符号在网页中的具体方位,只能有一种方式可以选择,就是通过操作网页结构中汉字或是符号的先后位置和分布位置来实现。在不改变元素的默认样式前提下,元素在 HTML 的普通流中会"占用"一个位置,而"占用"位置的大小、位置则由元素的盒模型来决定。同时,盒模型中也提供了脱离这个普通流的方法,就是之前学习过的 CSS 浮动和 CSS 定位属性。

浮动会让设置的标签产生漂浮效果,脱离原来在页面本应出现的空间位置,不再占用任何文档流空间。元素被设置为浮动以后,会生成一个块级元素,而不论它本身是何种元素;并且要指明一个宽度,否则它会尽可能地窄;另外,当可供浮动的空间小于浮动元素时,它会跑到下一行,直到拥有足够放下它的空间。

定位分为相对定位和绝对定位。相对定位方式下元素不脱离文档流,仍然保持其未定位前的形态并且保留它原来所占空间。偏移时以自身位置的左上角作为参照物,通过 left、top、right 和 bottom 四个方向的属性来定义偏移的位置。绝对定位方式下元素将脱离文档流,不占据空间,文档流中的后续元素将填补它留下的空间。

**任务** 实现

### 1. 任务分析

本次制作的任务页面有四个部分,第一部分为基本信息填写区,主要使用〈input〉、〈select〉和〈option〉控件完成;第二部分主要是多个选项同时选中,主要使用〈select〉和〈optgroup〉控件完成;第三部分填写信息较多的介绍区域,使用〈textarea〉控件完成;第四部分制作按钮,使用〈button〉控件完成。同时为了便于排列,使用〈table〉标签。在控制表单标签和按钮图片时,使用内边距进行位置设置和排版,具体操作步骤如下。

①添加表格,建立总体结构;

②添加基本信息填写单行文本域和下拉列表;

③添加列表项组；

④制作个人情况介绍的多行文本域；

⑤制作按钮；

⑥编写.css样式文件，添加背景，设置内边距以及其他样式。

## 2. 代码实现

该任务分为四个部分，每个部分内容都很简单。使用〈table〉进行区域划分，使用〈input type＝"text"/〉进行文本输入制作，使用〈select〉和〈option〉共同制作下拉列表，使用〈select〉和〈optgroup〉制作选项组，使用〈button〉制作三个按钮。在〈head〉中设置字符集，并给网页命名，使用〈link rel＝"stylesheet" href＝"course3-2.css" type＝"text/css"/〉链接样式文件。详细HTML代码如下：

```
〈! DOCTYPE html〉

〈html〉

〈head〉

        〈meta charset＝"UTF-8"〉

        〈title〉优秀教师申报表〈/title〉

        〈link rel＝"stylesheet" href＝"course3-2.css" type＝"text/css" /〉

〈/head〉

〈body〉

        〈form action＝"" method＝"post"〉

        〈table〉〈caption〉〈h1〉优秀教师申报表〈/h1〉〈/caption〉

        〈tr〉〈td〉〈label〉申报人姓名：〈input type＝"text"/〉〈/td〉

        〈td〉申报人年龄：〈input type＝"text"/〉〈/td〉

        〈td rowspan＝"3" align＝"center"〉承担过最高级别项目（按 Ctrl 键多选）：
〈br /〉〈br /〉

            〈select size＝"9" multiple＝"multiple"〉

            〈optgroup label＝"级别"〉〈option〉国家级〈/option〉

                〈option〉省级　〈/option〉

                〈option〉院级　〈/option〉〈/optgroup〉

            〈optgroup label＝"类别"〉〈option〉教学研究项目〈/option〉

                〈option〉科技创新项目〈/option〉

                〈option〉思政研究项目〈/option〉

                〈option〉文化创意项目〈/option〉〈/optgroup〉〈/select〉〈/td〉〈/tr〉
```

```
〈tr〉〈td〉申报人职称：〈input type＝"text"/〉〈/td〉
    〈td〉所属院系　：〈input type＝"text"/〉〈/td〉〈/tr〉
    〈tr〉〈td〉项目类别：
        〈select 〉〈option〉——请选择——〈/option〉
            〈option〉教学研究项目〈/option〉
            〈option〉科技创新项目〈/option〉
            〈option〉思政研究项目〈/option〉
            〈option〉文化创意项目〈/option〉〈/select〉〈/td〉
        〈td〉项目类型　:〈select 〉〈option〉——请选择——〈/option〉
            〈option〉一般项目〈/option〉
            〈option〉重点项目〈/option〉
            〈option〉专项项目〈/option〉
            〈option〉青年创新项目〈/option〉〈/select〉〈/td〉〈/tr〉
    〈tr〉〈td colspan＝"3"〉申报人简历：〈br /〉〈br /〉
            〈textarea rows＝"8"〉〈/textarea〉〈/td〉〈/tr〉
    〈tr〉〈td colspan＝"3" align＝"center"〉
〈button type＝"button"〉〈img src＝"img/course3/深色按钮－保存.png"〉〈/button〉
    〈button type＝"submit"〉〈img src＝"img/course3/深色按钮－提交.png"〉〈/button〉
    〈button type＝"reset"〉〈img src＝"img/course3/深色按钮－重置.png"〉〈/button〉
〈/td〉〈/tr〉〈/table〉〈/form〉
〈/body〉
〈/html〉
```

该网页的 CSS 样式设置代码如下：

```
body{
    background-image:url(img/course3/申请背景.jpg);
    font-size:16px;
    color:white;}
button{
    background:none;
    border:none;}
img{ padding:0 80px;　}
table{
    width:100％;
```

```
        padding-left:1%;
        margin:0 auto;}
h1{ color:yellow;}
        textarea,optgroup{font-size:18px; }
textarea{
        width:98%;
padding-left:1%;}
```

## 3. 任务总结

（1）知识和技术：本次任务主要使用〈input type＝"text"/〉、〈select〉和〈option〉、〈select〉和〈optgroup〉、〈textarea〉和〈button〉控件完成。由于使用了表格，因而页面布局设置比较简单，重点使用内边距设置位置和排列按钮，然后设置页面背景与表格宽度和高度，再设置文本、列表框、按钮等元素的高度即可。盒模型是样式文件中重要的概念，在表单和页面的样式制作过程中经常使用，经过本次任务后学生需要掌握盒模型的概念，灵活和熟练运用盒模型中内边距设置样式。

（2）思政要点：教师，以教育为生的职业。在社会发展中，教师是人类文化科学知识的继承者和传播者，因此把"人类灵魂的工程师"的崇高称号给予人民教师。人民教育家于漪说："作为教师，一个肩膀挑着现在，一个肩膀挑着国家的未来。"教师工作质量的好坏关系到我国年轻一代身心发展的水平和民族素质提高的程度，从而影响到国家的兴衰。因此，全社会要大力弘扬尊师重教的良好风尚，营造尊师重教氛围；要让全社会广泛了解教师工作的重要性和特殊性，学习教师的奉献精神和担当精神。

【拓展任务——校服订购系统页面制作】

（1）思政要点：学生统一穿校服，更有利于培养学生的团队精神，强化学校的整体形象，增强集体荣誉感。校服制的实施在素质教育中起到了举足轻重的作用，校服可以使学生在身份感上区别社会其他人，加强了学生自身的约束力，有一种象征的意义。校服还可以产生一种平等感，对于避免攀比之风在校园里蔓延具有积极意义。

（2）技术要求：参考图3－7效果，制作校服订购系统页面，这个页面效果和教学任务非常相似，大家可以参考教学任务代码进行设计开发。本次拓展任务有很简单样式表文件，详见course3-2expand.css，并通过〈link rel＝"stylesheet" href＝"course3-2expand.css"/〉进行链接。格式中主要设置背景图片、字体大小、按钮大小，以及用来控制整体排列效果的表格高度。详细代码可参考 course3-2expand.html 以及 course3-2expand.css 文件。

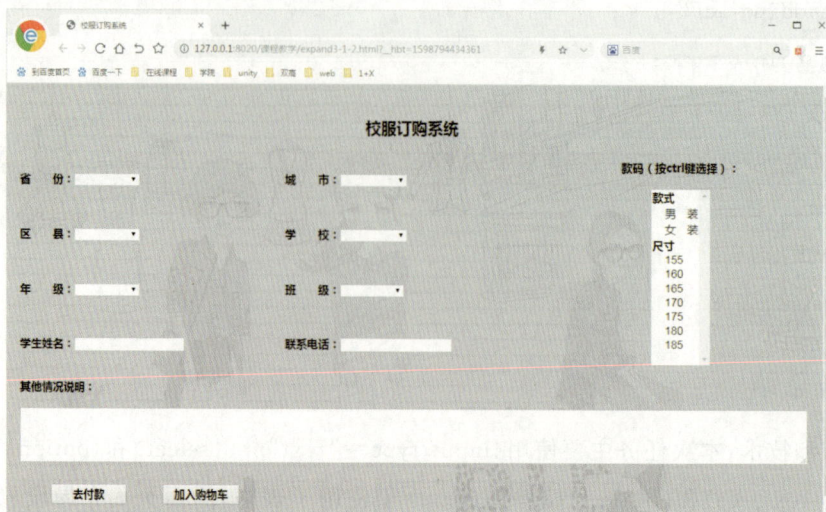

图 3-7　校服订购系统页面

## ▶ 任务三　试题发放页面制作

【任务描述】

　　本次任务内容是创建一个试题发放页面，页面中包括复选框、日期、时间、数字单选框、URL 地址、邮箱和电话等内容，这些都需要使用 input 控件完成，只是 type 类型各不相同，最后添加两个按钮。该任务的样式大量使用内边距、外边距和边框，最终效果如图 3-8 所示。

图 3-8　试题发放页面

**知识储备**

## 1. input 标签中的新增功能

HTML5 不仅增加了新的表单控件、表单元素,还增加了许多新的表单功能、表单属性,以及控件的功能和属性,例如 form 属性、表单控件、input 控件类型、input 属性等,这些改进极大地增强了 HTML 表单的功能,还能帮助设计人员更加高效和省力地制作出标准的 Web 表单。

(1)color 类型:color 类型提供设置颜色的文本框,用于创建一个允许用户使用的颜色选择器,实现一个 RGB 颜色输入。其基本形式是♯RRGGBB,默认值为♯000000,通过 value 属性值可以更改默认颜色。单击 color 类型文本框,可以快速打开拾色器面板,方便用户可视化地选取一种颜色。当用户在颜色选择器中指定颜色后,该〈input〉元素的值为该指定颜色的值。

(2)time 类型:time 类型使〈input〉元素生成一个时间选择器,它的结果值包括小时和分,但不包括秒。

(3)datetime 类型和 datetime-local 类型:datetime 类型使〈input〉元素生成一个 UTC 的日期时间选择器,但这种类型支持性不太好,此类型会降级显示为简单的〈input type="text"〉控件。因此,这种类型不常用。datetime-local 类型使〈input〉元素生成一个本地化的日期时间选择器,它的结果值包括年份、月份、日期、小时和分,但不包括秒。相对来说,这种类型的支持性也做得一般,并且不同浏览器在输入方法上存在差异。通常会使用拆分为 date 类型和 time 类型的输入控件。

(4)date 类型:〈input type="date"〉元素让用户可以输入一个日期,也可以使用日期选择器,它的结果值包括年份、月份和日期,但不包括时间。另外,date 类型可以通过 min 和 max 属性限制用户可选日期的范围。

(5)month 类型:month 类型可以使〈input〉元素生成一个月份选择器,它的结果值包括年份和月份,但不包括日期。month 类型同样可以通过 min 和 max 属性限制用户可选月份的范围。

(6)week 类型:week 类型可以使〈input〉元素生成一个选择第几周的选择器。它的结果通常显示为 yyyy-Www(ww 表示两位周数),如 2018-W01,表示 2018 年第 1 周。week 类型同样可以通过 min 和 max 属性限制用户可选周的范围。

(7)email 类型:email 类型的 input 控件是一种专门用于输入 E-mail 地址的文本输入框,用户可以在这个输入框中输入一个 E-mail 地址。如果指定了 multiple 属性,用户还可以输入多个 E-mail 地址,每个 E-mail 之间用英文逗号隔开。这个输入框在表单提交前,会自动验证输入值是否是一个或者多个合法的 E-mail 地址,如果不是,将提示相应的错误信息。(非空值且符合 E-mail 的地址格式。)

(8)number 类型:number 类型的 input 控件用于提供输入数值的文本框。在提交表单时,会自动检查该输入框中的内容是否为数字,如果输入的内容不是数字或者数字不在限定范围内,则会出现错误提示。浏览器一般会为这个输入框提供步进头,使用户可以使用鼠标增加或者减少输入的值。可以使用 min 和 max 属性指定该字段可具有的最小值和最大值,还可以使用 step 属性更改步长值(由一个数值到其相邻数值的增量)。

- value:指定输入框的默认值。
- max:指定输入框可以接受的最大的输入值。
- min:指定输入框可以接受的最小的输入值。
- step:输入域合法的间隔,如果不设置,默认值是 1。

(9)range 类型:range 类型生成一个拖动条,通过拖动条,用户只能输入指定范围、指定步长的值。同样,可以使用 min 和 max 属性指定该字段可以具有的最小值和最大值,使用 step 属性可以更改步长值。range 类型的 input 控件用于提供一定范围内数值的输入范围,在网页中显示为滑动条。它的常用属性与 number 类型一样,通过 min 属性和 max 属性,可以设置最小值与最大值,通过 step 属性指定每次滑动的步长值。

(10)search 类型:search 类型是一种专门用于输入搜索关键词的文本框,它能自动记录一些字符,例如站点搜索或者 Google 搜索。在用户输入内容后,其右侧会附带一个删除图标,单击这个图标按钮可以快速清除内容。目前,浏览器对该类型的处理与简单的〈input type="text"〉控件相同,在使用上没有特别大的差别。但是,在移动浏览器上,某些浏览器厂商可能会选择提供搜索键盘。

(11)tel 类型:tel 类型用于提供输入电话号码的文本框。由于电话号码的格式千差万别,很难实现一个通用的格式,所以浏览器一般不会对该字段进行过多的检查。但是,在移动浏览器上,某些浏览器厂商可能会选择提供为输入电话号码而优化的自定义键盘。tel 类型通常会和 pattern 属性配合使用,功能也会增强很多。目前其使用和简单的〈input type="text"〉控件没有太大的差别。

(12)url 类型:url 类型的 input 控件是一种用于输入 URL 地址的文本框。浏览器在提交表单前会自动检查用户输入的内容,如果所输入的内容是 URL 地址格式的文本,则会提交数据到服务器;如果输入的值不符合 URL 地址格式,则不允许提交,且会有提示信息。

### 2. CSS3 外边距

围绕在元素边框外边的空白区域是外边距。空白区域可以使盒子之间不会紧凑地连接在一起,是 CSS 布局的一个重要手段。其设置属性有五种,即 margin-top、margin-bottom、margin-left、margin-right,以及综合了以上四种方向的快捷空白边属性 margin,具体的设置和使用与填充属性类似。设置外边距会在元素边框之外创建一个额外的空白区域。

对于两个相邻的(水平或垂直方向)且都设置有空白边值的盒子,他们邻近部分的空白边将不是二者空白边的相加,而是二者的并集。若二者邻近的空白边值大小不等,则取二者中较大的值。同时,CSS 容许给空白边属性指定负数值,当指定负空白边值时,整个盒子将向指定负值方向的相反方向移动,以此可以产生盒子的重叠效果。采用指定空白边正负值的方法可以移动网页中的元素,这是 CSS 布局技术中的一个重要方法。

CSS3 外边距常用的属性如表 3-12 所示。

表 3-12　外边距常用属性

| 属性 | 含义 | 属性值 |
|---|---|---|
| margin-top | 定义元素的上外边距 | 长度/百分比/inherit |
| margin-rgiht | 定义元素的右外边距 | |
| margin-bottom | 定义元素的下外边距 | |
| margin-left | 定义元素的左外边距 | |
| margin | 用一个声明定义所有的外边距属性 | auto/长度/百分比/inherit |

控制该区域最简单的属性是 margin,也可以通过 margin-top、margin-rgiht、margin-bottom、margin-left 精准控制外边距。其属性值可以是 auto(自动)、长度(不允许使用负数)、百分比(相对于父元素高度的比例)、inherit。

margin 简写属性在一个声明中设置所有外边距属性。该属性可以有 1 到 4 个值。其参数的使用规则与内边距使用规则相同。

**注意:**

①可以将 margin 左右属性设置为 auto,元素将会在其容器中水平居中。

②块级元素的垂直相邻外边距会合并;行内元素上不占上下外边距,行内元素的的左右外边距不会合并;浮动元素的外边距也不会合并。

### 3. CSS3 边框属性

边框是环绕内容区和填充的边界。边框的属性有 border-style、border-width 和 border-color,以及综合了以上三类属性的快捷边框属性 border。border-style 属性是边框最重要的属性,如果没有指定边框样式,其他的边框属性都会被忽略,边框将不存在。CSS 规定了 dotted(点线)、dashed(虚线)、solid(实线)等九种边框样式。使用 border-width 属性可以指定边框的宽度,其属性值可以是长度计量值,也可以是 CSS 规定的 thin、medium 和 thick。使用 border-color 属性可以为边框指定相应的颜色,其属性值可以是 RGB 值,也可以是 CSS 规定的 17 个颜色名。在设定以上三种边框属性时,既可以进行边框四个方向整体的快捷设置,也可以进行四个方向的专向设置,如 border:2px solid green 或 border-top-style:solid、border-left-color:red 等。设置盒子背景色属性时,在 IE 中背景不会延伸到边框区域,但在 FireFox 等浏览器中,背景颜色可以延伸到边框区域,特别是单边框设置为点线或虚线时能看到效果。

边框线围绕在元素内容周围,可以是一条或者多条线,对这些线条,可以自定义它们的样式、宽度及颜色,具体如表 3-13 所示。

表 3 - 13　边框常用属性

| 属性 | | 含义 | 属性值 |
|---|---|---|---|
| 样式 | border-top-style | 设置上边框的样式属性 | none/hidden/dotted/dashed/solid/double/groove/ridge/inset/outset/inherit |
| | border-rgiht-style | 设置右边框的样式属性 | |
| | border-bottom-style | 设置下边框的样式属性 | |
| | border-left-style | 设置左边框的样式属性 | |
| | border-style | 设置4条边框的样式属性 | |
| 宽度 | border-top-width | 设置上边框的宽度属性 | thin/medium/thick/length/inherit |
| | border-rgiht-width | 设置右边框的宽度属性 | |
| | border-bottom-width | 设置下边框的宽度属性 | |
| | border-left-width | 设置左边框的宽度属性 | |
| | border-width | 设置4条边框的宽度属性 | |
| 颜色 | border-top-color | 设置上边框的颜色属性 | color_name/hex_number/rgb_number/transparent/inherit |
| | border-rgiht-color | 设置右边框的颜色属性 | |
| | border-bottom-color | 设置下边框的颜色属性 | |
| | border-left-color | 设置左边框的颜色属性 | |
| | border-color | 设置4条边框的颜色属性 | |
| 复合 | border-top | 用一个声明定义所有上边框属性 | border-top-width<br>border-top-styl<br>border-top-color |
| | border-rgiht | 用一个声明定义所有右边框属性 | border-rgiht-width<br>border-rgiht-style<br>border-rgiht-color |
| | border-bottom | 用一个声明定义所有下边框属性 | border-bottom-width<br>border-bottom-style<br>border-bottom-color |
| | border-left | 用一个声明定义所有左边框属性 | border-top-width<br>border-top-style<br>border-top-color |
| | border | 用一个声明定义所有边框属性 | border-width<br>border-style<br>border-color |

## 1)样式属性值

none：定义无边框。

hidden：与 none 相同，不过应用于表时除外。对于表，hidden 可用于解决边框冲突。

dotted：定义点状边框。在大多数浏览器中呈现为实线。

dashed：定义虚线。在大多数浏览器中呈现为实线。

solid：定义实线。

double：定义双线。双线的宽度等于 border-width 的值。

groove：定义 3D 凹槽边框。其效果取决于 border-color 的值。

ridge：定义 3D 垄状边框。其效果取决于 border-color 的值。

inset：定义 3D inset 边框。其效果取决于 border-color 的值。

outset：定义 3D outset 边框。其效果取决于 border-color 的值。

inherit：规定应该从父元素继承边框样式。

### 2）宽度属性值

thin：定义细的下边框。

medium：默认值。定义中等的下边框。

thick：定义粗的下边框。

length：允许您自定义下边框的宽度。

inherit：规定应该从父元素继承边框宽度。

### 3）颜色属性值

color_name：规定颜色值为颜色名称的边框颜色（比如 red）。

hex_number：规定颜色值为十六进制值的边框颜色（比如 ♯ff0000）。

rgb_number：规定颜色值为 rgb 代码的边框颜色（比如 rgb(255,0,0)）。

transparent：默认值。边框颜色为透明。

inherit：规定应该从父元素继承边框颜色。

### 4）边框的复合用法

CSS3 为每一个边框提供一条声明即可完成定义的属性，即 border-top、border-right、border-bottom、border-left。他们的属性值分别为自己对应边框位置的样式、宽度、颜色，用空格隔开。其中，宽度和颜色可以省略。

CSS3 也提供了一次对 4 条边框设置的属性：border。它的属性值是 border-width、border-style、border-color，用空格隔开。其中，border-width 和 border-color 可以省略。

## 任务 实现

## 1. 任务分析

本次任务制作的是涉及大量输入内容的页面，主要通过 input 的不同 type 类型来制作，主要用到 type＝"checkbox"、type＝"date"、type＝"time"、type＝"number"、type＝"radio"、type

＝"url"、type＝"email"、type＝"tel"，并通过 max、min、step 来进一步细化 number。所有交互控制均写在 form 表单内，操作步骤如下：

①添加 form 表单；

②使用〈span〉添加表头；

③依次添加多选框、日期、时间、数字、单选框、网址、邮件以及电话输入框；

④添加 button 按钮；

⑤建立样式文件，设置内边距、边框、外边距以及文字等样式。

### 2. 代码实现

这个任务的重点是各种输入框的制作，不同的交互内容使用不同的 type 类型，number 中还需要使用 max、min、step 等更多的属性。通过〈head〉中的〈meta charset＝"UTF-8"〉设置字符集，并通过〈title〉为网页命名，通过〈link〉链接来控制页面样式，样式文件写在 course3-3.css 里。详细 HTML 代码如下：

```
〈! DOCTYPE html〉
〈html〉
〈head〉
〈meta charset＝"UTF-8"〉
〈title〉试题发放设置〈/title〉
〈link href＝"course3-3.css" rel＝"stylesheet" type＝"text/css"/〉
〈/head〉
〈body〉
〈form action＝""〉〈div〉〈span id＝"title"〉发放设置〈/span〉〈span id＝"back"〉〈a href
＝""〉返回〈/a〉〈/span〉〈hr /〉
发放对象：〈fieldset〉〈input type＝"checkbox"/〉数媒 1701
    〈input type＝"checkbox"/〉数媒 1702
    〈input type＝"checkbox"/〉数媒 1703
    〈input type＝"checkbox"/〉数媒 1704
    〈input type＝"checkbox"/〉数媒 1705
    〈input type＝"checkbox"/〉数媒 1706〈/fieldset〉〈br /〉
发放日期：〈input type＝"date" /〉  截止日期：〈input type＝"date"/〉〈br/〉〈br/〉
发放时间：〈input type＝"time" /〉  截止时间：〈input type＝"time"/〉〈br/〉〈br/〉
考试时长：〈input type＝"number" min＝"60" max＝"180" step＝"10"/〉分钟〈br/〉〈br/〉
限时提交：〈input type＝"number" min＝"30" max＝"180" step＝"5"/〉分钟内不允许
交卷〈br /〉〈br /〉
```

限时进入：〈input type＝"number" min＝"10" max＝"180" step＝"5"/〉分钟后不允许进入〈br /〉〈br /〉考试范围：〈input type＝"radio" name＝"class" /〉所有班级〈input type＝"radio" name＝"class" /〉选中班级〈br /〉〈br /〉

考试网址：〈input type＝"url" id＝"url"/〉〈br /〉〈br /〉

备用邮箱：〈input type＝"email"/〉〈br /〉〈br /〉

联系电话：〈input type＝"tel" maxlength＝"11"/〉〈br /〉〈br /〉

〈button type＝"submit"〉〈img src＝"img/course3/深色按钮－提交.png" /〉〈/button〉

〈button type＝"reset"〉〈img src＝"img/course3/深色按钮－重置.png" /〉〈/button〉

〈/div〉〈/form〉

〈/body〉

〈/html〉

CSS 样式文件代码如下：

```
div{
width:850px;
height:650px;
margin:0 auto;
border-left:dashed 1px #5E5E5E;
border-right:dashed 1px #5E5E5E;
padding-left:20px;
padding-right:20px;}
span{display:block; }
#back{text-align:right; }
a{text-decoration:none; }
#title{font-size:20px;}
fieldset{margin－top:15px;  }
#url{width:700px;}
button{
background:none;
border:none;}
```

## 3. 任务总结

(1)知识和技术：〈input〉控件中新增的 type 类型，使 HTML 表单使用和交互更加方便、快捷，呈现的效果更加直观和美观。新增属性主要使得在开发日期、时间、颜色、URL 地址、E-mail 邮箱以及电话号码交互输入页面时节省更多的精力和时间。

（2）思政要点：平常的考试主要是为了反馈学习中存在的问题，起到查漏补缺的作用。如果能把考试中的压力、状态以及可能产生不好的结果作为挫折承受力、意志力以及坚持不懈、坚忍不拔精神的磨练过程，将能发挥出更多深层次的作用。连学生时代失败的考试结果都难以承受的人，该如何面对人生的大考？人一生总会遇到很多挫折和困难，如何在这些失败中积累经验，赢得幸福人生，才是真正需要思考的问题。

【拓展任务——班级设置页面制作】

（1）思政要点：近年来，在线学习形式以其众多优势引起越来越多人的关注，它为继续教育者提供了不脱产、不影响工作的学习环境；它为教学资源匮乏地区提供了优质教学资源；它为学习缓慢者提供了反复重复学习的条件；它可以树立学生在学习过程中的主体地位；它能够促进学生发挥他们的聪明才智和主观能动性；它也能培养学生培养独立的思维能力，批判性、研究性的学习能力。

（2）技术要求：参考图 3-9 效果，完成班级设置页面效果，交互内容涉及数字、日期、周数、电话、URL 地址、E-mail 邮箱、电话号码及单选项。通过本次页面拓展制作任务，使学生更加熟悉〈input〉的 type 属性的灵活运用，熟悉交互页面中交互方式的设计与制作。本次拓展任务有很简单样式表文件，详见 course3-3expand.css，并通过〈link rel="stylesheet" href="course3-3expand.css"/〉进行链接。详细代码可参考 course3-3expand.html 以及 course3-3expand.css 文件。

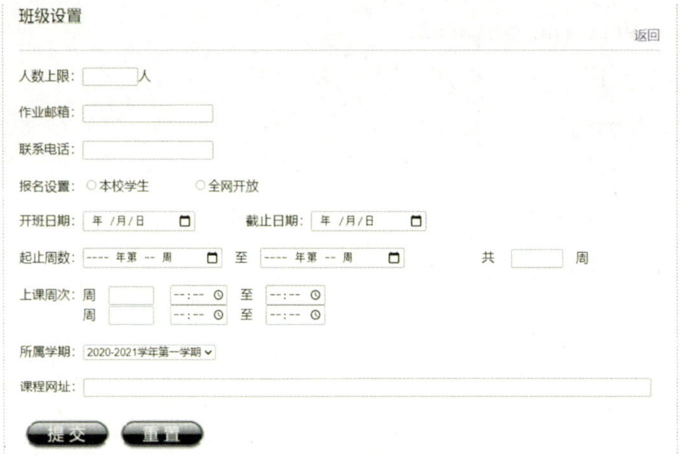

图 3-9　班级设置页面

## ▶ 任务四　求职意向登记页面制作

### 任务描述

本次任务内容较为复杂,主要制作一个求职意向登记页面,页面按照信息内容分为三大块:账号信息、个人信息和资助意愿,外部添加整体分隔框。使用 fieldset 对表单进行分组,在个人信息中使用 input 进行交互设计,同时使用自动获取焦点、自动补全信息、提示信息、必填项设置等属性完善账号信息功能;在求职信息框中使用可选列表、列表默认值设置、验证属性、正则表达式等进行设置,优化表单交互信息填写功能;工作经历奖励以及荣誉中使用文本域进行制作,同时设置行和列信息;最后添加确认按钮。最终效果如图 3-10 所示。

图 3-10　求职意向登记页面

### 知识储备

HTML5 为表单控件增加了大量属性,用于指定输入类型的行为和限制,有些属性功能在以前只能通过 HTML 中引入 JavaScript 代码实现,但现在变成可以直接使用的属性,在很大程度上减轻了 Web 前端工程师的工作量。

### 1. HTML5 常用属性

HTML5 规范对之前常用的通用属性进行了一定程度的修改,但保留了很多常用的属性,具体如表 3-14 所示。

| 属性 | 描述 |
|---|---|
| id | 为 HTML 元素指定唯一标识,当程序使用 JavaScript 时即可通过该属性值获取 HTML 元素 |
| style | 为 HTML 元素指定 CSS 样式 |
| class | 匹配 CSS 样式的 class 选择器 |
| dir | 设置元素中内容排列的方向,有 ltr、rtl 两个属性,分别表示设置内容从左到右排列和设置内容从右到左排列 |
| title | 为 HTML 元素添加一些额外的信息,当鼠标移到该元素上时,会自动显示 title 属性所指定的信息 |
| lang | 告诉浏览器和搜索引擎页面中元素的内容所使用的语言。该属性值应该符合标准代码,如 zh 代表中文、en 代表英文等 |
| accesskey | 指定激活该元素的快捷键 |
| tableindex | 控制窗口、获取焦点的顺序(Tab 键) |

## 2. HTML5 新增的通用属性

(1)contenteditable 属性:HTML5 为大部分 HTML 元素增加了 contenteditable 属性。contenteditable 属性规定元素内容是否可编辑。如果该属性设为 true,那么浏览器将允许用户直接编辑该 HTML 元素中的内容,修改后的内容会直接显示在该页面上,但是如果刷新页面,页面会重新加载,修改的内容会丢失。另外,HTML5 还增加了 iscontenteditable 属性,当元素处于可编辑状态时,该属性返回 true,否则返回 false。

(2)designMode 属性:designMode 相当于一个全局的 contenteditable 属性。如果将 designMode 属性设为 on,则该页面上所有支持 contenteditable 属性的元素都变成可编辑状态。designMode 属性默认为 off。严格来讲,designMode 属性只能用 JavaScript 修改。同时,这个属性以最后生效的为准,换句话说,这个属性值要么是 on,要么是 off,不能一部分页面元素的属性值是 on,另一部分页面元素的属性值是 off。

(3)hidden 属性:HTML5 的所有元素都有 hidden 属性,属性值为 true 时显示,属性值为 false 时隐藏。CSS 中的 display 属性也可以设置与 hidden 属性一样的效果,hidden="true"相当于 display:none。

(4)spellcheck 属性:HTML 为〈input〉、〈textarea〉等元素增加了 spellcheck 属性。该属性可支持 true、false 两个属性值,如果设置 spellcheck="true",则浏览器将对用户输入的文本内容执行输入检查,如果检查不通过,那么浏览器会对拼错的单词进行提示。

## 3. 新增 from 表单属性

(1)placeholder 属性:placeholder 属性主要用于文本框,该属性的作用是规定可描述输入字段预期值的简短的提示信息,该提示会在用户输入之前显示在文本框中,但在用户输入内容后消失(有些浏览器则是获得焦点后该提示便消失)。在 HTML5 之前,该效果只能用 JavaScript 实现。

(2)autocomplete 属性:autocomplele 属性用于指定表单是否有自动完成功能。所谓"自动完成"是指将表单控件输入的内容记录下来,当再次输入时,会将输入的历史记录显示在列表里,以实现自动完成输入,也就是为了完成表单的快速输入。浏览器一般提供了自动补全的功能选择,在用户填入的条目被保存的情况下,如果用户在表单再次输入相同的或者部分相同的信息时,浏览器会提示相关条目,从而快速完成表单的输入。(注意:很多时候需要对客户的资料进行保密,防止浏览器软件或者恶意插件获取到。)HTML5 新增加的 autocomplete 属性的默认值是 on,如果需要增加安全性,则可以在⟨input⟩中加入属性 autocomplete="off"。

(3)autofocus 属性:该属性用于指定页面加载后是否自动获取焦点。将标签的属性值指定为 autofocus 时,表示页面加载完毕后会自动获取该焦点。为某个表单控件增加 autofocus 属性后,如果浏览器打开这个页面,那么这个表单控件会自动获得焦点。

(4)list 属性:list 属性为文本框指定一个可用的选项列表,当用户在文本框中输入信息时,会根据输入的字符自动显示下拉列表提示,供用户从中选择。如果用户不希望从列表中选择某项,也可以自行输入其他内容。大多数输入类型都支持 list 属性,list 属性要与一个⟨datalist⟩元素结合使用。

⟨datalist⟩元素用于定义一个选项列表。datalist 元素自身不会显示在页面上,而是为其他元素的 list 属性提供数据。当用户在文本框中输入信息时,会根据输入的字符自动显示下拉列表视示,供用户从中选择。

⟨datalist⟩元素的语法非常简单,与⟨select⟩元素的语法几乎完全相同,使用⟨datalist⟩元素创建下拉列表,使用⟨option⟩元素创建列表中的选项。

在实际使用时,只需将⟨input 元素的 list 属性值设置为⟨datalist⟩元素的 id 值,就可以实现⟨input⟩元素和⟨datalist⟩元素的关联。原则上,⟨datalist⟩元素可以放在页面上的任何地方,但建议将它与⟨input⟩元素放在一起。

(5)multiple 属性:multiple 属性指定输入框可以选择多个值,该属性适用于 email 和 file 类型的 input 元素。multiple 属性用于 email 类型的 input 元素时,表示可以向文本框中输入多个 E-mail 地址,多个地址之间通过逗号隔开。multiple 属性用于 file 类型的 input 元素时,表示可以选择多个文件。

(6)min、max 和 step 属性:HTML5 中的 min、max 和 step 属性用于为包含数字或日期的 input 输入类型规定限值,也就是给这些类型的输入框加一个数值的约束,适用于 date pickers、number 和 range 标签。

• max:规定输入框所允许的最大输入值。

• max:规定输入框所允许的最小输入值。

• step:为输入框规定合法的数字间隔,如果不设置,默认值为1。

（7）pattern 属性：pattern 属性用于验证 input 类型输入框中用户输入的内容是否与所定义的正则表达式相匹配（可以简单理解为表单验证），适用于的类型是〈input〉标签的 text、search、url、tel、email 和 password。通常情况下，HTML5 的 type 属性中的 email、tel、number、url 等已经自带了简单的数据格式验证功能，加上 pattern 属性后，验证就会更加高效。pattern 的属性值为正则表达式，需要注意的是，该属性在具有 novalidate 属性的〈form〉元素内不生效。

（8）novalidate 属性：该属性指定在提交表单时取消对表单进行有效性检查。novalidate 属性规定，如果使用该属性，则表单不会验证表单的输入。该属性的属性值只有一个，即 novalidate。为表单设置该属性时，可以关闭整个表单的验证，这样可以使〈form〉标签内的所有表单控件不被验证。

novalidate 属性适用于〈form〉元素，以及以下类型的〈input〉标签：text、search、url、telephone、email、password、date pickers、range 和 color，还具有 pattern 或者 required 属性的〈input〉标签。

## 4.正则表达式

正则表达式（regular expression）描述了一种字符串匹配的模式（pattern），可以用来检查一个串是否含有某种子串、将匹配的子串替换或者从某个串中取出符合某个条件的子串等。构造正则表达式的方法和创建数学表达式的方法一样，也可以用多种元字符与运算符将小的表达式结合在一起来创建更大的表达式。正则表达式的组件可以是单个的字符、字符集合、字符范围、字符间的选择或者所有这些组件的任意组合。

正则表达式是由普通字符（例如字符 a 到 z）以及特殊字符（称为"元字符"）组成的文字模式，模式化地描述在搜索文本时要匹配的一个或多个字符串。正则表达式作为一个模板，将某个字符模式与所搜索的字符串进行匹配。

### 1）普通字符

普通字符包括没有显式指定为元字符的所有可打印和不可打印字符，这包括所有大写和小写字母、所有数字、所有标点符号和一些其他符号，具体如表 3 - 15 所示。

表 3 - 15　普通字符表达式

| 字符 | 描　　述 |
| --- | --- |
| ［ABC］ | 匹配［...］中的所有字符，例如［iou］匹配字符串 " Communism" 中所有的 i、o、u 字母 |
| ［^ABC］ | 匹配除了［...］中字符的所有字符，例如［^iou］匹配字符串"Communism"中除了 i、o、u 字母的所有字母 |
| ［A-Z］ | ［A-Z］表示一个区间，匹配所有大写字母；［a-z］表示所有小写字母 |
| ［\s\S］ | 匹配所有。\s 是匹配所有空白符，包括换行；\S 是非空白符，不包括换行 |
| \w | 匹配字母、数字、下画线，等价于［A-Za-z0-9_］ |

## 2）非打印字符

非打印字符也可以是正则表达式的组成部分，如表 3－16 所示。

表 3－16　非打印字符的转义序列表

| 字符 | 描　述 |
| --- | --- |
| \cx | 匹配由 x 指明的控制字符。例如，\cM 匹配一个 Control-M 或回车符。x 的值必须为 A-Z 或 a-z 之一。否则，将 c 视为一个原义的 'c' 字符 |
| \f | 匹配一个换页符。等价于 \x0c 和 \cL |
| \n | 匹配一个换行符。等价于 \x0a 和 \cJ |
| \r | 匹配一个回车符。等价于 \x0d 和 \cM |
| \s | 匹配任何空白字符，包括空格、制表符、换页符等。等价于 [\f\n\r\t\v]。注意 Unicode 正则表达式会匹配全角空格符 |
| \S | 匹配任何非空白字符。等价于 [^\f\n\r\t\v] |
| \t | 匹配一个制表符。等价于 \x09 和 \cI |
| \v | 匹配一个垂直制表符。等价于 \x0b 和 \cK |

## 3）特殊字符

所谓特殊字符，就是一些有特殊含义的字符。例如 *，就是表示任何字符串的意思。如果要查找字符串中的 * 符号，则需要对 * 进行转义，即在其前加一个"\"变成"\ * "。也就是说，要匹配这些特殊字符，必须首先使字符转义，即将反斜杠字符"\"放在它们前面。表 3－17 列出了正则表达式中的特殊字符。

表 3－17　特殊字符

| 字符 | 描　述 | 自身匹配 |
| --- | --- | --- |
| $ | 匹配输入字符串的结尾位置。如果设置了 RegExp 对象的 Multiline 属性，则 $ 也匹配 '\n' 或 '\r' | \ $ |
| ( ) | 标记一个子表达式的开始和结束位置。子表达式可以获取供以后使用 | \(、\) |
| * | 匹配前面的子表达式零次或多次 | \ * |
| + | 匹配前面的子表达式一次或多次 | \+ |
| . | 匹配除换行符 \n 之外的任何单字符 | \. |
| [ | 标记一个中括号表达式的开始 | \[ |
| ? | 匹配前面的子表达式零次或一次，或指明一个非贪婪限定符 | \? |
| \ | 将下一个字符标记为或特殊字符，或原义字符，或向后引用，或八进制转义符 | \\ |
| ^ | 匹配输入字符串的开始位置，除非在方括号表达式中使用。当该符号在方括号表达式中使用时，表示不接受该方括号表达式中的字符集合 | \^ |
| { | 标记限定符表达式的开始 | \{ |
| \| | 指明两项之间的一个选择 | \\| |

**延伸阅读：贪婪模式与懒惰模式**

贪婪模式：根据匹配字符串以及表达式尽可能多地进行匹配，称为贪婪匹配模式。表示重复字符、操作符，默认都是贪婪模式，如：. *、 +、{1,}、{0,}都会匹配最大长度字符。还有元字符、量词默认首先最大匹配字符串，如：+、*、{m,n}等，一开始匹配，就直接匹配到最长字符串。

懒惰模式：也称非贪婪模式，根据匹配字符串以及表达式尽可能少地进行匹配。使用的方法就是在修饰匹配次数的特殊符号后再加上一个? 号进行限制，如" * ?"、"+?"、"{n,}?"、"{n,m}?"等。

假如有字符串"〈h3〉abd〈/h3〉〈h3〉bcd〈/h3〉"，想匹配〈h3〉…〈/h3〉内容，正则表达式为〈h3〉. *〈/h3〉或者〈h3〉.{0,}〈/h3〉，但是经过测试发现，整个字符串中包括的两个〈h3〉…〈/h3〉都被匹配上了，结果是〈h3〉abd〈/h3〉〈h3〉bcd〈/h3〉。那如果要只匹配第一个怎么办？这时就需要用到懒惰模式。将表达式改为〈h3〉. *? 〈/h3〉或者〈h3〉.{0,}? 〈/h3〉，则匹配结果变为〈h3〉abd〈/h3〉。

正则匹配中，贪婪模式与懒惰模式乍看之下一看便知，很容易理解，但是真正的深入理解需要掌握正则的原理才行，并且，真正理解它们后，就不仅仅只是写出普通的正则表达式，而是高性能的正则表达式了，比如理解非贪婪模式中的回溯特性，能够优化去除回溯，这样才能写出高性能的正则表达式。

### 4）限定符

限定符用来指定正则表达式的一个给定组件必须要出现多少次才能满足匹配。有 *、+、?、{n}、{n,}或{n,m}共 6 种，如表 3-18 所示。

表 3-18　限定符

| 字符 | 描　　述 |
| --- | --- |
| * | 匹配前面的子表达式零次或多次。例如，zo * 能匹配"z"以及"zoo"。 * 等价于{0,} |
| + | 匹配前面的子表达式一次或多次。例如，'zo+' 能匹配"zo"以及"zoo"，但不能匹配"z"。+等价于{1,} |
| ? | 匹配前面的子表达式零次或一次。例如，"do(es)?"可以匹配"do"、"does"中的"does"、"doxy"中的"do"。? 等价于{0,1} |
| {n} | n是一个非负整数。匹配确定的 n 次。例如，'o{2}' 不能匹配"Bob"中的 'o'，但是能匹配"food"中的两个 o |
| {n,} | n是一个非负整数。至少匹配 n 次。例如，'o{2,}' 不能匹配"Bob"中的 'o'，但能匹配"foooood"中的所有 o。'o{1,}' 等价于'o+'。'o{0,}' 则等价于 'o *' |
| {n,m} | m 和 n 均为非负整数，其中 n<=m。最少匹配 n 次且最多匹配 m 次。例如，"o{1,3}"将匹配"fooooood"中的前三个 o。'o{0,1}' 等价于 'o? '。请注意在逗号和两个数之间不能有空格 |

注："*"和"+"限定符都会尽可能多地匹配文字，只有在它们的后面加上一个"?"才可以实现最小匹配。

## 5）定位符

定位符用来描述字符串或单词的边界，^和＄分别指字符串的开始与结束，\b 描述单词的前或后边界，\B 表示非单词边界。如表 3-19 所示。

表 3-19　定位符

| 字符 | 描述 |
|------|------|
| ^ | 匹配输入字符串开始的位置。如果设置了 RegExp 对象的 Multiline 属性，^还会与\n 或\r 之后的位置匹配 |
| ＄ | 匹配输入字符串结尾的位置。如果设置了 RegExp 对象的 Multiline 属性，＄还会与\n 或\r 之前的位置匹配 |
| \b | 匹配一个单词边界，即字与空格间的位置 |
| \B | 非单词边界匹配。 |

注：不能将限定符与定位符一起使用。由于在紧靠换行或者单词边界的前面或后面不能有一个以上位置，因此不允许诸如^＊之类的表达式。若要匹配一行文本开始处的文本，则应在正则表达式的开始使用^字符。不要将^的这种用法与中括号表达式内的用法混淆。若要匹配一行文本的结束处的文本，则应在正则表达式的结束处使用＄字符。

## 6）选择

用圆括号()将所有选择项括起来，相邻的选择项之间用"|"分隔。"()"表示捕获分组，"()"会把每个分组里的匹配的值保存起来，多个匹配值可以通过数字 n 来查看(n 是一个数字，表示第 n 个捕获组的内容)。但用圆括号会有一个副作用，会使相关的匹配被缓存，此时可将?:放在第一个选项前来消除这种副作用。

## 7）修饰符（标记）

标记也称为修饰符，正则表达式的标记用于指定额外的匹配策略。标记位于表达式之外，不写在正则表达式里，格式为：/pattern/flags。修饰符具体如表 3-20 所示。

表 3-20　修饰符

| 修饰符 | 含义 | 描述 |
|--------|------|------|
| i | ignore——不区分大小写 | 将匹配设置为不区分大小写，搜索时不区分大小写：A 和 a 没有区别 |
| g | global——全局匹配 | 查找所有的匹配项 |
| m | multiline——多行匹配 | 使边界字符^和＄匹配每一行的开头和结尾，记住，是多行，而不是整个字符串的开头和结尾 |
| s | 特殊字符圆点. 中包含换行符\n | 默认情况下的圆点. 是匹配除换行符\n 之外的任何字符，加上 s 修饰符之后，. 中包含换行符\n |

### 8）常用正则表达式

Web 前端开发时,在进行字符串处理、表单验证等场合中经常使用正则表达式,但书写完全正确的正则表达式需要一定的时间,为了方便,将常用的部分正则表达式和说明整理如表 3 - 21 所示。

表 3 - 21　常用的正则表达式和说明

| 正则达式 | 说明 |
|---|---|
| /^[0-9]＊$/ | 验证数字 |
| /^\d{n}$/ | 验证 n 位的数字 |
| /^\d{n,}$/ | 验证至少 n 位数字 |
| /^\d{m,n}$/ | 验证 m-n 位的数字 |
| /^(0│[1-9][0-9]＊)$/ | 验证零和非零开头的数字 |
| /^[0-9]+(.[0-9]{2})?$/ | 验证有两位小数的正实数 |
| /^\+?[1-9][0-9]＊$/ | 验证非零的正整数 |
| /^-[1-9]\d＊$/ | 验证非零的负整数 |
| /^\d+$/或/^[1-9]\d＊│0$/ | 验证非负整数(正整数和 0) |
| /^((-\d+)│(0+))$/或/^((-\d+)│(0+))$/ | 验证非正整数(负整数和 0) |
| /^[0-9]+(.[0-9]{1,3})?$/ | 验证有 1～3 位小数的正实数 |
| /^[\u4e00-\u9fa5]{0,}$/ | 汉字 |
| /^[A-Za-z0-9]+$/ 或[A-Za-z0-9]{4,40}$/ | 英文和数字 |
| /^[A-Za-z]+$/ | 验证由 26 个英文字母组成的字符串 |
| /^[A-Z]+$/ | 验证由 26 个大写英文字母组成的字符串 |
| /^[a-z]+$/ | 验证由 26 个小写英文字母组成的字符串 |
| /^[A-Za-z0-9]+$/ | 验证由数字和 26 个英文字母组成的字符串 |
| /^[\u4E00-\u9FA5A-Za-z0-9_]+$/ | 验证由中文、英文、数字(包括下画线)组成的字符串 |
| /^.{3}$/ | 验证长度为 3 的字符 |
| /^([a-z0-9_\.-]+)@([\da-z\.-]+)\.([a-z\.]{2,6})$/或/^[a-z\d]+(\.[a-z\d]+)＊@([\da-z](-[\da-z])?)+(\.{1,2}[a-z]+)+$/或^\w+([-+.]\w+)＊@\w+([-.]\w+)＊\.\w+([-.]\w+)＊$ | 验证电子邮箱 |

续表

| 正则达式 | 说明 |
|---------|------|
| /^(https?:\/\/)? ([\da-z\.-]+)\.([a-z\.]{2,6})([\/\w \.-]*)*\/?$/ | 验证 URL |
| /^(\(\d{3,4}\)\|\d{3,4}-)? \d{7,8}$/ | 验证电话号码（验证格式为 XXXXXXX，XXXXXXXX，XXXX-XXXXXXXX，XXXX-XXXXXXXX，XXX-XXXXXXX，XXX-XXXXXXXX） |
| /^\d{15}\|\d{18}$/ | 验证身份证号(15 位或 18 位数字) |
| /^(0? [1-9]\|1[0-2])$/ | 验证一年的 12 个月:格式为 01-09 和 10-12 |
| /^((0? [1-9])\|((1\|2)[0-9])\|30\|31)$/ | 验证一个月的 31 天:格式为 01-09 和 10-31 |
| /^([0-9]){7,18}(x\|X)?$/或/^\d{8,18}\|[0-9x]{8,18}\|[0-9X]{8,18}?$/ | 验证以数字、字母 x 结尾的短身份证号码 |
| /^[a-zA-Z][a-zA-Z0-9_]{4,15}$/ | 验证账号是否合法(以字母开头,长度在 5~16 字符,允许字母、数字、下画线) |
| /^[a-zA-Z]\w{5,17}$/ | 验证用户密码是否合法(以字母开头,长度在 6~18 之间,只能包含字符、数字和下画线) |
| /[a-zA-Z0-9][-a-zA-Z0-9]{0,62}(\.[a-zA-Z0-9][-a-zA-Z0-9]{0,62})+\.?$/ | 域名 |
| /^(13[0-9]\|14[5\|7]\|15[0\|1\|2\|3\|4\|5\|6\|7\|8\|9]\|18[0\|1\|2\|3\|5\|6\|7\|8\|9])\d{8}$/ | 手机号码 |
| /^(? =.*\d)(? =.*[a-z])(? =.*[A-Z])[a-zA-Z0-9]{8,10}$/ | 强密码(必须包含大小写字母和数字的组合,不能使用特殊字符,长度在 8~10 位之间) |
| [1-9]\d{5}(?! \d) | 中国邮政编码 |
| [1-9][0-9]{4,} | 腾讯 QQ 号(腾讯 QQ 号从 10000 开始) |

## 5. 新增表单标签

（1）〈fieldset〉…〈/fieldset〉:该标签用来将表单内的相关元素分组,在相关表单元素周围绘制边框。可以使用 legend 标签来为〈fieldset〉标签设置标题。语法格式如下:

〈fieldset 属性 1="属性值 1" 属性 2="属性值 2" …〉内容〈/fieldset〉

**注意:**

①〈fieldset〉标签中的第一个元素一般是 legend 标签,用来为 fieldset 元素设置标题;

②〈fieldset〉标签一般出现在表单中,为表单内的相关元素分组,并绘制边框。

三个相关属性：

- disabled：规定该组中的相关表单元素应该被禁用，值为 disabled。
- form：规定 fieldset 所属的一个或多个表单。
- name：规定 fieldset 的名称。

（2）⟨legend⟩…⟨/legend⟩：⟨legend⟩标签通常和⟨fieldset⟩标签一起使用来将表单内的相关元素分组，⟨legend⟩标签的作用是为 fieldset 元素定义标题。标签语法格式为：

⟨legend⟩标题⟨/legend⟩

⟨legend⟩标签必须在⟨fieldset⟩标签中使用，不然没有什么意义和效果。⟨legend⟩标签有一个 align 属性，在 HTML5 版本中已经不支持，其功能通常使用 CSS 格式来实现。

**任务 实现**

## 1. 任务分析

本次任务需要实现的功能较多，只能以实现页面效果为核心，按照页面划分为三个区域，主要使用⟨input⟩、⟨select⟩、⟨button⟩标签实现页面交互。交互实现工程中需要使用 autofocus、autocomplete、placeholder、required、pattern、type、min、max、step 等属性实现自动获取焦点、自动补全信息、提示信息、必填项设置、可选列表、列表默认值设置、验证属性、正则表达式等功能，优化表单交互功能，进行信息验证，同时该部分需要掌握正则表达式基础知识，在 pattern 中使用正则表达式进行电话号码验证。操作步骤如下：

①添加⟨form⟩表单；

②使用⟨fieldset⟩制作外边框，划分三个信息块，最后使用⟨div⟩制作一个按钮区；

③制作个人信息部分，使用⟨input⟩制作个人注册信息部分，重点是添加 autofocus、placeholder、autocomplete 等属性，同时添加⟨label⟩标签处理焦点自动进入⟨input⟩控件中；

④制作求职信息部分，重点是添加 placeholder 等属性以及使用正则表达式验证电话号码；

⑤制作工作经历奖励以及荣誉部分，主要使用⟨textarea⟩标签制作，需要使用 cols、rows 属性进行设置；

⑥添加⟨button⟩标签，制作三个按钮，使用图片格式。

## 2. 代码实现

要完成复杂的任务，第一步先划分区域，本次任务的区域比较明显，制作好表单后，按照需要划分三个功能区和一个按钮区，在每个区域内按照需要使用⟨input⟩、⟨select⟩、⟨datalist⟩制作内容，重点是需要使用 autofocus、placeholder 等属性优化交互，同时 pattern 中还需要使用到正则表达式，按钮区域使用的是⟨button⟩和⟨image⟩，最后设置好字符集、标题和样式链接。

〈body〉中的详细 HTML 代码如下：

```
〈! DOCTYPE html〉
〈html〉
〈head〉
    〈meta charset="UTF-8"〉
    〈title〉求职意向登记表〈/title〉
    〈link  rel="stylesheet" href="course3-4.css" type="text/css"/〉
〈/head〉
〈body〉
    〈form〉〈fieldset id="allpage"〉〈legend align="center"〉〈h3〉求职意向登记表〈/h3〉〈/legend〉
        〈fieldset id="personal"〉〈legend align="center"〉〈h4〉个人信息〈/h4〉
〈/legend〉
        姓名：〈input type="text" autofocus="autofocus" required="required"/〉
〈br /〉〈br /〉
        性别：〈input type="radio" name="sex" checked="checked"/〉女
        〈input type="radio" name="sex"/〉男
        年 龄：〈input type="number" min="18" max="30" required=
"required"/〉〈br /〉〈br /〉
        最高学历：〈select〉
        〈option〉〈/option〉
        〈option〉专科〈/option〉
        〈option〉本科〈/option〉
        〈option〉研究生〈/option〉〈/select〉
        最高学位：〈select〉
        〈option〉〈/option〉
        〈option〉学士学位〈/option〉
        〈option〉硕士学位〈/option〉
        〈option〉博士学位〈/option〉〈/select〉〈br /〉〈br /〉
    〈label〉毕业学校：〈input type="text" placeholder="最高学历学校" required="required"/〉
〈/label〉〈br /〉〈br /〉
    〈label〉专业方向：〈input type="text" placeholder="最高学位学校" required="required"/〉
〈/label〉〈br /〉〈br /〉
    〈label〉爱好特长：〈input type="text" placeholder="专业爱好特长" required="required"/〉
〈/label〉〈br /〉〈br /〉
```

〈label〉联系邮箱:〈input type="email" autocomplete="off" required="required"/〉〈br/〉〈/label〉〈br /〉

〈label〉联系电话:〈input type="tel" autocomplete="off" pattern="1[3|5|7|8]\d{9}$" required="required"/〉〈br /〉〈br /〉〈/fieldset〉

〈fieldset id="job"〉〈legend align="center"〉〈h4〉求职信息〈/h4〉〈/legend〉

工作地点:〈input type="text" list="area" placeholder="按行政区域划分"/〉

〈datalist id="area"〉

〈option〉——全国——〈/option〉

〈option〉东北地区〈/option〉

〈option〉西北地区〈/option〉

〈option〉华北地区〈/option〉

〈option〉华中地区〈/option〉

〈option〉华东地区〈/option〉

〈option〉华南地区〈/option〉

〈option〉西南地区〈/option〉

〈option〉台港澳地区〈/option〉〈/datalist〉〈br /〉〈br /〉

工作城市:〈select〉

〈option〉——均可——〈/option〉

〈option〉一二线大城市〈/option〉

〈option〉三四线中小城市〈/option〉

〈option〉县级市〈/option〉

〈option〉县及以下〈/option〉〈/select〉〈br /〉〈br /〉

工作岗位:〈select〉

〈option〉——均可——〈/option〉

〈option〉技术研发〈/option〉

〈option〉销售业务〈/option〉

〈option〉管理培训〈/option〉

〈option〉售后服务〈/option〉

〈option〉生产一线〈/option〉〈/select〉〈br /〉〈br /〉

工作性质:〈select〉

〈option〉——均可——〈/option〉

〈option〉全职〈/option〉

〈option〉兼职〈/option〉

〈option〉专职〈/option〉〈/select〉〈br /〉〈br /〉

发展方向:〈input type＝"text" required＝"required"/〉〈br /〉〈br /〉

薪资要求:〈input type＝"number" min＝"800" max＝"10000"/ step＝
"100"〉至

〈input type＝"number" min＝"1000" max＝"20000"/ step＝"100"〉
〈br /〉〈br /〉

其他要求:〈br /〉〈textarea cols＝"57" rows＝"4"〉〈/textarea〉

〈/fieldset〉

〈div　id＝"others"〉〈fieldset〉

〈legend align＝"center"〉〈h4〉工作经历奖励及荣誉〈/h4〉〈/legend〉

〈textarea cols＝"110" rows＝"6"〉〈/textarea〉〈/fieldset〉〈/div〉

〈div id＝"confirm"〉

〈button type＝"button"〉〈img src＝"img/course3/资助按钮－保存.png"/〉〈/button〉
〈br /〉

〈button type＝"submit"〉〈img src＝"img/course3/资助按钮－提交.png" /〉〈/button〉
〈br /〉

〈button type＝"reset"〉〈img src＝"img/course3/资助按钮－重置.png" /〉〈/button〉〈br /〉

〈/div〉〈/fieldset〉〈/form〉

〈/body〉

〈/html〉

该网页的 CSS 样式设置代码如下:

fieldset,legend,h4{

margin:0;

padding:0;　}

♯allpage{

margin:0 auto;

width:980px;

height:620px;

border-radius:20px ;　}

♯personal{

width:400px;

height:360px;

```
float:left;

padding:20px ;

margin:5px 20px;    }

#job{

width:420px;

height:360px;

float:left;

padding:20px ;

margin-top:5px;    }

#others{

width:830px;

height:130px;

float:left;

margin:5px 20px;    }

textarea{margin:5px;    }

#confirm{

float:left;

width:40px;

margin-top:10px;    }

button{

background:none;

border:none;    }

img{

width:90px;

height:36px;    }
```

### 3.任务总结

（1）知识和技术：本次任务属于综合应用案例，既需要使用到之前学习的表单及表单控件，同时也需要使用 HTML5 中的新增属性，任务重点是页面框架划分及交互表单中方便快捷的操作添加和验证。

（2）思政要点：网上应聘因为其方便快捷优势成为一种常见的应聘方式，但应聘者要提高安全意识。要在正规网站上应聘，不要轻易向任何"雇主"发送个人重要资料，例如身份证号码、信用卡号等。网络上这些信息的安全性无法控制，容易被他人窃取、利用，从而造成名誉、经济上的损失。

**【拓展任务——资助意向页面制作】**

（1）思政要点：扶危济困、助人为乐是一种高尚的道德品质，也是中华民族的传统美德，更是构建和谐社会的基础。人之初，性本善，其实每个人都有扶危济困、助人为乐的初心。犹太作家威塞尔曾说："美丽的反面不是丑，是冷漠；信任的反面不是异端，是冷漠；生命的反面不是死亡，是冷漠。"勇敢地伸出手，世界将变成美好的人间。

（2）技术要求：参考图 3-11 效果，制作资助意向表页面。该网页分为账号信息、个人信息、资助意向以及一个按钮区。制作过程参考 HTML5 表单控件新增的属性课程任务，主要使用表单和表单控件以及 HTML5 新增的相关属性。详细代码可参考 course3-4expand.html 以及 course3-4expand.css 文件。

图 3-11　资助意向页面

# 项目小结

本项目主要介绍了 HTML5 表单和 CSS3 中盒模型等相关知识。HTML5 表单中包括单行输入、标签控件、列表框、按钮、多行文本域控件、input 元素新增功能类型、HTML5 表单控件新增的属性等内容；CSS3 中主要介绍背景属性、盒模型、内外边距、边框以及正则表达式等内容。通过本项目学习，需要掌握表单、常用表单控件、〈input〉新增类型和属性、CSS 背景属性、盒模型、边框、内外边距以及正则表达式等知识并能灵活运用，同时学会运用表格和元素分组标签组织页面元素。

## 习题三

**一、选择题**

1. 在 HTML 中，〈form action＝?〉,action 表示（　　　）。

A. 提交的方式　　　　　　　　　　B. 表单所用的脚本语言

C. 提交的 URL 地址　　　　　　　　D. 表单的形式

2. 增加表单的输入框的 HTML 代码是（　　　）。

A.〈input type＝submit〉　　　　　　B.〈input type＝image〉

C.〈input type＝text〉　　　　　　　D.〈input type＝hide〉

3. 增加表单的复选框的 HTML 代码是（　　　）。

A.〈input type＝submit〉　　　　　　B.〈input type＝reset〉

C.〈input type＝text〉　　　　　　　D.〈input type＝checkbox〉

4. 增加表单的文本域的 HTML 代码是（　　　）。

A.〈input type＝submit〉〈/input〉

B.〈textarea name＝"textarea"〉〈/textarea〉

C.〈input type＝radio〉〈/input〉

D.〈input type＝checkbox〉〈/input〉

5. 增加表单的密码域的 HTML 代码是（　　　）。

A.〈input type＝submit〉　　　　　　B.〈input type＝password〉

C.〈input type＝radio〉　　　　　　　D.〈input type＝reset〉

6. 下面 CSS 属性中（　　　）是用来更改背景颜色的。

A. back　　　　　　　　　　　　　B. bgcolor

C. color　　　　　　　　　　　　　D. background-color

7. 想给所有的〈h1〉标签添加背景颜色,可以用（　　　）。

A..h1 ｛color：＃FFFFFF｝　　　　B. h1 ｛background-color：＃FFFFFF;｝

C.＃h1 ｛background-color：＃FFFFFF｝　D. h1. all ｛background-color：＃FFFFFF｝

8. a：active ｛color：＃000000;｝,这段 CSS 样式代码定义的样式效果是（　　　）。

A. 默认链接是＃000000 颜色　　　　B. 访问过链接是＃000000 颜色

C. 鼠标上滚链接是＃000000 颜色　　D. 活动链接是＃000000 颜色

9. a：link 表示超链接文字在（　　　）时的状态。

A. 鼠标按下　　　B. 初始状态　　　C. 鼠标放上去　　　D. 访问过后

10. a：hover 表示超链接文字在（　　　）时的状态。

A. 鼠标按下　　　B. 原始状态　　　C. 鼠标放上去　　　D. 访问过后

11. 下列（　　）表示上边框线宽 10px，下边框线宽 5px，左边框线宽 20px，右边框线宽 1px。

A. border-width:10px 1px 5px 20px　　　　B. border-width:10px 5px 20px 1px

C. border-width:5px 20px 10px 1px　　　　D. border-width:10px 20px 5px 1px

12. 在 CSS 语言中下列（　　）是"左边框"的语法。

A. border-left-width:〈值〉　　　　　　B. border-top-width:〈值〉

C. border-left:〈值〉　　　　　　　　　D. border-bottom-width:〈值〉

13. 在 CSS 中，盒模型的属性不包括（　　）。

A. border　　　　　B. padding　　　　　C. content　　　　　D. margin

14. 下列（　　）属性能够设置盒模型的左侧外边距。

A. margin　　　　　B. padding　　　　　C. margin-left　　　　D. padding-left

15. 下列（　　）CSS 属性能够设置盒模型的内边距为 10、20、30、40（顺时针方向）。

A. padding:10px 20px 30px 40px　　　　B. padding:40px 30px 20px 10px

C. padding:10px 40px 30px 20px　　　　D. padding:20px 10px 40px 30px

16. 阅读下面 HTML 代码，两个 div 之间的垂直空白距离是（　　）。

〈style type＝"text/css"〉

.header { margin:10px; border:1px solid ♯f00; }

.container { margin:15px; border:1px solid ♯f00; }

〈/style〉

......

〈div class＝"header"〉〈/div〉

〈div class＝"container"〉〈/div〉

A. 0px　　　　　B. 10px　　　　　C. 15px　　　　　D. 25px

17. 阅读下面 CSS 代码，下面选项中与该代码段效果等同的是（　　）。

.box { margin:10px 5px; margin-right:10px; margin-top:5px; }

A. box { margin:5px 10px 0px 0px; }　　　B. box { margin:5px 10px 10px 5px; }

C. box { margin:5px 10px; }　　　　　　D. box { margin:10px 5px 10px 5px; }

18. 利用以下（　　）代码可以设置 div 区域的水平居中。

A. div{margin:0}　　　　　　　　　　B. div{margin:auto 100px}

C. div{margin:100px auto}　　　　　　D. div{margin:100px 100px }

19. 下列（　　）样式定义后，行级元素可以定义宽度和高度。

A. display:inline　　　　　　　　　　B. display:none

C. display:block　　　　　　　　　　D. display:inheric

20.关于 float 属性的说法,不正确的是(　　　)。

A.该属性可以用于图文混排　　　　　　　B.该属性可以用于网页分栏

C.该属性可以用于盒子层叠　　　　　　　D.该属性可以用于浮动定位

21.如果要将网页中的两个 div 对象制作为重叠效果,(　　　)。

A.是不可能的

B.可以利用表格标记〈table〉

C.可以利用样式表定义中的绝对位置与相对位置属性

D.可以利用样式表定义中的 z-index 属性

22.给定正则表达式/^[0-5]?[0-9]$/,满足此匹配条件的字符串是(　　　)。

A."99"　　　　　　　B."009"　　　　　　　C."0009"　　　　　　　D."10"

23.position 属性取值(　　　)表示相对定位。

A.relative　　　　　　　B.absolute　　　　　　　C.static　　　　　　　D.fixed

24.表示圆角边框的属性是(　　　)。

A.border-shadow　　　　　　　　　　　B.border-round

C.border-radius　　　　　　　　　　　D.border-box

25.给定正则表达式/^([1-9]|[1-9][0-9]|[1-9][0-9][0-9])$/,满足此匹配条件的字符串是(　　　)。

A."010"　　　　　　　B."0010"　　　　　　　C."127"　　　　　　　D."10000"

26.box-shadow 属性可以设置(　　　)。

A.仅仅盒子外部阴影　　　　　　　　　　B.盒子内部、外部阴影

C.仅仅盒子内部阴影　　　　　　　　　　D.以上选项都不对

27.以下代码可以做长单词折叠显示的是(　　　)。

A.word-break:break-word　　　　　　　B.word-break:wrap

C.word-wrap:break-word　　　　　　　D.word-wrap:normal

28.以下(　　　)代码是文本描边效果。

A.text-shadow:2px 2px ♯f00　　　　　　B.text-shadow:2px 2px 8px blue;

C.text-shadow:0 0 3px ♯f00　　　　　　D.text-shadow:2px 2px 4px ♯000;

29.以下关于 Web 字体描述正确的是(　　　)。

A.Web 字体,使用时需要将字体文件预先安装到客户端

B.Web 字体文件格式分为好多种,每种浏览器支持不同的格式

C.Web 字体无需预先安装,需要时会由搜索引擎搜索后提供结果

D.Web 字体可以用@font-family 定义出来

30.给定正则表达式/^(SE)?[0-9]{12}$/,满足此匹配条件的字符串是(　　　)。

A."123456789123"　　　　　　　　　　B."SI12345678"

C."1234567890"　　　　　　　　　　　D."ESX1234567Y"

**二、判断题**

1. ( )@font-face 规则利用 src 属性,说明 Web 字体来源。

2. ( )Web 字体的优点是,用户不需要预先安装这种特殊字体,由服务器端提供字体文件。

3. ( )盒模型中的盒子,可以是任何页面元素。

4. ( )盒模型中的盒子是可以逐层嵌套的。

5. ( )CSS 进行布局与定位,首先用盒子将元素大小、边距等信息确定下来,然后用定位方式决定盒子的位置。

6. ( )定位机制分为三种:盒子定位、文档流定位、浮动定位。

7. ( ) 正则表达式中,ˆ匹配输入字符串的开始位置,除非在方括号表达式中使用,此时它表示不接受该字符集合。

8. ( )溢出盒子的部分,可以使用 overflow 属性,将其设置为 hidden 隐藏起来。

9. ( )文字、图片、div 区域水平居中,都可以使用 text-align:center 进行设置。

10. ( )margin:1px 2px 1px 3px;可以缩写成 margin:1px 2px 3px;。

11. ( )默认定位方式就是文档流定位。

12. ( ) 正则表达式中,∗ 表示任意多个,＋表示一个到多个,? 表示 0 或一个,{m,n}表示 m 到 n 个。

13. ( )对于一个盒子,文档流定位、浮动定位、层定位只能选择其中一个。

14. ( )层定位是可以将盒子像图层一样处理,有前后层叠顺序。

15. ( )块状元素在网页中就是以块的形式显示,所谓块状就是元素显示为矩形区域,常用的块状元素包括 div\h1-h6\p\ul。

16. ( )默认情况下,块状元素都会占据一行,通俗地说,两个相邻块状元素不会出现并列显示的现象;默认情况下块状元素会按顺序自上而下排列。

17. ( )块状元素都不可以定义自己的宽度和高度 。

18. ( )块状元素可以作为其他元素的容器,它可以容纳其他行内元素和其他块状元素。

19. ( )浮动元素在文档流中的原位置依然保留。

20. ( )利用 float 属性将 3 个 div 盒子水平排列,可以将 3 个盒子都设置 float:right。

21. ( )如果一个父元素的所有子元素都浮动起来,则这个父元素默认高度坍缩为 0。

22. ( )position 属性设定表示定位的参照物是哪个元素;而定位位置则由 top、bottom、left、right 的取值决定。

23. ( )通常将父元素设置为绝对定位,子元素设置为相对定位,就可以将子元素相对于父元素定位了。

24. ( )box-shadow 属性不能设置盒子的阴影颜色,只能是黑色阴影。

25. ( )正则表示式中,$ 匹配输入字符串的结尾位置。如果设置了 RegExp 对象的 Multiline 属性,则 $ 也匹配 '\n' 或 '\r'.

### 三、实践题

1.请完成下图所示唐诗三百首页面制作，可参考 course3-5exercize.html。

2.请完成下图所示新闻网页制作，可参考 course3-6exercize.html。素材存放在"课程教学\img\course3\三星堆"文件夹中。

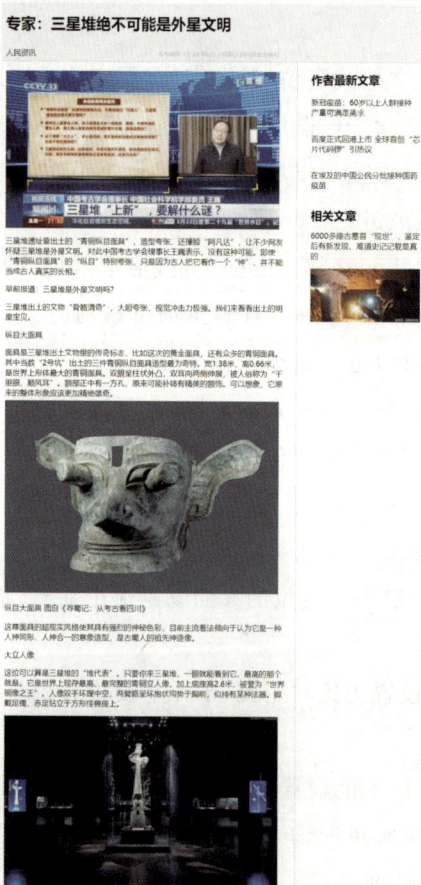

# JavaScript 语法基础

## 学习目标

### 1. 技术目标

(1) 掌握 JavaScript 语法特点；

(2) 掌握关键字、变量以及运算符等知识；

(3) 掌握分支结构、循环结构以及数组使用方法和技巧；

(4) 掌握 JavaScript 对象；

(5) 掌握 JavaScript 函数知识并能够熟练运用；

(6) 熟悉 JavaScript 内置函数。

### 2. 思政目标

(1) 懂得时间的宝贵，学会珍惜时间；

(2) 树立报效祖国的远大志向，形成朝气蓬勃的精神风貌，培养自强不息的意志品格；

(3) 知道人生选择的重要性，学会做出正确选择；

(4) 了解温室效应造成的气候变化给地球带来的恶果，培养节能、绿色、环保的生活习惯；

(5) 养成节约粮食的习惯，践行"光盘"行动；

(6) 提高对野生动物保护的认识，了解生态系统平衡对于发展的作用和贡献；

(7) 学会将复杂问题简单化的方法，提高解决复杂问题的能力。

JavaScript 诞生于 1995 年。当时走在技术革新最前沿的 Netscape，决定开发一种客户端语言，用于处理客户端验证，为了搭上 Java 的"顺风车"，命名为 JavaScript。从本质上来说，JavaScript 和 Java 没有什么关系。

1997 年，为了规范 JavaScript，出现了名为 ECMAScript 的新脚本语言标准。1998 年，ISO/IEC（国标标准化组织和国际电工委员会）也采用 ECMASript 作为标准，即 ISO/IEC16262。但 JavaScript 的含义比 ECMA-262 中规定得更多。一个完整的 JavaScript 实现应由 3 个部分组成：核心（ECMAScript）、文档对象模型（DOM）、浏览器对象模型（BOM）。

Web 浏览器只是 ECMAScript 实现的宿主环境之一。ECMA-262 定义的只是这门语言的基础,而在此基础上可能构建更完善的脚本语言。宿主不仅提供基本的 JavaScript 的实现,还提供该语言的扩展,如 DOM。其他宿主环境包括 Node 和 Adobe Flash 等。

ECMAScript 的不同版本又称为版次,ECMA-262 第 5 版发布于 2009 年,ECMA-262 第 6 版发布于 2015 年。ECMA-262 第 6 版增添了许多必要特性(如模块、类)和一些实用特性(如 Maps、Scts、Promises、Generatos 等)。尽管第 6 版做了大量的更新,但是它依旧完全向下兼容以前的版本。本书主要采用的是第 5 版。

JavaScript,是一种直译式脚本语言,是一种动态类型、弱类型、基于原型的语言,内置支持类型。它的解释器被称为 JavaScript 引擎,是浏览器的一部分,广泛用于客户端的脚本语言中,最早是在 TML(标准通用标记语言下的一个应用)网页上使用的,用于为 HTML 网页增加动态功能。目前,JavaScript 被广泛用于 Web 应用开发,常用于为网页添加各式各样的动态功能,为用户提供更流畅美观的浏览效果,通常 JavaScript 脚本是通过嵌入在 HTML 中实现自身功能的。

JavaScript 具有以下 4 个方面的特点:

(1)是一种解释性脚本语言(代码不进行预编译);

(2)主要用于向 HTML(标准通用标记语言下的一个应用)页面添加交互行为;

(3)可以直接嵌入 HTML 页面,但写成单独的 JS 文件有利于结构和行为的分离;

(4)跨平台特性,在绝大多数浏览器的支持下,可以在多种平台下运行(如 Windows、Linux、Android 等)。

## ▶ 任务一　计时器制作

**任务** 描述

本次任务制作一个网页版计时器,顶部显示时、分、秒,下面是开始、暂停和停止三个按钮,单击"开始"开始计时,单击"暂停"停止计时,单击"停止"清零。效果如图 4－1 所示。

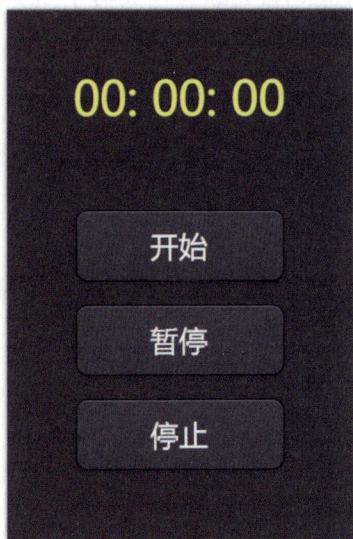

图 4-1　计时器

## 知识储备

### 1. JavaScript 的语法特点

熟悉 Java 的开发者会发现 JavaScript 的语法很容易掌握,因为它借用了 Java 语言的语法。Java 和 JavaScript 有一些关键的语法特性相同,也有一些完全不同,具体如下。

(1)区分大小写:变量、函数名、运算符及其他一切东西都是区分大小写的,如变量 test 与变量 TEST 是不同的。

(2)变量是弱类型:与 Java 不同,JavaScript 中的变量无特定的类型,定义变量时只用 var 运算符,可以将它初始化为任意值。因此,可以随时改变变量所存数据的类型(但应尽量避免这样做)。

(3)每行结尾的分号可有可无:Java、C 都要求每行代码以分号(;)结束才符合语法。JavaScript 则允许开发者自行决定是否以分号结束一行代码。如果没有分号,则 JavaScript 将这行代码的结尾看作该语句的结尾,前提是这样没有破坏代码的语义。最好的代码编写习惯是总加入分号,因为没有分号,有些浏览器就不能正确运行。

(4)注释相同:JavaScript 中的注释与 Java、C 和 PHP 语言中的注释是相同的,JavaScript 借用了这些语言的注释语法。有两种类型的注释:单行注释以双斜杠开头(//);多行注释以单斜杠和星号开头(/*),而以星号和单斜杠结尾(*/)。

(5)大括号表示代码块:JavaScript 从 Java 中借鉴的另一个概念是代码块。代码块表示一系列应该按顺序执行的语句,这些语句被封装在左大括号"{"和右大括号"}"之间。

(6)变量的声明原则:一般要求前面加上 var 声明,表示是全局变量,而在方法或者循环等代码段中声明则不需要加上 var,但不少测览器对是否加 var 并不敏感,也不会报错,所以开发者应尽量遵循规范,全局变量加上 var,以便增加代码的可读性。

## 2. JavaScript 的关键字

每一门语言都会有关键字,JavaScript 也不例外。关键字是指可用于表示控制语句的开始和结束,或者用于执行特定操作等。根据规定,关键字是保留的,不能用作变量名或者函数名。部分关键字如表 4 - 1 所示,加 * 标记的关键字是 ECMAScript5 中新添加的。

**表 4 - 1　JavaScript 关键字**

| | | | | |
|---|---|---|---|---|
| abstract | arguments | boolean | break | byte |
| case | catch | char | class * | const |
| continue | debugger | default | delete | do |
| double | else | enum * | eval | export * |
| extends * | false | final | finally | float |
| for | function | goto | if | implements |
| import * | in | instanceof | int | interface |
| let | long | native | new | null |
| package | private | protected | public | return |
| short | static | super * | switch | synchronized |
| this | throw | throws | transient | true |
| try | typeof | var | void | volatile |
| while | with | yield | | |

## 3. JavaScript 的变量

在 JavaScript 中,变量是存储信息的容器,变量存在两种类型的值,即原始值和引用值。

• 原始值:存储在栈中的简单数据段,也就是说,它们的值直接存储在变量访问的位置。

• 引用值:存储在堆(Heap)中的对象,也就是说,存储在变量处的值是一个指针(Point)指向存储对象的内存处。

为变量赋值时,JavaScript 的解释程序必须判断该值是原始值还是引用值。要实现这一点,解释程序需要尝试判断该值是否为 JavaScipt 的原始类型之一,即 Undefined、Null、Boolean、

Number 和 String 型。由于这些原始类型占据的空间是固定的,因此可将它们存储在较小的内存区域(栈)中,这样便于迅速查寻变量的值。

在许多语言中,字符串都被看作引用类型,而非原始类型,因为字符串的长度是可变的。JavaScript 打破了这一传统,字符串 String 是 JavaScript 的基本数据类型,同时 JavaScript 也支持 String 对象,它是一个原始值的包装对象。在需要时,JavaScript 会自动在原始形式和对象形式之间进行转换。

### 4. 数据类型

在 JavaScript 中,数据类型表示数据的类型,JavaScript 语言的每一个值都属于某一种数据类型。

#### 1)类型分类

JavaScript 有 5 种原始类型,Undefined、Null、Boolean、Number 和 String。JavaScript 提供 typeof 运算符用于判断一个值是否在某种类型的范围内。可以用这种运算符判断一个值是否表示一种原始类型;如果它是原始类型,还可以判断它表示哪种原始类型。

(1)Undefined 类型:如前所述,Undefined 类型只有一个值,即 undefined。当声明的变量未初始化时,该变量的默认值是 undefined。

(2)Null 类型:也只有一个值,它只有一个专用值 null,即它的字面量。值 undefined 实际上是从值 null 派生来的,因此 JavaScript 将它们定义为相等的。尽管这两个值相等,但它们的含义不同。undefined 是声明了变量但未对其在初始化时赋予该变量的值,null 则用于表示尚不存在的对象。如果函数或者方法要返回的是对象,那么找不到该对象时,返回的通常是 null。

(3)Boolean 类型:Boolean 类型是 JavaScript 中最常用的类型之一。它的两个值是 true 和 false(即两个 Boolean 字面量)。false 不等于 0,但 0 可以在必要时被转换成 false。所以在 Boolean 语句中使用两者都是安全的。

(4)Number 类型:ECMA-262 中定义的最特殊的类型是 Number 类型。这种类型既可以表示 32 位的整数,也可以表示 64 位的浮点数。直接输入的(而不是从另一个变量访问的)任何数字都被看作 Number 类型的字面量。

#### 2)类型转换

在 JavaScript 中,如果一个变量的类型不是想要的,那么可以通过类型转换实现类型转换,类型转换常用的有以下 5 种。

- Number(变量):将变量转化为数字类型。
- String(变量):将变量转化为字符串类型。
- Boolean(变量):将变量转化为布尔值类型。Boolean 会将非零的数字转为 true,将零转为 false。

- parseFloat(变量)：将变量转化为浮点类型。
- parseInt(变量)：将变量转化为整数类型。

**任务实现**

### 1. 任务分析

本次任务是制作一个网页计时器，页面结构首先采用 div 嵌套 1 个 div 和 3 个 input；内 div 再嵌套 3 个 span，使时分秒显示在同行；外 div 设置为整体背景和大小，并设置立体效果；使用内 div 对 span 进行整体设置，使用 input 设置 3 个按钮。JavaScript 代码则设置开始、暂停、停止三个按钮功能。为了处理小于 10 的数字的显示效果，再定义一个函数给单位数字前添加 1 个"0"。具体的操作步骤如下：

①制作页面，绘制背景、时分秒显示及三个按钮；

②在 CSS 中制作样式；

③在 script 中编写 JavaScript 代码，定义计数和定时变量，分别设置三个功能函数，最后再定义一个单位数字处理函数。

### 2. 代码实现

本次任务主要目的是熟悉 JavaScritp 关键字、变量、数据类型等内容。先在 HTML5 中使用〈div〉块、〈input〉和〈span〉标签制作结构。在 CSS 中给外层 div 设置一个总背景，然后设置 span 中的文本颜色，通过边框、边框圆角、边框背景以及阴影等将 input 设置为按钮形式。最后在 JavaScript 中编写交互代码，分别设置开始、暂停、停止功能，开始按钮执行计数功能，并转换为时、分、秒；暂停按钮需要清除计数器并暂停计时；停止按钮停止计时并将总数、时、分和秒都清零，详细代码如下：

```
〈! DOCTYPE html〉
〈html〉
〈head〉
    〈meta charset="UTF-8"〉
    〈title〉计时器〈/title〉
    〈style〉
#div1 {
width:300px;
height:450px;
```

```
background:#303030;

margin:100px auto;

text-align:center;

box-shadow:0 1px 0 #616a74 inset, 0 1px 5px #212528;}

#count {

width:200px;

height:150px;

line-height:150px;

margin:auto;

font-size:40px;

color:#FFFF00;}

#div1 input {

width:180px;

height:60px;+

font-size:25px;

color:#FFFFFF;

margin-top:20px;

border:1px solid #000;

border-radius:10px;

background:-webkit-linear-gradient(top, #363c43, #2f363d);

box-shadow:0 1px 0 #616a74 inset, 0 1px 5px #212528;   }

</style>

</head>

<body>

    <div id="div1"><div id="count">

            <span id="id_H">00:</span>

            <span id="id_M">00:</span>

            <span id="id_S">00</span></div>

        <input id="start" type="button" value="开始">

        <input id="pause" type="button" value="暂停">

        <input id="stop" type="button" value="停止"></div>

    <script>

//可以将查找标签节点的操作进行简化   var btn=getElementById('btn')
```

```
function $(id) {  return document.getElementById(id)  }
window.onload=function() {
   //点击开始键 开始计数
   var count=0;
   var timer=null; //timer 变量记录定时器 setInterval 的返回值
   $("start").onclick=function() {
     timer=setInterval(function() {
       count++;
       $("id_S").innerHTML=showNum(count % 60);
       $("id_M").innerHTML=showNum(parseInt(count/60) % 60)+":";
       $("id_H").innerHTML=showNum(parseInt(count/60/60))+":";
   },1000)       }
   $("pause").onclick=function() {
         clearInterval(timer);   } //清除定时器
   //停止记数  数据清零  页面展示数据清零
   $("stop").onclick=function() {    //定时器重置
     $("pause").onclick();
     count= 0;                 //总秒数清零
     $("id_S").innerHTML="00"; //页面展示数据清零
     $("id_M").innerHTML="00:";
     $("id_H").innerHTML="00:";   }
   function showNum(num) {    //封装一个处理单位数字的函数
     if (num<10) {
       return '0' +num;   }
     return num;          }     }
   </script>
</body>
</html>
```

## 3. 任务总结

(1)知识和技术:本次计时器制作任务,需要熟练运用 JavaScript 中的关键字、变量、运算符和数据类型等基础知识,还需要定义计数、定时等变量,同时对他们进行转换和运算。通过该任务制作主要让同学们熟悉 JavaScript 的基本使用方法和技巧。

（2）思政要点：时间的流逝，不能像计时器那样暂停或者重来。每个人的时间是有限的，所以只能像珍爱自己的生命一样珍惜时间。莎士比亚说得好："放弃时间的人，时间也会放弃他。"要想获得成就，必须从珍惜时间开始。列夫·托尔斯泰也说："你没有有效地使用而放过的那点时间，是永远不能返回的。"时间如流水，一去不复回，就像人生没有彩排，永远无法重来，只能珍惜还握在自己手里的时间，让新的一天的自己成为比昨天更好的自己。

**【拓展任务——图片跟随鼠标移动效果制作】**

（1）思政要点：共青团中央有一期网络专题，名字叫"我的中国梦——奋斗的青春最美丽"。年轻的中国梦的践行者们，有人在无人出入的自然保护区挥洒青春；有人在戈壁沙漠的电弧闪耀中燃烧青春；有人在带领村民共同致富的道路上张扬青春；有人在长江源头默默坚守中奉献青春；甚至还有身残志坚坚持理想的自主创业者，为社会主义新农村建设贡献青春力量。

（2）技术要求：参考图4-2所示效果，完成图片跟随鼠标移动效果。使用〈img〉引入图片，然后在 CSS 中设置样式。最后在 JavaScript 中编写交互代码，先通过 id 获取图片，通过 onmousemove 事件获得鼠标当前位置，将它分别赋给表示图片距离顶部和左侧的距离的两个属性，图片左上角自动对齐到获得的坐标，实现跟随效果。详细代码可参考 course4-1expand.html 文件。

图4-2　图片跟随鼠标移动效果

# ▶任务二　开关切换效果制作

**任务**描述

本次任务是制作一个模拟开关切换效果,根据鼠标点击次数来决定显示打开按钮图片还是关闭按钮图片,效果如图4-3所示。

图4-3　开关切换效果

**知识**储备

## 1. 运算符

JavaScript 运算符用于赋值、比较值、执行算术运算等。运算符中包括赋值运算符、算数运算符、比较运算符、逻辑运算符、一元运算符、二元运算符和三元运算符,此外,运算符之间还存在优先级的先后情况。

(1)赋值运算符:在 JavaScript 中,赋值运算符的符号只有=。例如:var string="hello!"。

(2)算数运算符:在 JavaScript 中,算数运算符的符号有+、-、*、/、%(取余)。例如:var e=3%2。

(3)比较运算符:在 JavaScript 中,比较运算符的符号有>、>=、<、<=、!=、==(值等于)、===(值和类型等于)及!==(值和类型不等于)。例如:'3'===3 的值为 false。

(4)逻辑运算符:在 JavaScript 中,逻辑运算符的符号有&&、||和!(取反)。

(5)一元运算符:在 JavaScript 中,一元运算符的符号有++和--。例如:i++。

(6)二元运算符:在 JavaScript 中,二元运算符的符号有+=、-=、*=和/=。例如 a+=3 等价于 a=a+3。

(7)三元运算符:在 JavaScript 中,三元运算符的表达格式为:条件? 正:假(值1==值2,返回值1,返回值2)。

## 2. 运算优先级

当多个运算符并列于一个表达式中时,运算符之间具有优先级顺序。运算优先级的规律如下:算数运算符＞比较运算符＞逻辑运算符＞赋值运算符。

## 3. 分支结构

语言中分支结构是必不可少的语法部分,JavaScript 的分支结构包括 if‐else 条件选择语句和 switch‐case 选择语句。

### 1)if 条件语句

if 条件语句在程序运行中提供判断的功能。if 中可以有多个表达式,但所有表达式最后必须提供一个统一的 true 或者 false 结果,if(true)可以进入对应的代码块运行,否则会跳到下一个代码块中运行。其语法格式如下:

```
if(条件 1)
{当条件 1 为 true 时执行的代码}
}else if(条件 2)
{当条件 2 为 true 时执行的代码}
else{
当条件 1 和条件 2 都不为 true 时执行的代码}
```

### 2)switch 选择语句

switch 选择语句表示多条件选择,符合哪个 case 的值就执行哪个 case 中的代码块,需要注意的是,在一般情况下,case 代码块中必须有 break 结尾,否则会继续执行后面 case 中的代码块。其语法格式如下:

```
switch(n)
{
case 1:执行代码块 1Break;
Case 2:执行代码块 2Break;
Case 3:执行代码块 3Break;
Default:与 case1、case2、case3 不同时执行的代码
}
```

## 任务实现

### 1. 任务分析

本次任务主要是利用两张不同的图片制作一个模拟开关切换效果,首先使用〈img〉标签显示开关关闭图,设置图片显示位置。在 JavaScript 编写代码,先定义变量,再统计单击事件中鼠标的单击次数,单击 1 次显示开关打开图,单击 2 次显示开关关闭图,依此类推,形成重复操作。具体操作步骤如下:

①显示图片;

②使用 CSS 制作简单样式;

③在〈script〉添加 JavaScript 代码,定义变量,调用单击事件,变量自加,根据变量的奇偶值,进行开关图片切换。

### 2. 代码实现

本次任务页面内容制作非常简单,显示图片并设置样式。在 script 中先定义变量 i,获取图片元素并设置它的单击事件,单击后先自加,然后使用 if - else 语句判断奇偶,根据奇偶显示不同的图片,实现开关切换效果。具体代码如下:

```
〈! DOCTYPE html〉
〈html〉
〈head〉
    〈meta charset="UTF-8"〉
    〈title〉开关切换〈/title〉
    〈style〉
    div{
      text-align:center;
      margin:50px auto; }
      img{ width:200px; }
    〈/style〉
〈/head〉
〈body〉〈div〉〈img id="light" src="img/course4/开关/关.png"〉〈/div〉〈/body〉
〈script〉
    var i=0;
    imgid= document.getElementById("light");
```

```
    imgid.onclick=function(){
    i++;
      if(i%2==0){
        imgid.src="img/course4/开关/关.png";       //换图5
      }else{       imgid.src="img/course4/开关/开.png"; }   }//恢复
  </script>
</html>
```

## 3. 任务总结

（1）知识和技术：本次开关切换页面的制作任务，除了复习 JavaScript 中的关键字、变量、运算符和数据类型等基础知识外，重点使用分支结构进行程序判断和处理。由于是初次使用分支结构，因此任务内容较简单，希望能给分支结构的学习奠定一个良好的基础。

（2）思政要点：并不只是程序有选择，人生也需要选择。15 岁的汶川救人小英雄雷楚年，当地震来临时，他选择冒死连救 7 人，于是年少成名，做英模报告，传递火炬。可是，进入重点高中后，又觉得学习没什么意思，选择放弃校园生活，开始泡吧、打牌赌博，然后撒谎、说大话、伪造公章、诈骗他人钱财，最终换来有期徒刑十二年。每个人一生都面临无数选择，如果选对方向，坚持到底就是胜利；如果选错方向，背离人民，终将走向灭亡。

**【拓展任务——多方式选择网页制作】**

（1）思政要点：人生面临的很多选择，都是错综复杂的，如何才能做出正确选择呢？本次任务中的多方式选择带来新方法——多维度选择，就是把复杂问题转化为若干简单问题，先给出每个简单问题的选择结果，再按照重要程度给出权重，结合权重评估最终结果。其实遇到所有复杂的问题时，都可以采用多维度思维模式，更容易帮我们做出正确的选择，更快获得成功。

（2）技术要求：参考图 4-4 所示效果，制作一个项目选择网页效果。使用〈legend〉为〈fieldset〉制作一个标题，然后在 HTML5 中先将选择品牌和选择价格以及相关内容显示在页面上，通过 CSS 设置样式和位置。最后编写 JavaScript 代码，首先根据 id 号获取 3 个按钮，根据类名获取所有选项，给 3 个按钮分别添加单击事件，全选时将 checked 属性设置为 true，全不选时将 checked 属性设置为 false，反选根据 checked 值反向设置，这个可以使用 if-else 设置，也可以使用三元运算符或者取反运算。详细代码可参考 course4-2expand. html 文件。

图 4-4　项目选择网页

## ▶ 任务三　背景切换效果制作

### 任务描述

　　本次任务制作一个单击图片切换背景图片效果。页面顶部显示三张小图片,页面背景默认显示第一张图片,使用鼠标单击任意一张小图片,页面背景图片切换为该图片。效果如图 4－5 所示。

图 4－5　背景切换效果

### 知识储备

## 1. 循环结构

　　循环结构也是程序中不可或缺的部分,很多时候正是因为循环结构的存在才使程序编写变得简单,因此 JavaScript 也提供了很多种循环语句,包括 for 循环语句、for－in 遍历语句、while 循环语句和 do－while 循环语句等。

### 1)for 循环

　　如果需要一遍又一遍地运行相同的代码,并且每次的值都不同,那么使用 for 循环是很方便的。其语法格式如下:

```
for(语句 1;语句 2;语句 3)
〔被执行的代码块〕
```

for 循环中可以使用两个关键字控制循环。

Continue：越过本次循环，继续下一次循环。

Break：跳出整个循环，循环结束。

### 2）for - in 遍历

for - in 语句循环遍历对象的属性，多用于对象、数组等复合类型，以遍历其中的属性和方法。其语法格式如下：

```
for(键 in 对象)
{　代码块　}
```

### 3）while 循环

while(表达式)，只要表达式为真，即可进入循环，while(true)是著名的死循环。其语法式如下：

```
while(表达式)
{　代码块　}
```

### 4）do - while 循环

do - while(表达式)和 while 循环大同小异，只是语法格式稍有不同，这里不做详细的案例介绍。其语法格式如下：

```
do{　代码块　}
while(表达式)
```

## 2. 数组

数组对象是使用单独的变量名存储一系列的值，可理解为一个容器装了一堆元素，JavaScript 中数组包含的属性和方法如表 4 - 2 所示。

表 4 - 2　数组的属性和方法

| 方法 | 描　述 |
| --- | --- |
| Array. pop() | 删除并返回数组的最后一个元素 |
| Array. push() | 向数组的结尾添加元素 |
| Array. shift() | 将元素移出数组 |
| Array. unshift() | 向数组头部添加元素 |
| Array. join() | 将数组元素连接起来以构成一个字符串 |
| Array. concat() | 连接数组 |
| Array. reverse() | 将数组进行反转 |

| 方法 | 描　述 |
|---|---|
| Array. sort() | 将数组进行排序 |
| Array. slice() | 返回数组的一部分 |
| Array. splice() | 插入、删除或替换数组中的元素 |
| Array. toString() | 将数组转换为一个字符串 |
| Array. map() | 对数组中的每一项运行给定函数,返回每次函数调用的结果组成的数组 |
| Array. forEach() | 对数组中的每一项运行给定函数,这个方法没有返回值 |
| Array. filter() | 对数组中的每一项运行给定函数,返回该函数会返回 true 的项组成的数组 |
| Array. some() | 对数组中的每一项运行给定函数,如果该函数对任一项返回 true,则返回 true |
| Array. every() | 对数组中的每一项运行给定函数,如果该函数对每一项都返回 ture,则返回 true |
| Array. isArray() | 判断是否是数组 |
| Array. reduce() | 迭代数组的所有项,然后构建一个最终返回的值,从数组的第一项开始,遍历数组的每一项到最后 |
| Array. reduceRight() | 迭代数组的所有项,然后构建一个最终返回的值,从数组的最后一项开始,向前遍历到第一项 |
| Array. toString() | 将数组转换为一个字符串 |

### 1)数组定义

要使用一个数组,就需要先定义一个数组。在 JavaScript 中定义一个数组有以下几种方法:

**方法** 1:使用 new 关键字创建一个 Array 对象,可直接在内存中创建一个数组空间,然后向数组中添加元素。例如:

```
var imgs＝new Array(3);
Array(0)＝"img/pic1";
Array(1)＝"img/pic2";
Array(2)＝"img/pic3";
```

**方法** 2:使用 new 关键字创建一个 Array 对象的同时为数组赋予 n 个初始值。例如:

```
var imgs＝new Array("img/pic1","img/pic2","img/pic3");
```

**方法** 3:不用 new,直接用[]声明一个数组,同时直接赋予初始值。这是最简便的一种声明方式。下面的实例同样定义了一个包含元素"Saab","Volvo","BMW"的数组 mycars,只是它直接用[]进行初始化赋值。

```
var imgs＝["img/pic1","img/pic2","img/pic3"];
```

### 2)数组操作

JavaScript中提供了很多数组操作,比较常用的有添加元素、遍历数组、删除元素、插入元素、合并数组、数组转字符串、数组元素倒序、对数组元素进行排序等。

(1)添加元素(追加、插入):为数组添加元素有两种方式:一种是直接为数组的下标赋值,就是直接为数组设置下标的同时为数组赋值,组元素直接被用户设置在用户自定义的下标位置;另一种是直接用push方法添加数组,无需为数组指定下标,而是将元素追加到元素尾部。

(2)遍历数组:在JavaScript中,遍历数组有两种方式,for循环和for-in循环。for循环先声明数组的长度,然后用for循环遍历整个数组。for-in循环无须获得数组长度,先遍历出数组的下标,然后根据下标获取数组元素。

(3)删除元素:在JavaScript中,为数组提供了删除元素的pop方法、shift方法和splice方法,下面介绍3种方法的使用。

- pop方法:从尾部删除,删除后元素从数组上剥离并返回。
- shift方法:从头部删除元素,从头部剥离并返回。
- splice方法:从指定位置删除指定的元素,语法为

数组.splice(索引位置,删除个数)

(4)插入元素:在JavaScript中,除了前面学过的从尾部追加元素,数组中元素还可以运用unshift方法和splice方法插入。

- unshift方法:从头部插入,语法为

数组.unshift(元素1)

- splice方法:从指定位置插入指定个数的元素,语法为

数组.splice(索引位置,删除个数,插入元素1,…,插入元素n)

(5)合并数组:JavaScript为数组提供concat方法将多个数组连接成一个数组,语法为

数组.concat(数组1,数组2,…,数组n)

(6)数组转字符串

在JavaScript中,数组提供join方法将数组中的元素合并成一个用指定分隔符合并成的字符串,语法为

数组.join(分隔符)

(7)数组元素倒序:在JavaScript中,调用数组的reverse方法可以将数组中的元素倒序排列,而且直接改变原来的数组,不会创建新的数组。

(8)对数组元素进行排序:在JavaScript中,数组还提供了sort方法解决简单的排序,可以将数组中的元素按照指定的规则自动排序(默认的是按字符的ASCII码顺序排序)。

## 3. 字符串操作

字符串是一种最基本的数据格式,几乎各种语言均支持它,因此它也成为各种语言通信最常用的格式。JavaScript 为支持字符串对象操作提供了许多字符串对象属性和字符串对象方法,例如从字符串中提取字符或子串。需要注意的是,JavaScript 的字符串(String)对象是不可变的,String 类定义的方法都不能改变字符串的内容。像 String. toUpperCase()这样的方法,返回的是全新的字符串,而不是修改原始字符串。其实在较早的 Netscape 代码基的 JavaScript 实现中(例如 Firefox 实现中),字符串的行为就像只读的字符数组。字符串对象属性如表 4-3 所示。

表 4-3    字符串对象属性

| 属性 | 描    述 |
| --- | --- |
| constructor | 对创建该对象的函数的引用 |
| length | 字符串的长度 |
| prototype | 允许您向对象添加属性和方法 |

String 对象的 length 属性声明了该字符串中的字符数,获取字符串长度的方法很简单,
长度＝数组. length

字符串对象方法如表 4-4 所示。

表 4-4    字符串对象方法

| 属性 | 描    述 |
| --- | --- |
| anchor() | 创建 HTML 锚 |
| big() | 用大号字体显示字符串 |
| blink() | 显示闪动字符串 |
| bold() | 使用粗体显示字符串 |
| charAt() | 返回在指定位置的字符 |
| charCodeAt() | 返回在指定的位置的字符的 Unicode 编码 |
| concat() | 连接字符串 |
| fixed() | 以打字机文本显示字符串 |
| fontcolor() | 使用指定的颜色来显示字符串 |
| fontsize() | 使用指定的尺寸来显示字符串 |
| fromCharCode() | 从字符编码创建一个字符串 |

| 属性 | 描　述 |
| --- | --- |
| indexOf() | 检索字符串 |
| italics() | 使用斜体显示字符串 |
| lastIndexOf() | 从后向前搜索字符串 |
| link() | 将字符串显示为链接 |
| localeCompare() | 用本地特定的顺序来比较两个字符串 |
| match() | 找到一个或多个正则表达式的匹配 |
| replace() | 替换与正则表达式匹配的子串 |
| search() | 检索与正则表达式相匹配的值 |
| slice() | 提取字符串的片段,并在新的字符串中返回被提取的部分 |
| small() | 使用小字号来显示字符串 |
| split() | 把字符串分割为字符串数组 |
| strike() | 使用删除线来显示字符串 |
| sub() | 把字符串显示为下标 |
| substr() | 从起始索引号提取字符串中指定数目的字符 |
| substring() | 提取字符串中两个指定的索引号之间的字符 |
| sup() | 把字符串显示为上标 |
| toLocaleLowerCase() | 把字符串转换为小写 |
| toLocaleUpperCase() | 把字符串转换为大写 |
| toLowerCase() | 把字符串转换为小写 |
| toUpperCase() | 把字符串转换为大写 |
| toSource() | 代表对象的源代码 |
| toString() | 返回字符串 |
| valueOf() | 返回某个字符串对象的原始值 |

对字符串的常见操作主要包括以下几种。

## 1)字符串连接

在 JavaScript 中,可以直接将两个或者多个字符串进行加法操作,既可以使用 JavaScript

提供的 concat 函数,也可以使用加法操作,具体的操作如下:

加法操作:直接用"+"号进行字符中连接。

- concat 函数:语法为

字符串.concat(字符串 1,字符串 2,…)

concat()函数可以有多个参数,传递多个字符串,拼接多个字符串。

### 2)**字符串搜索**

在 JavaScipt 中,字符串搜索包括 indexof()、lastindexof()、search()和 match()。

- indexof():语法为

字符串.indexof(搜索词,起始索引位置)

第 2 个参数不写则默认从 0 开始,indexof()用于检索指定的字符串值在字符串中首次出现的位置。

- lastindexof():语法为

字符串.lastindexof(搜索词,起始索引位置)

lastindexof()与 index()类似,不同之处在于其检索顺序是从后向前,它返回的是一个指定的子字符串值最后出现的位置。

- search():语法为

字符串.search(搜索词)

或者

字符串.search(正则表达式)

Search()用于检索字符串中指定的子字符串,或者检索与正则表达式相匹配的子字符串。

- match():语法为

字符串.match(搜索词)

或者

字符串.match(正则表达式)

match()可在字符串内检索指定的值,或者找到一个或多个正则表达式的匹配。

### 3)**字符串截取**

JavaScript 为字符串提供了 3 种字符串截取的方法:substring()、slice()和 substr()。

- substring():语法为

字符串.subsring(截取开始位置,截取结束位置)

substring()是最常用的字符串截取方法,它可以接收两个参数(参数不能为负值),分别是截取开始位置和截取结束位置,它将返回一个新的字符串,其内容是从截取开始位置处到截取结束位置-1 处的所有字符。

- slice()：语法为

字符串.slice(截取开始位置,截取结束位置)

slice()与 substring()类似,它传入的两个参数也是截取开始位置和截取结束位置,而区别在于,slice()中的参数可以为负值,如果参数是负数,则该参数规定的是从字符串的尾部开始计算起始的位置,也就是说,-1 是指字符串的最后一个字符。

- substr()：语法为

字符串.substr(截取开始位置,length)

substr()可在字符串中抽取从截取开始位置处开始指定个数的字符。其返回值为一个字符串,包含从字符串的截取开始位置(包括截取开始位置所指的字符)处开始的 length 个字符。如果没有指定 lengh,那么返回的字符串包含从截取开始位置到字符串结尾的字符。另外,如果截取开始位置为负数,则表示从字符串尾部开始算起。

### 4)字符串替换

在 JavaScript 中,字符串的替换很常用,即字符串的 replace(),语法为

字符串.replace(正则表达式/要被替换的字符串,要替换成为的子字符串)

replace()用于进行字符串替换操作,可以接收两个参数:前者为要被替换的子字符串(可以是正则表达式),后者为要替换成为的子字符串。如果第一个参数传入的是子字符串或是没有进行全局匹配的正则表达式,那么 replace()将只进行一次替换(即替换最前面的),返回经过一次替换后的结果字符串;如果第一个参数传入的是全局匹配的正则表达式,那么 replace()将会对符合条件的子字符串进行多次替换,最后返回经过多次替换的结果字符串。

### 5)字符串切割

在 JavaScript 中,切割字符串同样是用 split(),split()用于将一个字符串分割成字符串数组,语法为

字符串.split(用于分割的子字符串,返回数组的最大长度)

其中,返回数组的最大长度一般情况下不设置。

## 任务 实现

## 1.任务分析

本次任务是制作一个背景图片切换效果,先在 HTML 中将三张图片放置在 div 块中,并采用小图显示在页面顶部。通过 div 获取 3 张图片并存储在数组中,使用循环结构设置 3 张图片的鼠标单击事件,实现页面背景的切换。基本的操作步骤如下：

①制作页面,显示三张图片；

②在 CSS 中制作图片显示的位置和样式;

③在〈script〉中编写 JavaScript 代码,获取的 div 所有的图片子元素,单击小图时,将对应图片数组中的 src 地址赋给 backgroundImage,实现背景替换效果。

## 2. 代码实现

本次任务主要目的是熟悉循环结构,因为是初学,所以任务只需要使用一个简单的循环结构就可完成。先使用 HTML5 中的〈div〉制作一个块,在块中使用〈img〉图标放置 3 张图片。在 CSS 中给 body 设置一个背景,然后再设置〈div〉样式,最后设置图片的大小和样式。最后在 JavaScript 中编写交互代码,先通过 id 号将图片全部存放在图片数组中,通过 for 循环访问数组单击事件,当出现某个图片的单击事件时,将页面的 body 背景切换为该单击图片,具体代码如下:

```
〈! DOCTYPE html〉
  〈html lang="en"〉
  〈head〉
    〈meta charset="UTF-8"〉
    〈title〉背景切换效果〈/title〉
    〈style〉
      * {
        margin:0px;
        padding:0px;      }
      body {
        background-image:url("img/course4/bear/bear1.jpg");      }
      #mask {
        background-color:rgba(255, 255, 255, 0.3);
        height:200px;
        text-align:center;      }
      #mask img {
        width:200px;
        margin-top:35px;
        cursor:pointer;
        border:1px solid #696969;
        box-shadow:0 2px 5px #dedede inset, 0 2px 5px #363636;      }
    〈/style〉
  〈/head〉
```

```
<body>
<div id="mask"><img src="img/course4/bear/bear1.jpg">
                 <img src="img/course4/bear/bear2.jpg">
                 <img src="img/course4/bear/bear3.jpg"></div>
<script>
   var imgObjs = document.getElementById("mask").children;/*获取的所有的img
子元素*/
   for(var i=0;i<imgObjs.length;i++){   //单击图片数组时,将背景切换成单击图片;
       imgObjs[i].onclick=function () {
       document.body.style.backgroundImage="url("+this.src+")";     };
   }
</script>
</body>
</html>
```

## 3. 任务总结

（1）知识和技术：本任务的 JavaScript 代码中首先通过 id 号获取 div 下的所有图片，由于该 div 下图片不止一张，因此变量 imgObjs 自然就变成一个图片数组。然后再使用 for 来循环设定图片单击事件。单击事件发生时，通过 body 样式替换背景 url 路径，显示背景切换效果。所以，本案例中除了学习数组和循环结构以外。重点学习数组灵活多变的定义方式，for 循环的灵活运用，以及属性值更改的方法和当前对象的操作。

（2）思政要点：由于温室效应增强，导致全球变暖，北极冰川急剧减少，加速海平面上升，引发全球范围内的极端天气，引起全球粮食减产、洪水泛滥和基础设施受损。据估计，可能给全球造成至少 60 万亿美元的损失，其中 80％的损失由那些对水灾、旱火和暴风雨带来的冲击控制力较差的发展中国家承担。减少碳排放，减缓温室效应，人人有责。保护地球"白帽子"，请从低碳出行、更新购物观念、节约用水等小事做起。

【拓展任务——logo 设计作品展示效果制作】

（1）思政要点：我国是一个拥有 14 亿人的人口大国，如果不厉行节约，浪费是巨大的。如果每人每天浪费 1 粒粮食，一年全国就浪费了 5150 亿粒粮食；如果每人每月浪费 500 克粮食，一年全国就浪费了 840 万吨粮食！所以节约粮食要从点滴做起。一天两天节约的不多，一年两年呢？更长的时间呢？所以节约粮食一定也要坚持。请大家把节约粮食内化为自觉，养成习惯。牢记"节约粮食是每个公民应尽的义务，节约粮食要从我做起"。

（2）技术要求：本次任务主要制作一个 logo 设计作品展示网页，它的效果是随着鼠标在标签上的滑动切换为对应的图片。内容分为三大部分,顶部是整体标题,下方的左侧是 logo 展示区,右侧是与图片对应的内容标签,当鼠标在标签上滑动时,当前滑动到的标签的文本颜色以及背景发生改变,同时左侧 logo 作品切换为对应学生的 logo 设计作品。效果如图 4-6 所示。

**图 4-6    logo 设计作品展示效果**

## ▶ 任务四    图片缩放效果制作

**任务** 描述

本次任务是制作一个单击按钮缩放图片效果。页面上方显示一张图片,图片下方为缩小按钮,单击按钮,图片缩小,同时按钮变为放大按钮;单击放大按钮,图片放大,同时按钮变为缩小按钮。效果如图 4-7 所示。

**图 4-7    图片缩放效果**

### 知识储备

## 1.函数

函数是一组延迟动作集的定义,可以通过事件触发或者在其他脚本中进行调用。在 JavaScript 中,通过函数对脚本进行有效的组织,可以使脚本结构化、模块化,同时更易于被理解和维护。函数是事件驱动、可重复使用的代码块,它是用来帮助封装、调用代码的工具。函数由函数名、参数、函数体、返回值 4 部分组成。其中,参数可有可无,返回值也可有可无,可以根据需要选用。函数语法格式如下:

```
function 函数名(参数){
        函数体
return 返回值;}
```

### 1)函数的声明

函数在使用之前需要进行声明。函数有以下几种声明方式:通过函数名声明,在程序调用时才能执行;通过将匿名函数赋值给变量,调用时可以执行;通过 new 的方式来声明,不需要调用,直接执行,此种方式不常用。

函数可以没有参数,可以有有限个参数,也可以有不定个参数。对含有参数的函数来说,可以对参数设置默认值,如果没有参数传入,将使用默认值参与表达式运算。

### 2)函数的返回值

函数执行完毕后可以有返回值也可以没有返回值,有返回值时可以返回一个值,也可以返回一个数组,还可以返回一个对象等。

### 3)函数的调用

函数的调用有传值调用、传址调用、传函数调用等方式。传值调用,顾名思义就是将参数的值传递给函数,而函数在进行调用时会复制这个值,然后将复制的值在函数中进行运算,如果这个被复制的值在函数体内发生了改变,不会影响原值。传值调用所传入的参数均为简单类型,包括数字、字符串、布尔型变量、字符。

传址调用:就是将参数的内存地址传给函数进行调用,当此参数在函数体内被改变,原值也会发生改变。传址调用所传入的参数必须是复合类型,包括数组、对象等。

传函数调用:函数既可以作为返回值返回,也可以作为一个参数传入另一个函数中。

### 4)闭包函数

闭包函数是一个拥有许多变量和绑定了这些变量的环境的表达式(通常是一个函数),因此这些变量也是该表达式的一部分。闭包函数的特点如下:

①作为一个函数变量的一个引用,当函数返回时,其处于激活状态;

②一个闭包就是当一个函数返回时,一个没有释放资源的栈区。

简单来说,JavaScript 允许使用内部函数,也就是函数定义和函数表达式位于另一个函数的函数体内,而且这些内部函数可以访问它们所在的外部函数中声明的所有局部变量、参数和其他内部函数。当其中一个这样的内部函数在包含它们的外部函数之外被调用时,就会形成闭包。

### 2. 内置函数

JavaScript 内置函数不从属于任何对象,在 JavaScript 语句的任何地方都可以直接使用这些函数。JavaScript 内置函数包括常规函数、数组函数、日期函数、数学函数、字符串函数五类。字符串函数与数组函数在前面已有介绍,下面重点介绍常规函数、数学函数和日期函数。

#### 1) 常规函数

JavaScript 常规函数包括以下 9 个函数:

- alert():显示一个警告对话框,包括一个 OK 按钮。
- confirm():显示一个确认对话框,包括 OK、Cancel 按钮。
- escape():将字符转换成 Unicode 码。
- eval():计算表达式的结果。
- isNaN():用于检查参数是不是非数字值。如果参数值为 NaN 或字符串、对象、undefined 等非数字值则返回 true,否则返回 false。
- parseFloat():将字符串转换成浮点数字形式。
- parseInt():将字符串转换成整数数字形式(可指定进制)。
- prompt():显示一个输入对话框,提示等待用户输入。
- unescape():解码由 escape()编码的字符。

#### 2) 数学函数 (Math)

Math 对象并不像 Date 和 String 那样是对象的类,因此没有构造函数 Math(),像 Math.sin()这样的函数只是函数,不是某个对象的方法。通过把 Math 作为对象使用就可以调用其所有的属性和方法。Math 对象属性和对象方法见表 4-5、表 4-6。

表 4-5　Math 对象属性

| 属性 | 描　述 |
| --- | --- |
| E | 返回算术常量 e,即自然对数的底数(约等于 2.718) |
| LN2 | 返回 2 的自然对数(约等于 0.693) |
| LN10 | 返回 10 的自然对数(约等于 2.302) |
| LOG2E | 返回以 2 为底的 e 的对数(约等于 1.443) |

| 属性 | 描　述 |
|---|---|
| LOG10E | 返回以 10 为底的 e 的对数(约等于 0.434) |
| PI | 返回圆周率(约等于 3.141 59) |
| SQRT1_2 | 返回 2 的平方根的倒数(约等于 0.707) |
| SQRT2 | 返回 2 的平方根(约等于 1.414) |

**表 4-6　Math 对象方法**

| 方法 | 描　述 |
|---|---|
| abs(x) | 返回数的绝对值 |
| acos(x) | 返回数的反余弦值 |
| asin(x) | 返回数的反正弦值 |
| atan(x) | 以介于 $-PI/2$ 与 $PI/2$ 弧度之间的数值来返回 x 的反正切值 |
| atan2(y,x) | 返回从 x 轴到点(x,y)的角度(介于 $-PI/2$ 与 $PI/2$ 弧度之间) |
| ceil(x) | 对数进行上舍入 |
| cos(x) | 返回数的余弦 |
| exp(x) | 返回 e 的指数 |
| floor(x) | 对数进行下舍入 |
| log(x) | 返回数的自然对数(底为 e) |
| max(x,y) | 返回 x 和 y 中的最高值 |
| min(x,y) | 返回 x 和 y 中的最低值 |
| pow(x,y) | 返回 x 的 y 次幂 |
| random() | 返回 0~1 之间的随机数 |
| round(x) | 把数四舍五入为最接近的整数 |
| sin(x) | 返回数的正弦 |
| sqrt(x) | 返回数的平方根 |
| tan(x) | 返回角的正切 |
| toSource() | 返回该对象的源代码 |
| valueOf() | 返回 Math 对象的原始值 |

### 3)日期函数(Date)

Date 对象用于处理日期和时间。Date 对象会自动把当前日期和时间保存为其初始值。Date 对象属性和对象方法见表 4-7、表 4-8。

表 4 - 7　Date **对象属性**

| 属性 | 描　述 |
|---|---|
| constructor | 返回对创建此对象的 Date 函数的引用 |
| prototype | 使您有能力向对象添加属性和方法 |

表 4 - 8　Date **对象方法**

| 方法 | 描　述 |
|---|---|
| Date() | 返回当日的日期和时间 |
| getDate() | 从 Date 对象返回一个月中的某一天(1~31) |
| getDay() | 从 Date 对象返回一周中的某一天(0~6) |
| getMonth() | 从 Date 对象返回月份(0~11) |
| getFullYear() | 从 Date 对象以四位数字返回年份 |
| getYear() | 已废弃。使用 getFullYear()方法代替 |
| getHours() | 返回 Date 对象的小时(0~23) |
| getMinutes() | 返回 Date 对象的分钟(0~59) |
| getSeconds() | 返回 Date 对象的秒数(0~59) |
| getMilliseconds() | 返回 Date 对象的毫秒(0~999) |
| getTime() | 返回 1970 年 1 月 1 日至今的毫秒数 |
| getTimezoneOffset() | 返回本地时间与格林尼治标准时间(GMT)的分钟差 |
| getUTCDate() | 根据世界时从 Date 对象返回月中的一天(1~31) |
| getUTCDay() | 根据世界时从 Date 对象返回周中的一天(0~6) |
| getUTCMonth() | 根据世界时从 Date 对象返回月份(0~11) |
| getUTCFullYear() | 根据世界时从 Date 对象返回四位数的年份 |
| getUTCHours() | 根据世界时返回 Date 对象的小时(0~23) |
| getUTCMinutes() | 根据世界时返回 Date 对象的分钟(0~59) |
| getUTCSeconds() | 根据世界时返回 Date 对象的秒钟(0~59) |
| getUTCMilliseconds() | 根据世界时返回 Date 对象的毫秒(0~999) |
| parse() | 返回 1970 年 1 月 1 日午夜到指定日期(字符串)的毫秒数 |
| setDate() | 设置 Date 对象中月的某一天(1~31) |
| setMonth() | 设置 Date 对象中月份(0~11) |
| setFullYear() | 设置 Date 对象中的年份(四位数字) |
| setYear() | 已废弃。使用 setFullYear()方法代替 |

| 方法 | 描　述 |
|---|---|
| setHours() | 设置 Date 对象中的小时(0～23) |
| setMinutes() | 设置 Date 对象中的分钟(0～59) |
| setSeconds() | 设置 Date 对象中的秒钟(0～59) |
| setMilliseconds() | 设置 Date 对象中的毫秒(0～999) |
| setTime() | 以毫秒设置 Date 对象 |
| setUTCDate() | 根据世界时设置 Date 对象中月份的一天(1～31) |
| setUTCMonth() | 根据世界时设置 Date 对象中的月份(0～11) |
| setUTCFullYear() | 根据世界时设置 Date 对象中的年份(四位数字) |
| setUTCHours() | 根据世界时设置 Date 对象中的小时(0～23) |
| setUTCMinutes() | 根据世界时设置 Date 对象中的分钟(0～59) |
| setUTCSeconds() | 根据世界时设置 Date 对象中的秒钟(0～59) |
| setUTCMilliseconds() | 根据世界时设置 Date 对象中的毫秒(0～999) |
| toSource() | 返回该对象的源代码 |
| toString() | 把 Date 对象转换为字符串 |
| toTimeString() | 把 Date 对象的时间部分转换为字符串 |
| toDateString() | 把 Date 对象的日期部分转换为字符串 |
| toGMTString() | 已废弃。使用 toUTCString()方法代替 |
| toUTCString() | 根据世界时,把 Date 对象转换为字符串 |
| toLocaleString() | 根据本地时间格式,把 Date 对象转换为字符串 |
| toLocaleTimeString() | 根据本地时间格式,把 Date 对象的时间部分转换为字符串 |
| toLocaleDateString() | 根据本地时间格式,把 Date 对象的日期部分转换为字符串 |
| UTC() | 根据世界时返回 1970 年 1 月 1 日到指定日期的毫秒数 |
| valueOf() | 返回 Date 对象的原始值 |

## 3. 定时器

JavaScript 定时器是 Web 页面动画效果的必需之物,使用定时器可以为 Web 页面制作像移动的景物、变幻的色彩等效果,这些都需要用定时器将页面元素分帧改变其属性而实现,JavaScript 定时器有以下两种实现方法。

(1)setInterval():按照指定的周期(以毫秒计)调用函数或者计算表达式。该方法会不停地调用函数,直到 clearInterval()被调用或者窗口被关闭,语法为:

setInterval(code,millisec)

其中,code 为必须调用的函数;millisec 是周期性执行或者调用 code 之间的时间间隔,以毫秒计。

(2)setTimeout():在指定的毫秒数后调用函数或者计算表达式,语法为:

setTimeout(code,millisec)

其中,code 为必须调用函数;millisec 是周期性执行或者调用时 code 间的时间间隔,以毫秒计。

setTimeout()与 setInterval()的主要区就在于:setTimeout()只运行一次,也就是说,当达到设定的时间后就触发运行指定的代码,运行完之后就结束了,如果还想再次执行同样的函数,只有在函数体内再次调用 setTimeout()回调自身函数,才可以达到循环调用的效果。而 setInterval()本来就是循环执行的,即每达到指定的时间间隔就执行相应的函数或者表达式。如果想停止它,必须调用 window.clearInterval()。

### 4. 获得 CSS 属性值的方法

IE 中一般使用 currentStyle()方法读取元素的最终显示样式,且是只读对象。currentStyle()方法可以读取包含元素的 style 属性、浏览器预定义的默认 style 属性。谷歌浏览器不支持 currentStyle()方法,因此一般采用 getComputeStyle()方法,该方法可以获取当前元素所使用的 CSS 属性值,它包含两个参数:第 1 个参数表示元素,用来获取样式的对象;第 2 个参数表示伪类字符串,定义显示位置,一般可以省略或者设置为 null。

**任务** 实现

### 1. 任务分析

本次任务制作效果非常简单,页面只有一张图片和一个按钮,图片开始显示为大图,按钮为缩小按钮。当单击缩小按钮,图片逐渐变小,按钮变成放大按钮。再次单击按钮,恢复最初状态,按钮可以反复单击使用。但是实现该任务的代码非常复杂,因此将 JavaScript 部分代码单独写在.js 文件中。操作步骤如下:

①制作基本网页,显示图片和按钮;

②制作样式;

③引入.js 文件;

④建立.js 文件,编写代码,首先,获取元素的 CSS 样式(适应不同浏览器);其次,判断图片初始状态,根据需要放大或者缩小;再次,遍历图片的长宽属性,根据尺寸差进行放大或者缩小,达到既定尺寸时,缩放停止。

## 2. 代码实现

这个任务中的 HTML 和 CSS 的制作过程非常简单,但是通过 JavaScript 实现图片缩放过程非常复杂。完成任务时先利用〈img〉显示一张图片,使用〈input〉制作一个按钮,然后调用进行图片缩放的.js 文件 ImgStartScale.js 文件(文件名请自定义,保持一致即可)。JavaScript 代码部分是先获得 img 元素和 input 元素,再使用 if－else 实现对图片原始状态的判断,然后将图片尺寸参数传递给缩放函数;缩放函数对 img 的长宽属性进行遍历,获得参数值,设置缩放速度;通过不断变换的长宽参数值实现逐渐缩放功能。详细 HTML 和 JavaScript 代码如下:

```
〈! DOCTYPE html〉
〈html〉
〈head〉
〈meta http-equiv="Content-Type" content="text/html; charset=utf-8" /〉
〈title〉图片缩放效果〈/title〉
〈style〉
div{
    margin-top:30px;
    text-align:center;}
div img{
    width:768px;
    height:432px;    }
input{
        width:110px;
        height:45px;
        font-size:24px;
        font-family:"微软雅黑";
        color:#ff3398;
        font-weight:bolder;    }
〈/style〉
〈/head〉
〈body〉
  〈div〉〈img src="img/course4/bear/北极熊5.jpg"〉〈br /〉
  〈input type='button' value = ' 缩小 '/〉〈/div〉
〈/body〉
  〈script src="js/ImgStartScale.js"〉〈/script〉
〈/html〉
```

该网页中的 ImgStartScale.js 代码如下：

```
functiongetStyle(obj,attr){
        return obj.currentStyle ? obj.currentStyle[attr]:getComputedStyle(obj)
[attr];    }
functionImgStartScale(obj,json){
    clearInterval(obj.timer);
    obj.timer = setInterval(function(){
      var bStop = true;
      for(var attr in json){
        if(attr=='width'||attr=='height'){
          var iCur = parseInt(getStyle(obj,attr)); }
        var speed = (json[attr]-iCur)/8;
        speed= speed >0 ? Math.ceil(speed):Math.floor(speed);
        if(iCur ! = json[attr]){ bStop = false; }
        if(attr=='width'||attr=='height'){
          obj.style[attr] = iCur+speed+'px'; } }
if(bStop){ clearInterval(obj.timer); }
    },30);}
window.onload=function(){
  var arrInput=document.getElementsByTagName('input')[0];
  var arrImg=document.getElementsByTagName('img')[0];
  var onOff = false;
  arrInput.onclick = function(){
    if(onOff){
      ImgStartScale(arrImg,{width:768,height:432});
      arrInput.value="缩小";
    }else{ImgStartScale(arrImg,{width:192,height:108});
      arrInput.value="放大";        }
    onOff= ! onOff;    };    };
```

## 3. 任务总结

（1）知识和技术：本次任务重点是.js 文件中的代码编写。该文件主要功能是现实图片缩放，编写思路是先进行缩放判断，再通过设置标志值进行缩放状态切换。初始状态时图片是大图，按钮为缩小按钮，然后使用 if - else 选择性地进行参数传递；缩放函数获得参数值后，采用计时器进行缩放动画设置；缩放过程采用的是遍历⟨img⟩的 width 和 height 属性，根据参数差设置变换速度(这里采用8次),速度值需要使用数学函数进行整数化处理。通过不断在现在的width和height属性上叠加速度值实现逐渐缩放效果。本次任务中的功能实现非常复杂,不但涉及之前学习的if-else分支、for-in遍历,还涉及函数定义和调用、数学函数使用、对象遍历,以及对象方法的使用。本次任务学习的重点是掌握JavaScript知识,同时培养逻辑关系分析能力,也算是编写复杂程序的开始。

(2)思政要点:从1950年到1972年,曾经出现过组织游客猎杀北极熊事件,幸亏这种行为很快得到禁止,北极熊才得以幸免灭绝的厄运。但是今天,科学家们发现Svalbard群岛上的约3000头北极熊中,已有1.2%呈现出雌雄同体的变异;发现很多污染物出现在北极熊体内。这些再次对北极熊生存构成了严峻的威胁。据预测,按照目前冰川的融化速度和环境污染的程度来看,到了2100年,北极熊很有可能就因为环境不适合、缺少食物而消失在地球上。保护珍贵物种,刻不容缓;维护地球生态系统平衡,人类才能实现可持续发展。

**【拓展任务——九宫格图片缩放效果制作】**

(1)思政要点:在任务的所有画面里,我们都能看到北极熊互相陪伴的温馨场景。然而,在农村,陪伴却正在消失。随着经济发展的需要,很多经济密集的产业需要大量的人工劳动力,为了维持生计或者提高生活水平,农村的青壮年劳动力都外出务工去了。于是出现了很多留守儿童,在他们的成长的过程中,父母一方或者双方都会缺席;出现了很多空巢老人,在应该儿孙绕膝的年纪,却独自在家。我们需要深思,这种没有陪伴的爱应该怎样维护,才能体现出爱的真谛?

(2)技术要求:参考图4-8效果,制作鼠标滑过页面小图,图片放大,离开小图,图片还原的动态图片放大展示效果,该效果JavaScript部分继续使用任务四中的ImgStartScale.js,为了保持其他图片和放大图片的位置关系、各个图片的位置关系不变,调用缩放函数前,需要重新定位图片,详细代码可参考course4-4expand.html以及ImgStartScale.js文件。

图4-8　九宫格图片缩放效果

## 项目 小结

本项目介绍了 JavaScript 的基础语法知识,包括关键字、变量、运算符和运算符的优先级别、分支结构、循环结构、数组、字符操作、对象、函数及内置函数等,这些都是进行 Web 前端开发必须掌握的基础知识。通过本项目学习,应重点掌握 JavaScript 分支结构、循环结构、数组、对象及函数的使用技巧和运用方法,学会以开发者身份获取客户端浏览器的信息,完成信息交互。

## 习题四

**一、选择题**

1. 下列( )功能不能使用 JavaScript 技术实现。

A. 网页特效          B. 网页小游戏

C. 读写客户机器上的文件      D. 登录注册

2. 下列选项不属于 JavaScript 的组成是( )。

A. ECMAScript      B. DOM      C. HTML      D. BOM

3. 下列关于 JavaScript 说法中不正确的是( )。

A. 开发工具简单,用记事本即可

B. 无需编译,直接由 JavaScript 引擎负责执行

C. 有面向对象编程思想

D. 强类型语言

4. JavaScript 代码不能( )。

A. 嵌入在元素事件中      B. 嵌入在〈script〉标签中

C. 嵌入在〈title〉标签中      D. 写在外部的脚本文件中

5. 关于变量名的命名规范说法错误的是( )。

A. 不允许使用 JavaScript 的关键字和保留关键字

B. 不能以数字开头

C. 尽量见名知意

D. 不可以采用驼峰命名法

6. 在 JavaScript 中使用( )来分隔两条语句。

A. 逗号      B. 句号      C. 分号      D. 括号

7. var age=25;console.log("age");请问最终输出结果显示的是( )。

A. 25      B. "25"      C. age      D. "age"

8. 下列关于变量赋值说法错误的是(　　)。

A. 等号左边必须是变量

B. 永远都是将等号右边的值传给等号左边的变量

C. 可以使用 age 关键字声明变量保存年龄

D. 35＝30 是正确的

9. 下列数据类型中不是原始类型的是(　　)。

A. 数字类型　　　　　　B. 引用类型　　　　　C. 字符串类型　　　　D. 布尔类型

10. 下列是布尔类型的是(　　)。

A. "55"　　　　　　　　B. true　　　　　　　C. undefined　　　　　D. 66

11. typeof(num);的作用是(　　)。

A. 将 num 转换为数字类型　　　　　　　　　B. 获取 num 的数据类型

C. 输出 num 的结果　　　　　　　　　　　　D. 获取 num 的值

12. var msg＝20>18?"成年人":"未成年人";的结果是(　　　)。

A. 20　　　　　　　　　B. 18　　　　　　　　C. 成年人　　　　　　D. 未成年人

13. 表达式 18>15&&18<20 的结果是(　　)。

A. true　　　　　　　　B. false　　　　　　　C. 15　　　　　　　　D. 20

14. 声明函数时,要使用的一个关键词是(　　)。

A. console　　　　　　B. log　　　　　　　　C. function　　　　　D. method

15. 下列选项可以将指定数据转换为整数的是(　　)。

A. parseFloat　　　　　B. parseInt　　　　　C. parseByte　　　　D. parseDouble

16. 下列说法错误的是(　　)。

A. 函数可以有返回值,也可以没有返回值

B. 函数可以包含参数,也可以不包含参数

C. 声明函数时定义的参数,可以叫作"实参"

D. 在调用函数时包含的参数,被称为"实参"

17. 下列(　　)不是程序结构。

A. 循环结构　　　　　　B. 分支结构　　　　　C. 顺序结构　　　　　D. 逻辑结构

18. 以下选项作为分支结构中的条件表达式,结果为真的是(　　)。

A. NaN　　　　　　　　B. 0　　　　　　　　　C. 1　　　　　　　　　D. null

19. switch - case 语句中 break 的作用是(　　)。

A. 结束整个程序　　　　　　　　　　　　　　B. 跳出 switch 结构

C. 跳过下一条语句,继续向下执行　　　　　　D. 判断下一个 case

20. 下列选项中关于 switch - case 结构表述正确的是(    )。

A. switch - case 结构适用于范围判断

B. switch - case 结构中的 case 可以有多个

C. 在 switch - case 结构中,如果碰到 break,就结束整个程序

D. switch - case 结构不能用 if 语句代替

21. 下列创建空数组格式正确的是(    )。

A. arr                                          B. arr＝[]

C. var arr＝new []                             D. var arr＝new Array()

22. var arr＝new Array(5);Console. log(arr. length);程序的结果为(    )。

A. 0                    B. 1                    C. 5                    D. 10

23. 数组下标是从(    )开始的。

A. 0                    B. 1                    C. 2                    D. 3

24. 以下方法中(    )可以将数组中的元素转换为字符串,并用逗号分隔。

A. STRING(arr)        B. arr. join()        C. String(arr)        D. arr. concat()

25. 关于 arr. splice()说法错误的是(    )。

A. 可进行删除操作                          B. 可进行选取操作

C. 可进行插入操作                          D. 可进行替换操作

26. 下列变量名错误的是(    )。

A. stu_1              B. stu1              C. 1stu              D.  $ stu

27. 下列不属于运算符的是(    )。

A. ＋                  B. －                  C. *                    D. @

28. 下列表达式的值正确的是(    )。

A. 10％3 的值是 1        B. 1％3 的值是 3        C. 4 * 3 的值是 15        D. "5"＋5 的值是 10

29. 下列不属于逻辑运算符的是(    )。

A. ＆＆               B. ‖                C. !                  D. 〉〉

30. 表达式 var result＝85〉＝80?"优秀":(score)＝60 ? "合格" :"不合格");的值是(    )。

A. 优秀               B. 合格               C. 不合格             D. 85

31. 下面程序中(    )语句行是错误的。

```
function add(){              // 1
    var sum = 1 + 2;        // 2
   console.log( sum );      // 3
}
console.log( sum ) ;        //4
```

A. 1                    B. 2                    C. 3                    D. 4

32.下面程序的最终结果为（    ）。

```
var a=1;
function sum(b){
    console.log(a);
    a+=2;
    }
sum(a);
console.log(a);
```

A.1  2  B.2  1  C.3  1  D.1  3

33.下面程序的结果为（    ）。

```
function sum(num1,num2){
    return num1+num2;}
var result = sum(1,2);
console.log(result);
```

A.1  B.2  C.3  D.4

34.若a和b均是整形变量并已正确赋值,正确的switch语句是（    ）。

A. switch(a+b);{…}  B. switch a+b * 3.0{…}

C. switch a{…}  D. switch(a%b){…}

35.下列不属于循环结构的是（    ）。

A. while  B. do－while  C. for  D. switch－case

36.以下程序最终输出（    ）个 * 。

```
var i=0;
while(i<5){
    console.log("*");
    if(i==3){
        break;  }
    i++;}
```

A.3  B.4  C.5  D.6

37.创建数组 var a=[1,2,3];,那么 a[1]的值是（    ）。

A.1  B.2  C.3  D.没有值

38.下列表达式中,是获取数组最后一个元素的是（    ）。

A. arr[arr.length+1]  B. arr[arr.length]

C. arr[arr.length－1]  D. arr[arr.length－2]

39. 下列关于 arr. reverse()说法正确的是（    ）。

A. 进行拼接操作                        B. 进行删除操作

C. 进行颠倒数组操作                    D. 进行排序操作

**二、实践题**

1. 请完成下图所示秒表效果制作,可参考 course4-5exercize. html。

动态效果说明:本次任务是制作秒表,显示数字依次为小时、分钟、秒和毫秒,每节只显示两位,不满两位的数字时间均在前面加"0"。毫秒为百进制,分钟和秒为 60 进制,小时累加不限制。第一个按钮文字内容为"开始"与"暂停"切换,控制开始计时与暂停计时效果,第二个按钮为"重置",单击让秒表清零。

2. 请完成下图所示日历效果制作,可参考 course4-6exercize. html。

动态效果说明:本次任务是制作日历,也就是把月份中的每一天和星期对应起来。当前日期用橘红色标注,月份用红色标注。"上一月"和"下一月"可以改变月份,当月份到达 1 月或者 12 月,再继续单击时,年份跟随变化。

| 上一月 | | 2021 | | 下一月 | | |
|---|---|---|---|---|---|---|
| | | | 七月 | | | |
| 日 | 一 | 二 | 三 | 四 | 五 | 六 |
| | | | | 1 | 2 | 3 |
| 4 | 5 | 6 | 7 | 8 | 9 | 10 |
| 11 | 12 | 13 | 14 | 15 | 16 | 17 |
| 18 | 19 | 20 | 21 | 22 | 23 | 24 |
| 25 | 26 | 27 | 28 | 29 | 30 | 31 |

# JavaScript 对象与事件处理

## 学习目标

### 1.技术目标

（1）熟悉 window、document、location、navigator、screen、history 等 BOM 对象；

（2）掌握 BOM 对象属性和方法的使用；

（3）熟悉 DOM 对象概念及其关系；

（4）能熟练进行 DOM 操作；

（5）熟悉 JavaScript 事件；

（6）能熟练运用 JavaScript 事件进行交互操作。

### 2.思政目标

（1）提高对职业精神的理解和对职业准则的认识，培养遵守职业操守的自觉性；

（2）提高美的欣赏水平，传承中国文字魅力；

（3）了解科技给日常生活带来的便捷，提高科技服务生活意识；

（4）提高对科技创新重要性的认识，提高在科技创新能力上的自信心和科技创新能力；

（5）强化民族认同感，提高民族感情保护意识；

（6）学会感恩、懂得感恩、及时感恩；

（7）学习先辈浴血奋战的历史，热爱自由平等民主的幸福生活；

（8）秉承新中国自强不息精神，共同建设团结富强文明的和谐社会。

JavaScript 主要通过操作对象、触发事件来完成各种效果和功能。JavaScript 中的所有事物都可以成为对象，例如字符串、数组、函数……JavaScript 还提供了多个内建对象，比如 String、Date、Array 等。JavaScript 允许自定义对象。事件一般是指发生在 HTML 元素上的事情，事件可以是浏览器行为，也可以是用户行为。在 HTML 页面中可以使用 JavaScript 触发这些事件。

## 1. 对象

对象是一种特殊的数据，拥有属性和方法，并以键值对的形式存储，每个属性都有一个特定的名称与之对应的值。这种对应关系有一个专有名称，称为映射。对对象来说，除了可以通过这种方式保持自有属性,还可以通过继承的方式获取继承属性,这种方式称为"原型式继承"。

### 1)对象的声明

在 JavaScript 中,声明一个对象有两种方法,分别通过赋值 new Object()和{}实现。

• new Object():声明一个类,然后使用 new 关键字创建一个拥有独立内存区域和指向原型的指针的对象。

• {}:对象直接声明法,利用现有值,直接实例化一个对象。

### 2)对象的属性

既然是对象,就可以包含属性,属性又分为属性名和属性值。在 JavaScript 中,对象可以动态地操作属性,还可以添加、删除、检测属性。

• 添加属性:为已存在的对象添加属性。可以采用对象.属性名和对象["属性名"]的方式添加。

• 删除属性:删除已存在的属性。采用 delete 对象.属性名和对象["属性名"]方式进行删除。

• 检测属性:判断某个属性是否存在于此对象中,有 3 种检测方式。相对简单的一种是 in 运算符,格式是属性名 in 对象。除此之外还可以通过对象.hasOwnPropery(属性名)方法检测。最不常用的方法是属性名!==undefined,该方法是与未定义属性值(undefined)作比较,但是如果存在值为 undefined 的属性(很少发生),则该方法不可用。

### 3)对象的方法

除了有属性,对象中也可以有方法,对象中的方法和属性一样,可以动态地添加和删除。方法只能通过对象.方法名创建。

### 4)对象的遍历

JavaScript 中还提供了对象的遍历方法,可以用 for-in 方式遍历出对象的键,然后用键访问对象的全部属性和方法。

## 2. 事件

事件是浏览器赋予元素默认的一些行为,不论是否绑定相关的方法,只要进行相应的行为操作,那么一定会触发相应的事件。

### 1)事件绑定

给元素的某事件行为绑定方法,当行为触发时执行用户自定义行为或动作。

例如浏览器会在事件执行时,为绑定的事件执行函数传入一个参数,该参数就是事件对象。

事件对象的常用属性和方法如下:

• currentTarget:绑定事件的元素;

- eventPhase：指示事件流正在处理哪个阶段；
- target：触发事件的元素；
- type：事件的类型（不区分大小写）；
- preventDefault：取消事件（阻止浏览器默认行为）；
- stopPropagation：停止事件冒泡。

常用的事件对象有以下几种：

- 鼠标事件对象：MouseEvent；
- 键盘事件对象：KeyboardEvent；
- 触摸事件对象：TouchEvent；
- 拖曳事件对象：DragEvent。

在 JavaScript 中，许多事件都会自动导致浏览器执行特定的行为，比如点击 a 链接、点击 form 提交按钮、在文本上按下鼠标按钮并且移动鼠标选择文本、在页面中点击鼠标右键出现选项菜单，等等。而阻止浏览器默认行为一般有两种方法：在事件处理函数中使用 return false；在事件处理函数中调用事件对象的 preventDefault 方法。

**2）事件传播机制**

事件传播分为三个阶段：

①冒泡阶段（bubble phase）：事件对象逆向向上传播回目标元素的祖先元素，从父对象，最终到达 window。

②目标阶段（target phase）：事件对象已经抵达事件目标元素，为这个阶段注册的事件监听被调用。

③捕获阶段（capture phase）：事件正在被目标元素的祖先对象所处理，这个处理过程从 window 开始，一直到目标元素的父元素。

一般可以通过事件对象从 event. prototype 原型上继承的 eventPhase 属性来判断当前事件所处的阶段。

## ▶ 任务一　新闻列表页面制作

**任务描述**

本次任务是为新闻列表网页制作两种不同的页面风格。第一种风格中页面为白色背景，浅蓝色文字，单击后链接文字颜色为红色；第二种深色风格中页面为深色背景，亮蓝色文字，单击后链接文字显示为黄色。使用右上角的按钮进行风格切换,最终效果如图 5-1 所示。

图 5-1 新闻列表页面

**知识储备**

BOM(Browser Object Mode)对象也称为内置对象,是浏览器对象模型,也是 JavaScript 的重要组成部分。它提供了一系列对象用于与浏览器窗口进行交互,这些对象通常统称为 BOM 对象。BOM 对象如图 5-2 所示。

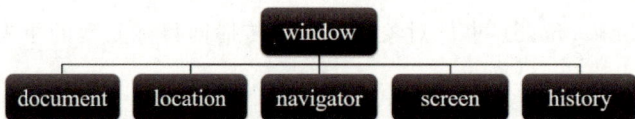

图 5-2 BOM 对象

## 1. window 对象

window 对象表示浏览器窗口,所有浏览器都支持 window 对象,所有 JavaScript 全局对象、函数及变量均自动成为 window 对象的成员,其中全局变量是 window 对象的属性,全局函数是 window 对象的方法。window 对象的常见方法如下。

(1)获取窗体的宽和高:有 3 种方法能够确定浏览器窗口的尺寸(浏览器窗口的宽和高不包括工具栏的宽和高,以及滚动条的宽和高)。在 IE、Chrome、Firefox、Opera 及 Safari 中,获取浏览器窗口的内部高度和浏览器窗口的内部宽度用 window. innerHeight 和 window. innerMidth。在 IE8、IE7、IE6、IE5 中用 document. documentElement. clientHeight 和 document. documentElement. clientMidth,或者 document. body. clientHeight 和 document. body. clientwidth。

（2）打开新窗口：

window. open(url)；

（3）关闭当前窗口：

window. close()；

（4）调整当前窗口的尺寸：

window. resizeTo(宽,高)；

需要注意的是,从 Firefox7 开始,能否改变测览器窗口的大小,需要依据下面的规则。

- 不能设置那些不是通过 window. open 创建的窗口或者 Tab 的大小；
- 当一个窗口中含有一个以上的 Tab 时,无法设置窗口的大小。

也就是说,可以用 resizeTo 或者 resizeBy 改变窗口大小的仅仅是那些用 window. open 打开的页面,并且 window. open 打开的窗口只能有一个 Tab(标签页),其他窗口的大小不可以调整。

## 2. document 对象

每个载入浏览器的 HTML 文档都会成为 document 对象,document 对象是 window 对象的一部分,可以通过 window. document 属性对其进行访问。此对象可以从脚本中对 HTML 页面中的所有元素进行访问。document 中包含很多属性和方法。document 常见的对象,常用的属性和方法如表 5－1、5－2、5－3 所示。

表 5－1　document 对象集合

| 集合 | 描　　述 |
| --- | --- |
| all[] | 提供对文档中所有 HTML 元素的访问 |
| anchors[] | 返回对文档中所有 Anchor 对象的引用 |
| applets[] | 返回对文档中所有 Applet 对象的引用 |
| forms[] | 返回对文档中所有 Form 对象引用 |
| images[] | 返回对文档中所有 Image 对象引用 |
| links[] | 返回刘文档中所有 Area 和 Link 对象引用 |

表 5－2　document 对象属性

| 属性 | 描　　述 |
| --- | --- |
| body | 提供对〈body〉元素的直接访问。对于定义了框架集的文档,该属性引用最外层的〈frameset〉 |
| cookie | 设置或返回与当前文档有关的所有 cookie |
| domain | 返回当前文档的域名 |
| lastModified | 返回文档被最后修改的日期和时间 |
| referrer | 返回载入当前文档的文档 URL |
| title | 返回当前文档的标题 |
| URL | 返回当前文档的 URL |

表 5 - 3 document **对象方法**

| 方法 | 描 述 |
|---|---|
| close() | 关闭用 document. open()方法打开的输出流,并显示选定的数据 |
| getElementById() | 返回对拥有指定 id 的第一个对象的引用 |
| getElementsByName() | 返回带有指定名称的对象集合 |
| getElementsByTagName() | 返回带有指定标签名的对象集合 |
| open() | 打开一个流,以收集来自任何 document. write()或 document. writeln()方法的输出 |
| write() | 向文档写 HTML 表达式或 JavaScript 代码 |
| writeln() | 等同于 write()方法,不同的是在每个表达式之后写一个换行符 |

## 3. location 对象

location 对象包含有关当前 URL 的信息,location 对象是 window 对象的一个部分,可以通过 window. location 属性访问。location 常用的属性和方法如表 5 - 4、5 - 5 所示。

表 5 - 4 location **对象属性**

| 属性 | 描 述 |
|---|---|
| hash | 返回 URL 的锚部分 |
| host | 返回 URL 的主机名和端口 |
| hostname | 返回 URL 的主机名 |
| href | 返回完整的 URL |
| pathname | 返回的 URL 路径名 |
| port | 返回 URL 服务器使用的端口号 |
| protocol | 返回 URL 协议 |

表 5 - 5 location **对象方法**

| 方法 | 描 述 |
|---|---|
| assign() | 载入一个新的文档 |
| reload() | 重新载入当前文档 |
| replace() | 用新的文档替换当前文档 |

## 4. navigator 对象

navigator 对象包含有关浏览器的信息，所有浏览器都支持该对象。naviganor 对象常用的属性和方法如表 5 - 6、5 - 7 所示。

表 5 - 6　navigator 对象属性

| 属性 | 描　述 |
|---|---|
| appCodeName | 返回浏览器的代码名 |
| appMinorVersion | 返回浏览器的次级版本 |
| appName | 返回浏览器的名称 |
| appVersion | 返回浏览器的平台和版本信息 |
| browserLanguage | 返回当前浏览器的语言 |
| cookieEnabled | 返回指明浏览器中是否启用 cookie 的布尔值 |
| cpuClass | 返回浏览器系统的 CPU 等级 |
| onLine | 返回指明系统是否处于脱机模式的布尔值 |
| platform | 返回运行浏览器的操作系统平台 |
| systemLanguage | 返回 OS 使用的默认语言 |
| userAgent | 返回由客户机发送服务器的 user-agent 头部的值 |
| userLanguage | 返回 OS 的自然语言设置 |

表 5 - 7　navigator 对象方法

| 方法 | 描　述 |
|---|---|
| javaEnabled() | 规定浏览器是否启用 Java |
| taintEnabled() | 规定浏览器是否启用数据污点（data tainting） |

## 5. screen 对象

每个 window 对象的 screen 属性都引用一个 screen 对象。screen 对象中存放有关显示浏览器屏幕的信息，JavaScript 程序将利用这些信息优化它们的输出，以达到用户的要求。例如，一个程序可以根据显示器的尺寸选择使用大图像还是小图像，它还可以根据显示器的颜色深度选择使用 16 位色还是 8 位色的图形。另外，JavaScript 程序还能根据有关屏幕尺寸的信息将新的浏览器窗口定位在屏幕中间。screen 对象的属性如表 5 - 8 所示。

表 5-8　screen **对象属性**

| 属性 | 描述 |
|---|---|
| availHeight | 返回屏幕的高度(不包括 Windows 任务栏) |
| availWidth | 返回屏幕的宽度(不包括 Windows 任务栏) |
| colorDepth | 返回目标设备或缓冲器上的调色板的比特深度 |
| height | 返回屏幕的总高度 |
| pixelDepth | 返回屏幕的颜色分辨率(每像素的位数) |
| width | 返回屏幕的总宽度 |

6. history 对象

history 对象包含用户(在浏览器窗口中)访网过的 URL。history 对象是 window 对象的一部分,可以通过 window.history 属性对其进行访问,所有浏览器都支持该对象。history 对象的属性和方法如表 5-9、5-10 所示。

表 5-9　history **对象属性**

| 属性 | 描述 |
|---|---|
| length | 返回历史列表中的网址数 |

表 5-10　history **对象方法**

| 方法 | 描述 |
|---|---|
| back() | 加载 history 列表中的前一个 URL |
| forward() | 加载 history 列表中的下一个 URL |
| go() | 加载 history 列表中的某个具体页面 |

**任务** **实现**

## 1. 任务分析

本次任务是制作一个更换页面显示风格效果,页面整体效果为新闻列表,右侧显示新闻图片,左侧的即时新闻列表分为两部分,上方是实时新闻标题,下方是具体新闻列表;页面下半部分是焦点新闻和视频新闻标题;左上侧是一个按钮,用来切换页面整体风格,在深色和原来颜色间进行切换。操作步骤如下:

①制作页面内容,包括顶部文本和按钮、图片、即时新闻标题和内容、焦点新闻和和视频新闻,标题使用横线分割;

②设置页面的 CSS 样式，包括切换按钮的位置和大小、图片和即时新闻横排排列效果、焦点新闻和和视频新闻横排排列效果，以及水平线的渐变效果；

③在 JavaScript 中编写风格切换代码，获取按钮以及新闻列表对象，设置按钮的单击事件，根据单击次数在不同的风格间进行切换，然后设置两种不同风格的按钮背景、文本颜色、li 文本颜色、背景颜色、前景颜色和页面链接颜色。

## 2. 代码实现

使用 div 将任务页面按照按钮和页面内容分为两部分；页面内容使用 div 按照图片、即时新闻标题和内容、焦点新闻及视频新闻分成四部分；标题中英文均使用 span，同时标题上下使用 hr 分割，整体页面采用浮动设置，hr 采用渐变效果。然后使用 if - else 实现页面切换，页面和文本颜色主要使用 windows 对象。详细代码如下：

```
〈! DOCTYPE html〉
〈html〉
〈head〉
    〈meta charset＝"UTF-8"〉
    〈title〉新闻列表页面〈/title〉
    〈style〉
      # outer{
          width:1100px;
          height:650px;
          margin:10px auto;}
      # limg, # fonews{
          float:left;
          width:640px;}
      # innews, # vinews{
          width:430px;
          margin:0 10px;
          float:right;}
      # innews li{
          height:35px;
          line-height:35px;
          border-bottom:1px dashed # 989898;
          font-size:13px;}
```

```css
hr{
    border:none;
    background:linear-gradient(to right,#ff0000,#ffff00);
    height:2px;
    margin:0;}
#innewscn{
    font-size:20px;
    font-family:"微软雅黑";
    color:#3366ff;
    font-weight:bold;}
#innewsen{
    font-size:18px;
    color:#CDCDCD;
    font-style:italic;
    font-family:simsun;}
a{text-decoration:none;}
#btn{text-align:right;}
    button{
    width:120px;
    height:30px;
    margin-left:10px;
    background:none;
    border:1px solid #FFFFFF;
    box-shadow:1px 1px 3px #000000;
    font:"微软雅黑";
    font-size:15px;}
</style>
</head>
<body>
    <div id="btn">页面风格:<button id="sbtn">深色</button></div>
    <div id="outer"><div id="limg"><img src="img/course5/panda.jpg"></div>
        <div id="innews"><hr />
        <span id="innewscn">即时新闻</span><span id="innewsen"><br>INSTANT
NEWS</span><hr />
```

```
〈ul id="ull"〉〈li〉〈a href=""〉高考必读:监考员为什么要回收"草稿纸"? 三大原
因要知道〈/a〉〈/li〉
        〈li〉〈a href=""〉桂城的"三石传奇",竟与这所学校密切相关! 〈/a〉〈/li〉
        〈li〉〈a href=""〉今年南宁高考、中考时间确定了! 考点也已确定,报考人数分别
……〈/a〉〈/li〉
        〈li〉〈a href=""〉庐山市一中举行高三考前心理辅导讲座〈/a〉〈/li〉
        〈li〉〈a href=""〉外交部:中方欢迎巴以冲突双方实现停火,将向巴方提供 100 万
……〈/a〉〈/li〉
        〈li〉〈a href=""〉洪森感叹"没有中国援助,柬埔寨还能靠谁",外交部回应〈/a〉〈/li〉
        〈li〉〈a href=""〉西藏昌都发改委原办公室副主任夏伟被"双开"〈/a〉〈/li〉
        〈li〉〈a href=""〉德州市"国际生物多样性日"环保进校园宣传活动举行〈/a〉
〈/li〉〈/ul〉〈/div〉
        〈div id="fonews"〉〈hr〉〈span id="innewscn"〉焦点新闻〈/span〉〈span id=
"innewsen"〉〈br〉FOCAL NEWS〈/span〉〈hr〉〈/div〉
        〈div id="vinews"〉〈hr〉〈span id="innewscn"〉视频新闻〈/span〉〈span id=
"innewsen"〉〈br〉VIDEO NEWS〈/span〉〈hr〉〈/div〉〈/div〉
    〈/body〉
    〈script〉
        var i=1;
    var sbtn=document.getElementById("sbtn");
    var ull=document.getElementById("ull");
    sbtn.onclick=function(){
    i++;
    if(i%2==0){
        document.bgColor="#363636";
        document.fgColor="#FFFFFF";
        document.alinkColor="#FFFF00";
        document.vlinkColor="#0000FF";
        sbtn.innerHTML="恢复";
        sbtn.style.color="#FFFFFF";
        ull.style.color="#FFFFFF";
    }else{
        document.bgColor="#FFFFFF";
        document.fgColor="#000000";
```

```
        document.alinkColor="#FF0000";
        document.vlinkColor="#551a8b";
        sbtn.innerHTML="深色";
        sbtn.style.color="#000000";
        ull.style.color="#000000";}}
</script>
</html>
```

### 3.任务总结

（1）知识和技术：本次任务重点是获得 DOM 对象，在出现按钮单击事件时，根据单击次数，设置页面背景、文字颜色，页面链接文本文本颜色、按钮颜色和文字颜色，使页面形成两种不同的风格并可以进行切换。

（2）思政要点：在汹涌的洪水肆虐时，记者会出现在一线；在层层包裹着防护服的医护队伍里，也能看见他们忙碌的身影；在暗无天日的黑砖窑中，依然可以看见冒着生命危险的他们。这就是他们的职业精神，冒着生命危险也要履行及时、真实、有效、客观、公正的职业准则。未来的我们，请像他们一样遵守职业操守，恪守职业准则。

【拓展任务——花的肖像页面制作】

（1）思政要点：古人欣赏花时，会说"浓绿万枝红一点，动人春色不须多""百花何处避芳尘，便独自，将春占却"。在现代，我们说："那桃花，姹紫嫣红。那玉兰，淡淡幽香。那樱花，幽幽如歌。"由此可见中国文字深厚的文化意蕴、独特的文化魅力以及潜藏着的审美和诗意。我们不但要以此为傲，而且还要将之发扬光大。花的美春去秋来尽，只有传播花美的中国文字，带着花香永存。

（2）技术要求：本次任务主要制作一个多图展示效果，图片分为 2 行 4 列，直接运行时充满整个屏幕，但当改变浏览器的尺寸大小后，重新加载时图片会自动缩放以适应当前浏览器大小。效果如图 5-3 所示。

图 5-3  花的肖像页面

## ▶任务二　表单验证页面制作

**任务** *描述*

　　本次任务制作一个登录页面，该页面具有信息验证功能。顶部为用户名和密码输入框，单击时底色会改变，同时用户名有长度限制验证。底部是提交和重置按钮，这两个按钮主要用来实现再次确认，提交按钮打开新网页，重置按钮则清除所有已填信息。效果如图 5-4 所示。

图 5-4　表单验证页面

**知识** *储备*

　　当网页被加载时，浏览器会创建页面的文档对象模型。文档对象模型属于 BOM 的一部分，用于对 BOM 中的核心对象 document 即 DOM 进行操作。

### 1. DOM 对象及其关系

　　DOM 是 Document Object Model 的缩写，意思是文档对象模型。它提供了对文档结构化的描述，并将 HTML 页面与脚本、程序语言联系起来。DOM 采用树形结构作为分层结构，以树节点形式表示页面中各种元素或内容。下面来看看 HTML 代码与 DOM 树形结构的关系。有如下 HTML 代码：

```
<html>
<head>
    <meta charset="UTF-8">
    <title>DOM 关系</title>
    <script src="js/jquery-3.4.1.js" type="text/javascript"></script>
</head>
<body>
    <h3>标题</h3>
    <div id="div1">
        <ul id="ul1">
          <li id="ul1-li1">
            <a href="#" class="a1">链接 1</a>
          </li>
          <li id="ul1-li2">
            <a href="#" class="a1">链接 2</a>
          </li>
        </ul>
    </div>
</body>
</html>
```

依照代码绘制出的树形结构如图 5-5 所示。

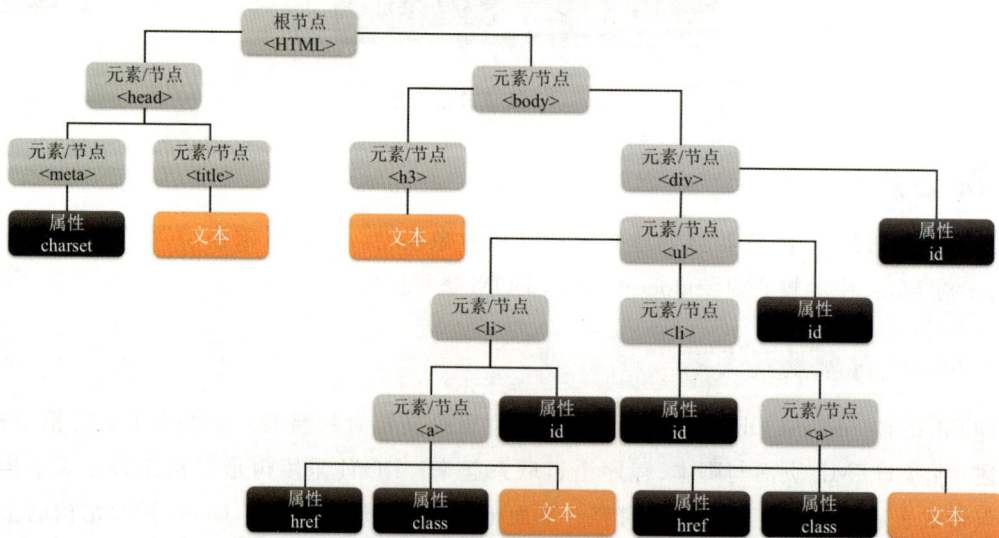

图 5-5 DOM 树形结构图

通过图 5-5 可以看到,所有的对象都是一个节点。其中,<html>是所有内容的根节点,

〈body〉是〈h3〉和〈div〉的父节点,〈ul〉是〈div〉的子节点;〈meta〉、〈div〉、〈ul〉、〈li〉和〈a〉标签下面的分支 charset、id、class、href 是标签的属性,在 DOM 中称为属性节点;标签下面的文本是属于该标签内部的文字,在 DOM 中称为文本节点。在 DOM 中,把每一个元素看成一个节点,而每一个节点就是一个对象。也就是当操作元素时,把每一个元素(节点)看成一个对象,然后使用这个对象的属性和方法进行相关操作。由此可知 DOM 对象就是操作 DOM 所使用的对象,即 HTML 元素。

为了能够操作 HTML,JavaScript 有一套自己的 DOM 编程接口。所以说,有了 DOM,就相当于 JavaScript 拿到了钥匙一样,可以操作 HTML 的每一个节点。通过可编程的对象模型 DOM,JavaScript 获得了足够的能力创建动态的 HTML,也就是说,JavaScript 能够改变页面中所有 HTML 元素、元素属性、CSS 样式,并且能够对页面中的所有事件做出反应。

## 2. DOM 操作

DOM 操作主要包括获取节点、获取/设置元素的属性值、创建/增添节点、删除节点等。

### 1)获取节点

获取节点时可以根据 id 号、类名等,具体语法如下:

- document. getElementById(idname):根据标签 id 获取,返回一个元素。
- document. getElementsByName(name):根据标签 name 属性获取,返回元素对象数组。
- document. getElementsByClassName(className):根据类别名获取,返回元素对象数组。
- document. getElementsByTagName(tagName):根据标签名称获取,返回元素对象数组。

后 3 种方法返回元素数组,但需要注意以下几点。

①由于获取结果可能是多个,因此 Element 后而要加 s;

②根据标签获取的结果是伪数组形式,伪数组不具备数组的方法;

③要操作伪数组中的所有元素需要遍历伪数组;

④根据标签名获取元素时,有可能获取到的标签只有一个,但是形式还是伪数组。

### 2)获取/设置元素的属性值

对获取的节点,可以得到节点的属性值,也可以设置节点的属性值,通过 getAttribute()和 setAttribute()实现。其具体的语法格式如下:

- element. getAttribute(attributeName):返回指定的属性值。
- element. setAttribute(attributeName, attributeValue):把指定属性设置或修改为指定的值。

### 3)创建/增添节点

在 DOM 操作中,常常需要在 HTML 页面中动态地追加一些 HTML 元素,这就需要创建节点或者追加节点。具体语法格式如下:

- document. createAttribute(className)：创建属性节点。
- document. createElement(elementName)：创建元素节点。
- document. createTextNode(text)：创建文本节点。
- element. appendChild(Node)：把新的子节点添加到指定节点。
- element. insertBefore(newNode,existingNode)：在指定的子节点前面插入新的子节点。

### 4）删除节点

即然可以对节点进行增加，那么也可以将节点进行动态删除。具体语法格式如下：

- element. removeChild(Node)：删除子节点。

### 5）属性操作

DOM 操作中的标签属性操作有很多方法，下面是一些常用的方法，具体语法如下：

- 获取当前元素的父节点：element. parentNode，返回元素的父节点。
- 获取当前元素的子节点：element. firstChild，返回元素的首个子元素；element. lastChild，返回元素的最后一个子元素；element. childNodes，返回元素子节点的 NodeList；element. children，返回元素的子元素的集合。
- 获取当前元素的同级元素：element. nextElementSibling，返回指定元素的下一个兄弟元素（相同节点树层中的下一个元素节点）；previousElementSibling，返回指定元素的前一个兄弟元素（相同节点树层中的前一个元素节点）。
- 获取当前元素的文本：element. innerHTML，获取或设置指定元素标签内的 html 内容，从该元素标签的起始位置到终止位置的全部内容（包含 html 标签）；element. innerText，获取或设置指定元素标签内的文本值，从该元素标签的起始位置到终止位置的全部文本内容（不包含 html 标签）。
- 获取当前节点的节点类型：node. nodeType nodeType，以数字值返回指定节点的节点类型。如果节点是元素节点，则 nodeType 属性将返回 1；如果节点是属性节点，则 nodeType 属性将返回 2。
- 设置样式：element. style，设置或返回元素的样式属性。

**任务** **实现**

## 1. 任务分析

本次任务是制作登录页面，包括用户名、密码、重置按钮和提交按钮，按照竖行排列，将它们放在 form 表单中，为了便于处理，表单中使用 div 块。用户名和密码添加获得焦点和失去焦点方法，设置它们的背景和外边框；通过 id 获得用户名对象，进行长度判断；通过 id 获得 form 对象，进行提交和重置并处理。操作步骤如下：

①使用 input 和 label 制作页面元素。

②设置页面的 CSS 样式。

③编写 JavaScript 代码，添加焦点事件，设置背景和边框；获得用户名对象，进行用户名长度判断；获得提交和重置按钮对象，进行提交和重置确认。

## 2. 代码实现

这个任务先建立表单，然后再建立 div 块，使用 input 创建文本和密码，用户名中增加类、id、获得焦点事件，密码中增加类、id、获得焦点事件和失去焦点事件；input 中的提交和重置添加类属性。用户名和密码通过焦点事件改变背景和边框，提交和重置通过表单 id 获得，进行确认处理，详细代码如下：

```
〈! DOCTYPE html〉
〈html〉
〈head〉
    〈meta charset="UTF-8"〉
    〈title〉表单验证页面〈/title〉
    〈style〉
        #box{
            width:300px;
            margin:0 auto;}
        label{
            font-size:18px;
            font-weight:700;
            font-family:"微软雅黑";
            line-height:40px;
            text-align:left;}
        .txt{
            width:260px;
            line-height:40px;
            height:40px;
            font-size:18px;
            font-weight:700;
            font-family:"微软雅黑";}
        .btn{
```

```
            margin-left:5px;

            width:260px;

            height:40px;

            font-size:18px;

            font-weight:700;

            font-family:"微软雅黑";

            color:#FFFFFF;

            text-shadow:0 1px 0 #484f58;

            border:1px solid #000000;

            border-radius:10px;

            background:gray;

            background:-webkit-linear-gradient(top, #474d54, #2f363d);

            box-shadow:0 1px 0 #616a74 inset, 0 1px 5px #212528;}

        </style>

    </head>

    <body>

        <form action="http://www.baidu.com" method="get" id='fid'>

            <div id="box">

                <label>请输入用户名<br><input class="txt" type="text" id="username"
placeholder="请输入用户名" onfocus="chcolor(this)"></label><br>

                <label>请输入密码 <br><input class="txt" type="password" onfocus=
"chcolor(this)" onblur="recolor(this)"></label><br><br>

                <input class="btn" type="submit" /><br><br><input class="btn" type=
"reset" /></div></form>

    </body>

    <script type="text/javascript">

        function chcolor(x){

            x.style.background="#ffff00";

            x.style.outlineColor="#F00";}

        function recolor(x){

            x.style.background="#ffffff";

            x.style.outlineColor="#000";}

        inobj=document.getElementById("username")

            inobj.onblur=function(){
```

```
            this.style.background="#ffffff";
        this.style.outlineColor="#000";
        val=this.value;
        if(val.length<6){
            alert("用户名至少6位");    }    }
    //当表单提交的时候
    fidobj=document.getElementById('fid');
    fidobj.onsubmit=function(){
        r= confirm('您要提交表单吗？');
        if(! r){  return false;         }    }
    //当表单重置的时候
    fidobj.onreset=function(){
        r= confirm('你要重置吗？');
        if(! r){      return false;         }    }
</script>
</html>
```

## 3. 任务总结

(1)知识和技术:本次任务重点是利用样式设置,对选中用户名、密码进行背景以及边框设置,同时通过 id 获得用户名对象,判断用户名长度,获得表单对象,判断使用提交还是重置按钮,并进行确认。使用 JavaScript 时常常要用到节点获取,因此开始学习 JavaScript 就已经接触过这种 DOM 操作方法,本任务中只需灵活运用,而通过获得的节点进行样式设置则是新的内容,也是经常使用的内容,务必熟练掌握。

(2)思政要点:从疫情暴发开始,我们就享受到科技与创新带来的方便与便捷。扫描二维码,上传信息,记录痕迹,区分危险与安全区域;填写信息,接种疫苗,记录时间,提醒再次接种。在这场抗疫的艰巨战役中,科技与创新的发挥出巨大的力量,为十几亿人的安全筑起一座坚固的数字化长城。在国家实施科技强国和创新驱动发展的大战略中,青年们紧跟时代潮流,立足技术技能人才工作岗位,协同推进科技发展,助力创新应用,共同为中华民族崛起而努力。

【拓展任务——新闻页签效果制作】

(1)思政要点:国家的和平稳定和中华民族的繁荣昌盛,给我们提供了一个自由自在的生存环境。所以我们可以每天惬意地看看体育和娱乐新闻,也可以自由地喜欢明星,甚至可以狂热地追星。但必须牢记,国家是依靠,是我们的根,民族是起源,是我们的魂,不容任何人亵渎。所以,无论多么优秀的体育健将,如果不尊重我们的国家,我们绝不支持他;无论多么知名的娱乐明星,如果伤害我们的民族感情,我们绝不追捧他。

(2)技术要求:本次任务主要制作一个新闻页签,页签共分为四个板块,当前页签背景和新闻背景均为深色,其他页签背景颜色为浅色。当鼠标滑过页签时,当前页签的背景变为深色,同时显示对应页签下的内容,其他页签颜色变为浅色。效果如图5-6所示。

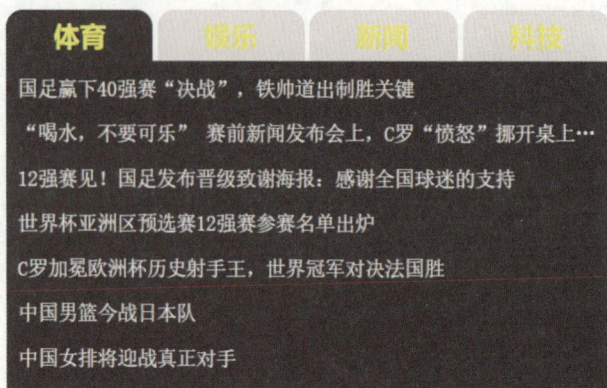

图5-6　新闻页签效果

## ▶任务三　视频播放器制作

### 任务描述

本次任务制作一个网页版视频播放器。有6个功能按钮,第一个是播放和暂停切换按钮,第二个是快进按钮,第三个是快退按钮,第四个是音量增大按钮,第五个是音量减小按钮,第六个是静音按钮。为了更加直观地显示效果,使用了系统提供的控制面板,效果如图5-7所示。

图5-7　视频播放器

**知识储备**

我们知道,JavaScript事件指在浏览器窗体或者HTML元素上发生的,可以触发JavaScript代码块运行的行为。例如,当浏览器中所有HTML加载完成时,可以触发页面加载完成事件;input字段发生改变,可以触发字段改变事件;HTML按钮被单击时,可以触发按钮单击事件,等等。常用的事件类型包括窗口事件、鼠标事件、键盘事件、事件冒泡与捕获等。

### 1. 窗口事件

窗口事件是指用户与页面其他元素交互时触发的事件,如页面加载完成可以触发事件,改变窗口大小可以触发事件,等等。窗口事件主要包括load、unload、abort、error、select、resize、scroll事件等。

(1)load事件:当页面完全加载完之后(包括所有的图像、.js文件、.css文件等外部资源),就会触发window上的load事件。这个事件是JavaScript中最常用的事件。例如当需要设定页面完全加载完之后执行的函数,可以采用window. onload＝function(){}语句。另外,相对于onload事件是页面加载完成触发的,还有的事件是在某些元素加载完成后触发的,如图像元素,当页面的图片加载完成后,会触发imgLoad事件。

(2)resize事件:当调整浏览器的窗口到一个新的宽度或者高度时,就会触发resize事件,这个事件在window上面触发。因此,同样可以通过.js文件或者body元素中的onresize事件指定处理程序。

(3)scroll事件:文档或者浏览器窗口被滚动期间会触发scroll事件。

(4)焦点事件:焦点事件主要是指页面元素对焦点的获得与失去(获得焦点触发事件与失去焦点触发事件)。如文本框,当鼠标单击时可以在文本框中输入文字,这就说明文本框获得了焦点。焦点事件具体如下。

- focus:当元素获得焦点(单击或使用Tab键切换到某个表单元素或超链接对象)时触发。
- blur:当元素失去焦点的时触发,与focus事件类型是对应的。

### 2. 鼠标事件

鼠标事件主要是鼠标操作所触发的事件,如鼠标单击、双击、单击按下、单击抬起、鼠标滑过等状态都有相应的触发事件,鼠标事件是Web开发中最常用的一类事件,因为鼠标是最主要的定位设备。鼠标的具体事件如表5－11所示。

表 5 - 11　鼠标事件

| 方法 | 描　述 |
|------|--------|
| click | 单击鼠标左键时发生。当用户的焦点在按钮上并按了 Enter 键时,同样会触发 |
| dblclick | 双击鼠标左键时发生,如果右键也按下则不会发生 |
| mousedown | 单击任意一个鼠标按钮时发生 |
| mouseup | 松开任意一个鼠标按钮时发生 |
| mouseout | 鼠标指针位于某个元素上且将要移出元素的边界时发生 |
| mouseover | 鼠标指针移出某个元素到另一个元素上时发生 |
| mousemove | 鼠标在某个元素上时持续发生 |
| mouseleave | 在鼠标光标从元素外部首次移动到元素范围内时触发,不冒泡 |
| mouseenter | 元素上方的光标移动到元素范围之外时触发,不冒泡 |
| mousewheel | 滚轮滚动时触发 |

鼠标的悬停和离开是指鼠标停在某个 HTML 元素上或者离开某个 HTML 元素,当出现这两种状态时都可以触发事件,鼠标悬停是 onmouseover,鼠标离开是 onmouseout。鼠标拖曳就是可以用鼠标拖动页面上的 HTML 元素,当鼠标按下(onmousedown)时移动(onmousemove)鼠标,元素也会跟着移动,当鼠标抬起(onmouseup)时,元素不会再移动,过程中都会用到鼠标事件。

### 3.键盘事件

键盘事件就是有关键盘操作所触发的事件,主要包括按下键盘的字符键、按下任意键、键盘抬起时触发的事件,特殊按键如 PrtScn 键是不会被捕获到的。键盘事件如表 5 - 12 所示。

表 5 - 12　键盘事件

| 属性 | 描　述 |
|------|--------|
| onkeydown | 当用户按下键盘上的任意键时触发,按住不放,会重复触发 |
| onkeypress | 当用户按下键盘上的字符键时触发,按住不放,会重复触发 |
| onkeyup | 当用户释放键盘上的键时触发 |

1)keydown、keyup 事件

keydown 触发后,不一定立即触发 keyup,可以按下不松手持续一段时间得到多个 keydown 事件,或者当 keydown 按下后,拖动鼠标,那么将不会触发 keyup 事件。keydown 和 keyup 区分小键盘和主键盘的数字字符,这两种输入得到的 keyCode 是不同的。keydown 和 keyup 不区分单个字符大小写情况,这两种输入得到的 keyCode 是相同的。

### 2）keypress **事件**

keypress 主要用来捕获数字（包括 Shift＋数字的符号）、字母（包括大小写）、小键盘等，除了 F1 — F12、Shift、Alt、Ctrl、Insert、Home、PgUp、Delete、End、PgDn、ScrollLock、Pause、NumLock、〈菜单键〉、〈开始键〉和方向键外的 ANSI 字符。keypress 可以捕获单个字符的大小写，得到的 keyCode 值是符合 ASCII 码表里对应的大小写字母值。keypress 不区分小键盘和主键盘的数字字符，它们得到的 keyCode 相同。

### 4. **事件冒泡与捕获**

事件发生会产生事件流。DOM 结构是一个树形结构，当一个 HTML 元素产生一个事件时，该事件会在元素节点与根节点之间按特定的顺序传播，路径所经过的节点都会收到该事件，这个传播过程可以称为 DOM 事件流。

事件流顺序有两种类型：事件冒泡和事件捕获，如图 5 - 8、5 - 9 所示。

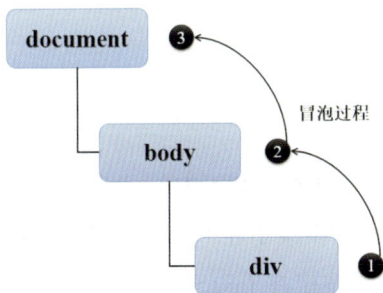

图 5 - 8　冒泡过程

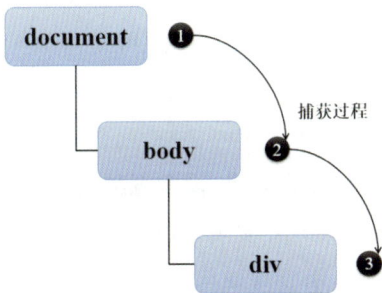

图 5 - 9　捕获过程

事件冒泡是指从叶子节点沿祖先节点一直向上传递直到根节点，基本思路是事件按照从特定的事件目标开始到最不特定的事件目标，子级元素先触发，父级元素后触发。事件捕获与事件冒泡则相反，由 DOM 树最顶层元素一直到最精确的元素，父级元素先触发，子级元素后触发。事件的触发方式如下：

addEventListener("click","doSomething","true")

其中，若第三个参数为 true，则采用事件捕获；若为 false，则采用事件冒泡。

### 5. font-awesome **字体图标**

font-awesome 是一种带有网页功能的象形文字语言，是一个基于 CSS 和 LESS 的字体和图标工具包，收集在一个集合里。它由 Dave Gandy 制作，用于 Twitter Bootstrap，后来被整合到 BootstrapCDN 中。font-awesome 提供的图标是可缩放的矢量图，每个图标在放大或者缩小时都能正常显示，且它可以被定制大小、颜色、阴影以及任何可以用 CSS 的样式。它不需要

JavaScript 支持,兼容性问题也较少。

(1)获取 Font-Awesome:可以通过 Font-Awesome 官网(https：∥fontawesome. com/)下载最新版本,也可以通过 Github-Font-Awesome 仓库(https：∥github. com/FortAwesome/Font-Awesome)下载。

(2)应用字体:将 CSS 和 fonts 文件夹复制到项目根目录下,采用〈link href＝"css/ font-awesome. min. css"〉定义文档与外部资源的关系。在文档中使用〈i class＝"fa fa-play fa-3x"〉引用图标,fa-play 定义不同样式的图标,fa-3x 定义图标大小。

## 任务 实现

### 1. 任务分析

本次视频播放器制作任务包括视频播放窗口和 6 个功能按钮,视频播放区域在上方,视频下方依次排列播放等 6 个按钮,播放和暂钮共用一个按钮,其余功能各占用一个按钮,为了能够浏览功能按钮效果,使用 vedio 中的 controls 属性。操作步骤如下:

①制作播放器中的内容,包括一个 vedio 和 6 个 button,6 个 button 写在一个 div 块中,所有内容放在 div 块中。

②制作 CSS 样式效果,设置视频居中,按钮横排排列在视频下方。

③使用 JavaScript 实现播放器功能,其中音量增加和减小在 button 标签中使用 onclick 事件,在 JavaScript 中直接调用对应的自定义函数;其他按钮在 JavaScript 中通过 id 获取对象,视频快进与快退采用冒泡流程,播放和静音采用对象. onclick＝function(){}形式。

### 2. 代码实现

这个页面内容只有视频播放窗口和 6 个按钮,最上面使用视频播放标签 vedio,按钮使用〈button〉标签。为了便于处理,将所有〈button〉按钮放在 div 块中,所有内容放在一个 div 块中。重点设置一下按钮的背景、边框和阴影等效果,最后调用〈video. js〉文件,. js 文件中先获取对象,然后实现对象各功能和效果。详细代码如下:

```
〈! DOCTYPE html〉
〈html〉
〈head〉
    〈meta charset＝"UTF-8"〉
    〈title〉视频播放器〈/title〉
    〈style〉
        #box{
```

```
            margin-top:50px;
            text-align:center;}
        video{  border:1px solid #000000;}
        #btn{
            position:relative;
            top:-5px;
            height:40px;
            width:600px;
            border:1px solid #000000;
            background:#363636;
            margin:0 auto;
            text-align:center;}
        button {
            border-radius:10px;
            border:1px solid #000000;
            background-image:url(img/course5/A&V/bgs.png);
            width:92px;
            height:30px;
            color:#FFFFFF;
            font-size:15px;
            text-shadow:0 1px 1px rgba(0,0,0,0.7);
            cursor:pointer;
            text-indent:20px;}
    </style>
</head>
<body>
    <div id="box"><video id="myvideo" width="600px" controls="controls">
        <source src="img/course5/A&V/视频作品 10 杨坤-树欲静.mp4" type="video/
mp4"></source>
        <source src="img/course5/A&V/视频作品 10 杨坤-树欲静.webm" type="video/
webm"></source></video><br />
    <div id="btn">
        <button id="PlayPause">播放</button>
```

```html
        <button id="btngo">快进</button>

        <button id="btnback">快退</button>

        <button onclick="volume(0.1);">音量+</button>

        <button onclick="volume(-0.1);">音量-</button>

        <button id="isMuted">静音</button></div></div>

</body>

<script type="text/javascript" src="js/video.js" charset="UTF-8"></script>

</html>
```

该网页的 video.js 代码如下：

```javascript
varmyvideo=document.getElementById("myvideo");

varbtngo=document.getElementById("btngo");

varbtnback=document.getElementById("btnback");

varPlayPause=document.getElementById("PlayPause");

varisMuted=document.getElementById("isMuted");

PlayPause.onclick=function(){

if(myvideo.paused){

    myvideo.play();

    PlayPause.innerHTML="暂停";

}else{  myvideo.pause();

        PlayPause.innerHTML="播放";}    }

btngo.addEventListener("click", function(){  myvideo.currentTime += 5;   });

btnback.addEventListener("click", function(){

        myvideo.currentTime-= 2;    });

functionvolume(val){myvideo.volume=myvideo.volume+val;}

isMuted.onclick=function(){

var imButton=document.getElementById("isMuted");

if(myvideo.muted){

    myvideo.muted=false;

    imButton.innerHTML="静音";}

else{

    myvideo.muted=true;

    imButton.innerHTML="声音";}    }
```

## 3. 任务总结

（1）知识和技术：本次任务重点是 DOM 文件操作，本此任务的操作对象只有按钮，采用了多种形式对单击事件进行处理，例如在标签中增加 occlick 事件，使用 addEventListener（）事件监听 click 的方法，使用对象.onclick＝function（）{}函数调用形式等。通过本次任务训练，希望学生能深入掌握 JavaScript 事件。

（2）思政要点：地震中用身体给孩子撑起生存空间的是母亲；为了给儿子换肾每天跑 5 公里的是"暴走妈妈"；当缆车突然坠毁，使劲将年仅两岁半的儿子高高举起的是父母。羊羔跪乳，乌鸦反哺，何况人。无论多累、多忙、多苦，在父母有生之年，请尽力陪伴他们，尽心爱他们。

注意：在谷歌浏览器中播放音视频，任务中使用 currentTime 属性制作的音视频的快进和快退方法对本地资源无效，单击快进和快退按钮时都会出现返回音视频开头的问题。如果必须使用谷歌浏览器播放，只需要将 src 的路径改为网络路径即可，就是以 http：// 或 https：// 开头的地址。如果必须使用本地资源，可以使用其他浏览器播放。

**【拓展任务——音频播放器制作】**

（1）思政要点：《映山红》《珊瑚颂》《北京的金山上》《天路》等是共和国从出生、成长到壮大的艰难历程和伟大过程的缩影。正是这无数潘冬子们的浴血奋战下、千千万万个珊妹的无惧艰险，百万贫苦大众才翻身做主；历经几十年艰苦奋斗、通过数亿建设者共同努力，祖国各族人民才能欢聚一堂。我们必须缅怀先烈，继承遗志；珍爱和平，自强不息；我们务必铭记历史，砥砺前行；携手奋斗，开创未来，才能共建富强文明中国，共享幸福安康生活。

（2）技术要求：参考图 5-10 效果制作音频播放器。播放器的播放/暂停按钮采用切换方式显示，上一曲和下一曲在.js 文件中已经实现，单曲播放和顺序播放功能在需要同学们自行实现。更换曲目时，背景图片同时更换。本次任务中的按钮均采用的是 font-awesome 提供的Web 图标。详细代码可参考 course4-7expand. html 和 audio. js 文件。

图 5-10　音频播放器

**项目** 小结

本项目介绍了 JavaScript 的内置对象，包括 window 对象、document 对象、location 对象、navigator 对象、screen 对象、history 对象，这些都是 Web 前端重要的为浏览器提供服务的内置对象，能帮助开发者获取客户端浏览器的信息，为开发提供数据支撑。本项目还介绍了 JavaScript的 DOM 操作，包括获取节点、获取/设置元素的属性值、创建/增添节点、删除节点、属性操作等。通过这部分的学习，要求学习者掌握在 Web 页面上动态地增减节点，学会为节点动态设置相关属性，学会灵活地操作页面元素等知识和技能。最后介绍了 JavaScript 事件处理，如窗口事件（包括 load 事件、resize 事件、scroll 事件、焦点事件）、鼠标事件、键盘事件，以及事件的冒泡与捕获，从而使学习者对 Web 前端的各种事件和事件机制有一个系统的了解，并能灵活运用。

**习题五**

**一、选择题**

1. 下列不是 DOM 查找操作的是（　　）。

A. getElementById( )

B. getElementsByTagName( )

C. appendChild( )

D. getElementsByClassName( )

2. 下列 DOM 查找中返回集合的是（　　）。

A. getElementById( )

B. getElementsByTagName( )

C. getAttribute( )

D. createElement( )

3. 已知 var h1＝document. getElementById("a1")，下列修改属性值正确的是（　　）。

A. h1. getAttribute("name")

B. h1. setAttribute("name")

C. h1. hasAttribute("name","zhangsan")

D. h1. setAttribute("name","zhangsan")

4. 下列关于 DOM 操作的描述，不正确的是（　　）。

A. getAttribute("属性名")读取属性值

B. setAttribute("属性名")设置属性值

C. hasAttribute("属性名")判断是否包含指定属性

D. setAttribute("属性名",value)修改属性值

5. 下列属于在父元素中的指定子节点之前添加一个新的子节点的是（　　）。

A. appendChild( )

B. removeChild( )

C. replaceChild( )

D. insertBefore( )

6. parentNode. insertBefore(newChild,existingChild)的含义是(　　　)。

A. 在父元素中的指定子节点之前添加一个新的子节点

B. 为一个父元素追加最后一个子节点

C. 判断是否包含指定属性

D. 给元素设置指定样式

7. 已知 var div＝document. createElement('div');var txt＝document. createTextNode('文本');可以使 txt 成为 div 的最后一个子节点的做法是(　　　)。

A. div. removeChild(txt)　　　　　　　　B. div. appendChild(txt);

C. div. appendchild(txt)　　　　　　　　D. div. getAttribute(txt)

8. 下列关于 BOM 的描述正确的是(　　　)。

A. BOM 允许程序和脚本动态地访问和更新文档的内容、结构和样式

B. BOM 定义了访问 HTML 的标准

C. BOM 定义了访问 XML 文档的标准

D. BOM 是专门操作浏览器窗口的 API

9. 下列不是浏览器对象模型的是(　　　)。

A. window　　　　　　B. history　　　　　　C. screen　　　　　　D. element

10. 下列关于浏览器对象模型 document 的描述正确的是(　　　)。

A. 封装当前正在加载的网页内容

B. 封装当前窗口正在打开的 url 地址

C. 封装当前窗口打开后,成功访问过的历史 url 记录

D. 代表整个窗口

11. 下列关于 setInterval(exp,time)的描述错误的是(　　　)。

A. 表示的是周期性定时器　　　　　　　　B. 表示的是一次性定时器

C. time 表示时间周期,单位为毫秒　　　　D. exp 表示的是要执行的语句

12. 使用(　　　)停止周期性定时器 timer。

A. clearInterval()　　　　　　　　　　　B. deleteInterval(timer)

C. clearInterval(timer)　　　　　　　　　D. deleteInterval()

13. 下列关于 setTimeout(exp,time)的描述不正确的是(　　　)。

A. 让程序延迟一段时间执行

B. 让程序按指定时间间隔反复自动执行一项任务

C. exp 表示的是要执行的语句

D. time 表示间隔时间,单位为毫秒

14. 以下代码表示的含义是(    )。

```
var timer = setInterval(function(){
console. log("Hello World");
},1000);
```

A. 打印输出一次 Hello World

B. 打印输出 1000 次 Hello World

C. 每隔 1000 毫秒打印输出一次 Hello World

D. 每隔 1000 秒打印输出一次 Hello World

15. 关于下面这段代码的描述正确的是(    )。

```
setTimeout(function(){
 alert("恭喜过关");
},3000);
```

A. 此段代码周期性执行                    B. 此段代码只执行一次

C. 程序延迟 3000 秒后执行                 D. 控制台输出一次恭喜过关

16. 下列关于 DOM 的描述不正确的是(    )。

A. DOM 是万维网联盟 W3C 的标准

B. DOM 定义了访问 HTML 的标准

C. DOM 定义了访问 XML 文档的标准

D. DOM 是 Document Object Model(浏览器对象模型)的缩写

17. 下列可用于精确查找一个元素的是(    )。

A. getElementsByTagName()            B. createTextNode()

C. getElementById()                  D. getElementsByClassName()

18. 下列是按标签查找元素的是(    )。

A. getElementById()                  B. getElementsByTagName()

C. getElementsByClassName()          D. appendChild()

19. 下列关于 getElementsByTagName 的描述不正确的是(    )。

A. 只返回第一个元素                    B. 返回一个动态集合

C. 可查找直接子节点                    D. 可查找所有子代节点

20. 下列关于 DOM 核心描述正确的是(    )。

A. 可操作一切结构化文档的 API

B. 专门操作 HTML 文档的简化版 DOM API

C. 简单

D. 仅对常用的复杂的 API 进行了简化

21. 下列不属于核心 DOM 的操作的是( )。

A. getAttribute( )                    B. setAttribute( )

C. hasAttribute( )                    D. appendChild( )

22. 下列是移除属性值的是( )。

A. getAttribute( )                    B. removeAttribute( )

C. hasAttribute( )                    D. appendChild( )

23. var bool＝elem. hasAttribute("name")的含义是( )。

A. 判断是否包含 name 属性              B. 移除 name 属性

C. 得到 name 属性的值                  D. 语法错误

24. 下列关于 HTML DOM 的描述不正确的是( )。

A. 专门操作 HTML 文档的简化版 DOM API

B. 简单

C. 仅对常用的复杂的 API 进行了简化

D. 包括 HTML 和 XML

25. 下列不属于添加元素的步骤的是( )。

A. 创建空元素                          B. 设置关键属性

C. 获取关键属性值                      D. 将元素添加到 DOM 树中

26. 下列不属于设置关键属性的是( )。

A. a. innerHTML＝"go to tmooc"        B. a. href＝"https：// tmooc. cn"

C. a. href＝"https：// www. baidu. com"  D. a. style. opacity＝"1"

27. 下列属于将元素添加到 DOM 树操作的是( )。

A. appendChild( )                     B. removeChild( )

C. replaceChild( )                    D. getAttribute( )

28. 下列不属于添加元素优化的是( )。

A. var frag＝document. createDocumentFragment( )

B. frag. appendChild(child)

C. parent. appendChild(frag)

D. getAttribute( )

29. parentNode. insertBefore(newChild，existingChild)的含义是( )。

A. 在父元素中的指定子节点之前添加一个新的子节点

B. 为一个父元素追加最后一个子节点

C. 判断是否包含指定属性

D. 给元素设置指定样式

30. 下列(　　)表示的是创建 table 标签。

A. a. href＝"https：//tmooc. cn"　　　　　B. document. createElement('table')；

C. document. createElement('td')　　　　　D. console. log(table)；

31. (　　)可以创建一个空元素。

A. document. getElementById('alink')　　　B. document. createElement("元素名")

C. element. hasAttribute('元素名')　　　　D. a. style. opacity＝"1"

32. 下列表示显示整个窗口的高或宽的是(　　)。

A. window. outerWidth　　　　　　　　　　B. window. outerheight

C. window. innerWidth　　　　　　　　　　D. window. innerHeight

33. 浏览器对象模型 screen 表示的是(　　)。

A. 封装了屏幕的信息　　　　　　　　　　B. 封装了当前窗口正在打开的 url 地址

C. 定义了网页中的事件机制　　　　　　　D. 封装浏览器配置信息

**二、实践题**

1. 请完成下图所示单击浏览图片页面制作,可参考 course5-4exercize. html。素材存放在 "课程教学\img\course5\校园风景"文件夹中。

动态效果说明:本任务是制作单击按钮浏览图片页面。开始只显示标题和三个按钮,不显示任何图片。单击任何一个按钮,只显示当前按钮对应的一张图片,其他图片均不可见。

2. 请完成下页图所示触碰变色效果制作,可参考 course5-5exercize. html。

动态效果说明:本次任务是制作表格中的行触碰变色效果。表格最初显示为奇偶行背景色不同,当鼠标触碰到某行时,当前行的颜色变为黄色,其他行恢复为自己本来颜色。

## 数组的属性和方法

| Array.push() | 删除并返回数组的最后一个元素 |
|---|---|
| Array.pop() | 向数组的结尾添加元素 |
| Array.shift() | 将元素移出数组 |
| Array.unshift() | 向数组头部添加元素 |
| Array.slice() | 返回数组的一部分 |
| Array.concat() | 连接数组 |
| Array.reverse() | 将数组进行反转 |
| Array.sort() | 将数组进行排序 |

# jQuery 选择器与 CSS 选择器

## 学习目标

### 1.技术目标

(1)了解 jQuery 框架;

(2)掌握 jQuery 的安装和语法;

(3)掌握多种选择器使用方法;

(4)掌握 jQuery 选择器与 CSS 选择器的异同;

(5)学会使用 CSS 选择器;

(6)掌握 jQuery 事件。

### 2.思政目标

(1)培养为提高社会保障制度智能化程度、精准化管理贡献力量的意识;

(2)提升学习自觉性,自觉养成探究式学习习惯,拓宽知识和技术领域;

(3)熟悉工匠精神内涵,养成认认真真、尽职尽责、精益求精的学习工作习惯;

(4)树立敬畏匠人技能,追求匠心精神的风尚,营造尊重劳动、崇尚技能、乐于创造的社会氛围;

(5)深刻理解台上一刻钟,台下十年功传达的精神内涵,养成事前做充分准备的习惯;

(6)深入理解遵纪守规与效率提升的关系,培养学生遵守规则的习惯;

(7)理解人道主义精神、大国担当精神、人类命运共同体的内涵;

(8)增强对中国的科学决策能力和应急处突能力的信心;

(9)理解接纳境外输入病例的国际意义,传承中国有担当、有责任、胸怀宽阔、海纳百川的大国精神;

(10)深层理解包含中国民族精神和英雄情怀的经典诗词,永葆中华文化瑰宝的灿烂与辉煌;

(11)提高食品安全意识,坚守道德底线,拒绝提供可能会给第三方造成损害的技术服务;

(12)坚持求真务实、道法自然的做事理念,着力追求人与自然和谐共生的生存之道;

(13)了解中国传统技术的辉煌历史,体会其中蕴含的传统神韵和沉稳内敛的精神。

在实际开发中,为了构建更具吸引力的交互式网站,开发者通常需要编写大量的 JavaScript 代码来操作 DOM,并处理浏览器的兼容性问题,jQuery 作为一个优秀的 JavaScript 库,完美解决了这些问题,成为一款流行的跨浏览器的开源 JavaScript 库。它的核心理念是"写得更少,做得更多" (write less,do more)。jQuery 最初是由 John Resig 在 2006 年 1 月正式发布。现在的 jQuery 团队主要包括核心库、UI、插件和 jQuery Mobile 等开发人员,以及推广和网站设计、维护人员。

jQuery 凭借简洁的语法和跨平台的兼容性,极大地简化了 JavaScript 开发人员遍历 HTML 文档、操作 DOM、处理事件、执行动画和开发 AJAX 的操作。其独特而又优雅的代码风格改变了 JavaScript 程序员的设计思路和编写程序的方式。

jQuery 库包含以下功能:

- HTML 元素选取;
- HTML 元素操作;
- CSS 操作;
- HTML 事件函数;
- JavaScript 特效和动画;
- HTML DOM 遍历和修改;
- AJAX;
- Utilities。

jQuery 还提供了大量的插件。

## ▶任务一　jQuery 弹窗制作

### 任务 描述

本次任务制作一个 Query 入门案例,使用 jQuery 制作简单的欢迎弹框。效果如图 6-1 所示。

图 6-1　jQuery 弹窗

### 知识储备

### 1. jQuery 下载

可以访问 jQuery 官方网站（https：//jquery.com/）获取软件最新版本，如图 6-2 所示。

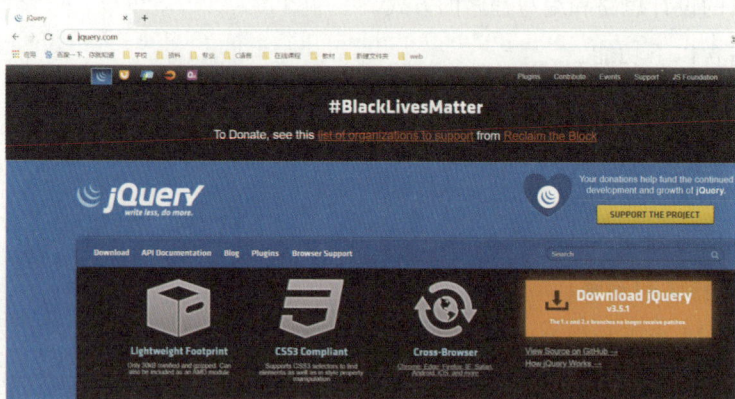

图 6-2　jQuery 网站截图

点击 Download jQuery 按钮可以进入下载页面，按钮上的 vx. x. x 是 jQuery 当前的版本号。下载页面如图 6-3 所示，有两个版本的库文件可以下载：Production version（生产版）和 Development version（开发版）。它们的区别在于，Production version 是经过压缩的，就是将 jQuery 文件中的空白字符、注释、空行等与逻辑无关的内容删除，并进行一些优化，使得文件体积减小、加载速度比未压缩版快，主要用于实际的网站中。而 Development version 未经过压缩，主要用于测试和开发，其代码可读性更好。建议初学者选择开发版。

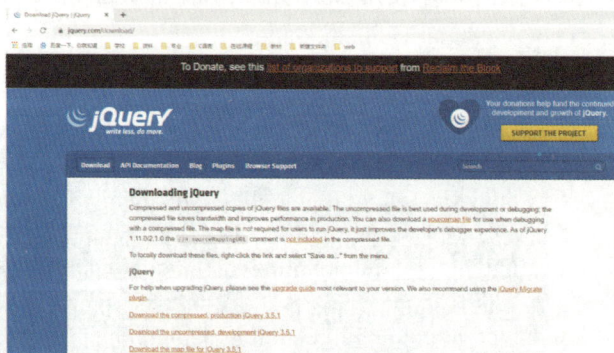

图 6-3　jQuery 下载页面

## 2. jQuery 配置

（1）jQuery 配置。jQuery 不需要安装，只需要将下载好的 jQuery 库（目前最新版本为：jquery-3.6.0.js）放到网站上的公共位置，在需要使用 jQuery 的 HTML 文档中引入该库文件即可。

（2）引入 jQuery 库。在编辑器的项目中使用 jQuery 时，需要先把下载好的 jQuery 文件保存到项目目录中，再在项目的 HTML 文件中使用〈script〉标签引入。示例代码如下（本书采用 v3.4.1 版本）：

```
〈script src="js/jquery-3.4.1.js"〉</script〉
```

（2）CDN 引用。如果不希望下载并存放 jQuery，有许多网站也提供了静态资源公共库，可以通过 CDN（内容分发网络）引用。例如百度、又拍云等服务器都存有 jQuery 库，国内经常通过 CDN 引用这些服务器中存储的 jQuery 库。（以 v3.4.1 版本为例。）

百度 CDN：

```
〈script src="https://apps.bdimg.com/libs/jquery/3.4.1/jquery.min.js"〉</script〉
```

又拍云 CDN：

```
〈script src=" https://upcdn.b0.upaiyun.com/libs/jquery/jquery-3.4.1.min.js"〉
</script〉
```

## 3. jQuery 语法基础

jQuery 语法原则是先选择 HTML 元素，再对选取的元素执行某些操作。

### 1）语法形式

```
$(selector).action()
```

- 美元符号 $ 定义 jQuery。
- 选择符（selector）用于"查询"和"查找"HTML 元素。
- action()执行对元素的操作。

### 2）常用操作

jQuery 的常用操作包括选择器的使用、元素对象的操作、事件的绑定、链式编程。

（1）选择器的使用：jQuery 选择器用于获取网页元素，然后对其进行操作。示例代码如下：

```
〈script〉$("body")</script〉
```

（2）元素对象的操作：jQuery 中对获取的元素可以进行一些列，例如取值、赋值、属性设置等。示例代码如下：

```
〈script〉$("div").html("你好!")</script〉
```

（3）事件的绑定：jQuery 中事件一般直接绑定在元素上。例如为指定元素对象绑定单击事件。示例代码如下：

```
〈script〉
    $("button").click(function(){
        alert("你好!");
    });
〈/script〉
```

（4）链式编程：jQuery 支持多个方法链式调用的形式，让开发者在完成相同功能的情况下，编写最少的代码。示例代码如下：

```
〈script〉
        $("ul").find("li").eq(2).html("你好!");
〈/script〉
```

## 4. jQuery 入口函数

JavaScript 的功能都需要在网页加载完成之后才被运行，在原生的 JavaScript 代码中，所有的功能都通过事件驱动或者在文件加载完成后被执行，文件加载的事件就是 onload。但是当页面中多处都要使用 onload 时，onload 事件可能会产生冲突；尤其在使用一些外部库的时候，这种冲突非常难解决。

jQuery 引入了 ready()方法，它相当于 onload 函数，在网页加载完成之后运行，但是一个页面中如果有多个 ready()方法，也不会产生冲突。一般来说，jQuery 的代码都会写在 ready()方法中，这就是 jQuery 的程序框架。具体如下：

```
$(document).ready(function(){
......
});
```

上面的代码可以简写，省略(document).ready 部分，具体如下：

```
$(function(){
......
});
```

所有的 jQuery 代码都可以写在中间省略号的位置，这些代码会在网页加载完成后自动运行。jQuery 可以有多个 ready()函数。

### 任务 实现

## 1. 任务分析

本次任务是制作一个简单的欢迎页面,内容包括一个欢迎弹框和欢迎页面,由于是第一次使用jQuery,因此欢迎页面使用图片来实现。任务重点是实现jQuery引入,并使用入口函数制作一个弹框,基本的操作步骤如下:

①制作基本页面;

②在 CSS 中制作样式;

③引入 jQuery;

④使用入口函数制作弹窗。

## 2. 代码实现

本次任务主要目的是熟悉 jQuery,内容很简单。使用图片制作基本网页,再通过〈head〉中的〈script〉引入 jQuery,然后在〈script〉中写入 jQuery 的程序框架,并使用 alert()函数制作弹框。详细代码如下:

```
〈! DOCTYPE html〉
〈html〉
〈head〉
    〈meta charset="UTF-8"〉
    〈title〉jQuery 弹窗制作〈/title〉
    〈script src="js/jquery-3.4.1.js" type="text/javascript"〉〈/script〉
    〈style〉
        div{
            width:1160px;
            height:650px;
            margin:25px auto;}
    〈/style〉
〈/head〉
〈body〉
    〈div〉〈img src="img/course6/欢迎界面.jpg"〉〈/div〉
〈/body〉
〈script〉
```

```
    $(document).ready(function(){
      alert("欢迎光临！你是第147位进入绿色医保智能系统的用户!");})
  </script>
  </html>
```

### 3. 任务总结

(1)知识和技术:本次欢迎页面的制作任务,主要是学习 jQuery 引入及 jQuery 的程序框架,同时熟悉用 alert()函数制作弹框的方法。

(2)思政要点:"因病致贫、因病返贫",在生活中不时上演。医保是为了补偿劳动者因疾病风险造成的经济损失而建立的一项社会保险制度。特别是大病医保,目前成为减轻大病患者医疗负担的一项重要制度,是民心工程。为了改善医疗健康服务流程和环境,给百姓提供更好的帮助和更精准的服务,需要通过智能化的先进技术进行精细化、精准化管理。

**【拓展任务——单击按钮更换背景色效果制作】**

(1)思政要点:Web 前端开发人员除了要掌握专业知识和技术外,还要知道人眼对绿色最敏感,在进行 UI 设计时多考虑采用绿色调,最大限度减少屏幕对眼睛的伤害。其实,随着科技的不断发展,职业岗位对综合能力要求越来越高,需要专业技术人员一专多能,不但熟练掌握本专业知识,还要熟悉相关知识。具备这种能力的技术技能人才,才具备更强的可持续发展潜力。

(2)技术要求:参考图 6-4 所示效果,完成按钮切换页面背景功能。拓展任务需要制作 3 个按钮来更换不同的背景颜色。涉及 jQuery 引入、jQuery 语法、入口函数使用方法、jQuery 元素操作等基础知识和技术。详细代码可参考 course6-1expand.html 和 course6-1expand.css 文件。

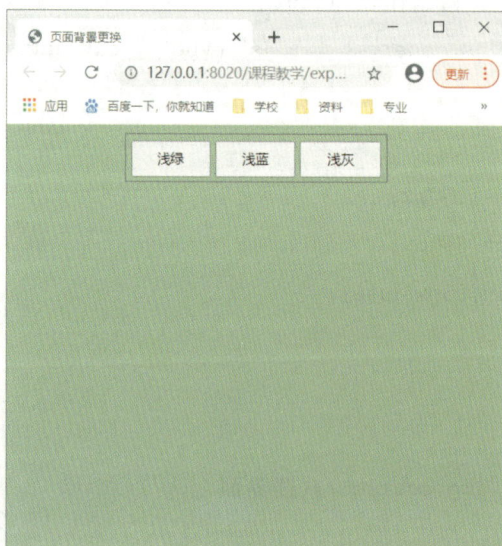

图 6-4　单击按钮更换背景色效果

## ▶任务二　页面按钮效果制作

**任务** *描述*

　　本次任务使用基本选择器制作页面按钮,设置整体页面背景、按钮区域整体背景和边框效果,以及每个按钮的背景和边框效果、按钮文字颜色和选中按钮的文字颜色,效果如图6-5所示。

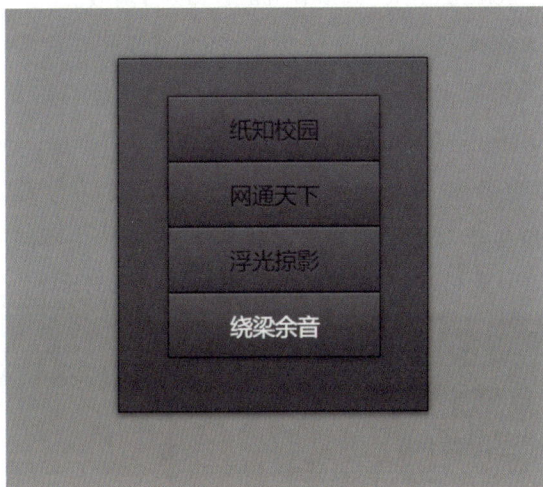

**图 6-5　页面按钮效果**

**知识** *储备*

### 1. 选择器

　　在程序开发中,无论进行什么操作,首先需要获取指定元素,这种用来对 HTML 页面中的元素实现一对一、一对多或者多对一的控制,就是选择器。通常,对 HTML 页面中的元素通过 CSS 进行控制的,被称为 CSS 选择器。CSS 选择器获取元素的方式是非常灵活的,但是 CSS 选择器获取元素后只能操作该元素的样式,要想为元素添加行为(如处理单击事件),还需要通过 JavaScript 代码来实现。作为 JavaScript 库的 jQuery,特别提供了 jQuery 选择器,通过新形式的 jQuery 选择器来获取元素,不仅让获取元素的方式更加多样化,而且可以在获取元素后为元素添加行为。选择器是页面操作的基础,无论是事件处理、遍历 DOM,还是 AJAX 操作,都依赖选择器,只有通过选择器找到页面元素,才能进行下一步的操作。

## 2. jQuery **选择器与** CSS **选择器**

jQuery 选择器作为目前流行的选择器具有很多优势,包括容易上手,写法更加简单;利用更少的代码可以写出更多的功能,代码精短而高效;具有功能强大的选择器,可以解决浏览器的兼容问题;完善的事件机制;出色的 AJAX 封装;丰富的 UI,等等。例如想通过 id 获取 HTML 元素,可在 jQuery 中用 $("♯id")格式替换 document. getElementById()函数;想通过类(class)获取 HTML 元素用,可在 jQuery 中用 $(". className")格式替换 document. getElementsByClassName()函数;想通过标签名获取 HTML 元素,可在 jQuery 中用 $("tagName")替换 document. getElementsByTagName()函数。

jQuery 选择器和 CSS 选择器的写法十分类似,都具有隐式迭代的特点,无需循环遍历符合选择器要求的每个元素,使用起来相对方便。通常,把 CSS 选择器用 $("")包起来就成了一个 jQuery 选择器,这就是 jQuery 选择器的通用写法,如表 6-1 所示。$("")其实也是一个函数,称为工厂函数,$是函数名称,后面传递的是一个参数。称其为工厂函数,是因为通过函数可以返回选择器对象,能够生产对象。传入的参数不同,可以产生不同的选择器。

表 6-1 CSS 选择器与 jQuery 选择器对比

| 选择器名 | | CSS 选择器 | jQuery 选择器 |
|---|---|---|---|
| CSS | jQuery | | |
| ID 选择器 | ID 选择器 | ♯id | $("♯id") |
| 类选择器 | 类选择器 | . class | $(". class") |
| 标签选择器 | 元素选择器 | 标签名 | $("标签名") |
| 层次选择器 | 层次选择器 | 选择器 1〉选择器 2 | $("选择器 1〉选择器 2") |
| 伪类选择器 | 过滤选择器 | 选择器:nth-child(n) | $("选择器:nth-child(n)") |

jQuery 选择器的出现不仅是为了简化 JavaScript 的写法,也是由于 JavaScript 提供的选择 DOM 的方式较少,难以满足实际开发的众多需求。因此,jQuery 选择器中提供了更多选择 DOM 的方式,支持从 CSS1 到 CSS3 所有的选择器以及其他常用的选择器。jQuery 选择器按照功能可以分为基本选择器、层次选择器、过滤选择器。本书以 jQuery 选择器为主进行讲解,完成任务过程中也以 jQuery 为主。

## 3. jQuery **基本选择器**

基本选择器是 jQuery 中最简单最直观的选择器,包括 id 选择器、类选择器、元素选择器和通配符选择器等,如表 6-2 所示。

表6-2　基本选择器

| 选择器 | 语法 | 描述 | 返回值 |
|---|---|---|---|
| id 选择器 | $("#id") | 根据 id 值匹配一个元素 | 单个元素 |
| 类选择器 | $(".class") | 根据类名匹配元素 | 元素集合 |
| 元素选择器 | $("element") | 根据元素名匹配所有元素 | 元素集合 |
| 通配符选择器 | $("*") | 匹配所有元素 | 元素集合 |
| 多元素选择器 | $("selector1,selector2,…,selectorN") | 同时获取多个元素 | 元素集合 |

注:关于 $(" ")中的引号,通常情况下使用单引号和双引号都可以。如果内部有引用的字符串,那么必须外部使用双引号,内部使用单引号。

(1)id 选择器:jQuery 中的 id 选择器通过 HTML 元素的 id 属性选取指定的元素,根据给定的 id 匹配一个元素。语法格式如下:

$("#标签的 id 值")

例如:$("#a2").css("border","1px solid #4600B4"),找到某个 id 号为 a2 的页面元素,使用 CSS 设置边框。

注意:id 是唯一的,一个规范的 HTML 文档中不会出现多个元素具有相同 id 值的情况。因此,一个 id 选择器只能获取一个元素。如果有多个元素分配了相同的 id,将只匹配该 id 选择集合的第一个 DOM 元素。但这种行为不应该发生,有超过一个元素的页面使用相同的 id 是无效的。

(2)类选择器:顾名思义,类选择器就是通过类别选择 HTML 元素,也就是通过 class 样式类名寻找,根据给定的类匹配元素。相对于 id 选择器来说,类选择器效率相对低一点,但优势是一个 HTML 文档中,可以为不同元素设置同名的 class 值,这样便可以同时设置不同元素的相同样式或行为。没有 id 属性时可以通过类选择器获得 HTML 元素。类选择器的语法如下:

$(".标签的 class 属性值")

例如:$(".c1").css("border","1px solid #00ff00"),找到所有 class 名为 c1 的页面元素,使用 CSS 设置边框。

(3)元素选择器:元素选择器又称为标记选择器,根据给定的 HTML 元素名选择所有元素,适用于开发中需要为页面中的所有匹配元素添加样式或行为。语法格式如下:

$("标记名称")

例如:$("div").css("border","1px solid #4682B4"),找到所有 div 页面元素,用 CSS 设置边框。

(4)通配符选择器:在实际开发中,若需要为页面上的所有元素添加相同的样式或者行为,此时便可用通配符选择器"*"一次性获取页面所有元素。语法格式如下:

```
$("*")
```

例如：$("*").css("border","1px solid #ff0000")，使用通配符"*"，选择所有页面元素，通过 CSS 设置边框。

需要注意的是，虽然通配符选择器可匹配所有的元素，但会影响网页渲染的时间。因此实际开发中应尽量避免使用通配符选择器。有需要时，可在 jQuery 的 $() 中使用逗号，即可同时获取多个元素。多元素选择器语法格式如下：

```
$("selector1,selector2,…,selectorN")
```

例如：$("#a1,.c1").css("border","1px solid #00ff00")，选择 id 号为 #a1，类名为 .c1 的所有页面元素，通过 CSS 设置边框。

## 任务实现

### 1. 任务分析

本次任务主要制作页面上的一组按钮，首先需要使用〈div〉、〈ul〉、〈li〉页面元素制作网页，再使用 CSS 外部文件设置各个元素区域及简单边框效果，然后使用〈link〉调用，之后使用 src 引入 jQuery 文件；在〈body〉下方创建〈script〉块，使用简化的入口函数 $(function()) 输出弹框，采用 $(document).ready(function()) 入口函数选择指定的 HTML 元素，通过 css() 方法修改〈div〉、〈ul〉、〈li〉的背景颜色、背景效果、文字边框效果和文字颜色，操作步骤如下：

①使用〈div〉、〈ul〉、〈li〉制作内容；

②使用 CSS 制作网页初步样式；

③调用样式，引入 jQuery；

④在〈script〉添加 $(function()) 制作弹框；

⑤继续添加 $(document).ready(function()) 修改背景和文字效果。

### 2. 代码实现

本次任务页面内容制作简单，制作好页面的 CSS 格式，通过〈link〉调用 .css 文件即可。使用 src 引入 jQuery，〈body〉下方的〈script〉分为两部分，第一部分制作一个弹框，第二部分修改所有背景和文字样式。HTML 及 CSS 中代码如下：

```
〈! DOCTYPE html〉
〈html〉
〈head〉
    〈meta charset="UTF-8"〉
    〈title〉页面按钮效果〈/title〉
```

```
        〈link rel="stylesheet" href="course6-2.css"〉〈/script〉
        〈script src="js/jquery-3.4.1.js" type="text/javascript"〉〈/script〉
〈/head〉
〈body〉
    〈div〉〈ul〉    〈li〉纸知校园〈/li〉
                〈li〉网通天下〈/li〉
                〈li〉浮光掠影〈/li〉
                〈li id="li2"〉绕梁余音〈/li〉〈/ul〉〈/div〉
〈/body〉
    〈script〉
        $(function(){
    alert("这里使用的是 jQuery 基础选择进行设置！下面需要完成的是背景以及文字
的效果处理！")});
            $(document).ready(function(){
            $("body").css("background","gray");
            $('li').css("text-shadow","0 1px 0 #484f58");
        $('#li2').css("color","#FFFFFF");
        $("div,li").css("background","-webkit-linear-gradient(top, #474d54,
#2f363d)"); $('div,li').css("box-shadow","0 1px 0 #616a74 inset, 0 1px 5px
#212528");})
    〈/script〉
〈/html〉
```

该网页的 CSS 样式设置代码如下：

```
div{
    width:250px;
    height:280px;
    border:1px solid #000;
    padding:0px;
    margin:50px auto;}
ul{  margin:30px auto;   }
li{
    height:50px;
    width:170px;
    list-style-type:none;
```

```
text-align:center;
font-size:18px;
line-height:50px;
color:#0f1214;
border:1px solid #0f1214;        }
```

## 3. 任务总结

（1）知识和技术：本次任务通过元素选择器、id 选择器以及多元素选择器完成背景和文字效果的制作，重点掌握 jQuery 的引入方式，灵活使用元素选择器、id 选择器和多元素选择器的选择元素的方法和技巧。

（2）思政要点：为了实现本次任务精致美观的效果，需要足够的耐心和细心反复进行样式设置，这就是工匠精神的体现。所谓工匠精神，就是既有对每件产品都精益求精、追求极致的精神，也有对每个细节处都耐心执着的精神，还有不断追求突破、追求革新的创新精神。中国正是有了一批具有职业道德、职业能力、职业品质的工匠，才让"中国制造""中国创造""中国精造"屹立世界东方。

【拓展任务——样式设置效果制作】

（1）思政要点：为了深化中国与世界各国和地区在职业技能领域的交流合作，促进提高中国职业培训水平；弘扬精益求精的工匠精神，营造尊重劳动、崇尚技能的社会氛围；展示中国经济社会发展成就，提升中国国家影响力，我国积极参世界技能大赛。作为职业院校学生，应以成为世界技能大赛选手为目标，力争代表中国在世界大赛的舞台上展现科技创新的中国精神、精益求精的工匠精神，彰显"劳动光荣、技能宝贵、创造伟大"时代风尚。

（2）技术要求：参考图 6-6 所示效果，制作第一届中国职业技能竞赛开幕式人员分布页面。先根据效果，对页面结构进行设计和划分，完成页面制作和 CSS 位置与基本样式制作。然后设置整体背景、大区域背景及各个小区域部分背景，按照区域不同设置不同的文字颜色。通过本次拓展任务，重点灵活掌握基于批量处理的类选择器的使用方法和技巧。详细代码可参考 course6-2expand.html 和 course6-2expand.css 文件。

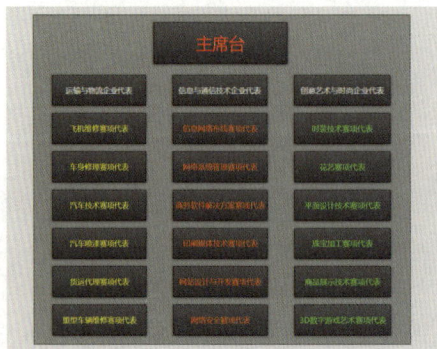

图 6-6　样式设置效果

## ▶任务三　折叠式菜单制作

**任务 描述**

本次任务主要使用层次选择器制作一个折叠式菜单,共分为四个板块,每个板块都可以打开,当菜单折叠时右侧出现的是"＋"号,打开时右侧出现的是"－"号,同时完成折叠菜单所有CSS网页样式的制作。效果如图6-7所示。

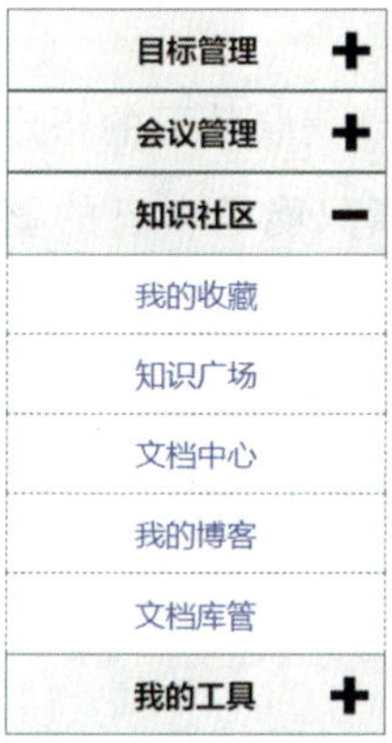

图 6-7　折叠式菜单

**知识 储备**

在 jQuery 中,如果想获取 HTML 代码中 li 标签中的 DOM 对象,例如第一个 li 标签中的文本。首先使用工厂函数"＄(参数)"创建 jQuery 的实例对象,即 jQuery 对象。创建 jQuery 对象后,就可以调用 jQuery 提供的方法来完成具体操作。示例代码如下所示:

＄("＃ul1-li1 a").html("热链接");

通过这行代码,页面中原来的链接 1 被替换为热链接。在引入 jQuery 后,除了可以使用"＄",还可以使用"jQuery"来进行操作,两者本质上是相同的,即"＄(参数)"等价于"jQuery(参数)"。若在项目中"＄"被用于其他的功能,则可使用"jQuery"进行操作。

### 1. 层次选择器

层次选择器中的"层次"是指 DOM 元素的层次关系。按照层次关系可以获取指定 DOM 元素的子元素、后代元素、兄弟元素、父元素等。jQuery 的层次选择器可以快速定位与指定元素中具有层次关系的元素。层次选择器按照 DOM 元素的层次可以分为子元素选择器、后代选择器和兄弟选择器,具体如表 6-3 所示。

表 6-3　层次选择器

| 选择器 | 语法 | 描述 | 返回值 |
|---|---|---|---|
| 子元素选择器 | $("parent〉child") | 根据父元素匹配所有的子元素 | 元素集合 |
| 后代选择器 | $("selector selector1") | 根据祖先元素(selector)匹配所有的后代元素(selector1) | 元素集合 |
| 兄弟选择器 | $("prev＋next") | 匹配 prev 元素紧邻的 next 兄弟元素 | 元素集合 |
| 兄弟选择器 | $("prev～siblings") | 匹配 prev 元素后的所有兄弟元素 | 元素集合 |

### 1)子代选择器

子代选择器是通过父元素(parent)获取其下的指定子元素(child),通过给定的父元素匹配与父元素相邻的所有子元素,且子元素只能是自己的孩子元素,不能是孙子、曾孙里面的元素。子元素选择器的语法如下:

$("selector1〉selector2〉selector3〉…")

例如,$("div〉ul〉li〉a").css("color","red"),选择〈div〉下的〈ul〉中的〈li〉后面的〈a〉,设置〈a〉的文本颜色为红色。

### 2)后代选择器

后代选择器是通过给定的祖先元素匹配它后面的所有后代元素,祖先元素的后代可能是该元素的一个孩子、孙子、曾孙等。后代选择器得到的内容包含子代选择器选择的内容。后代选择器中间使用空格隔开。后代选择器的语法如下:

$("selector1 selector2 …")

例如,$("div ul li a").css("color","red"),选择〈div〉下的〈ul〉中的〈li〉后面的所有〈a〉,设置这些〈a〉中的文本颜色均为红色。

### 3)兄弟选择器

兄弟选择器是通过指定的元素获取其他的兄弟元素,兄弟元素可以理解为同辈元素或同级元素。兄弟选择器的隔开形式有两种,一个是"＋",一个是"～",其语法和意义如下:

$("selector1＋selector2")

获取紧邻的下一个同级兄弟元素。

例如,$("div＋p").css("background","red"),选择〈div〉后面的第一个与它同级的兄弟元素〈p〉,设置〈p〉内的文字颜色为红色。

$("selector1～selector2")

获取指定元素后的所有同级兄弟元素。

例如，$("div～p").css("color","red")，选择〈div〉后面的所有与它同级的〈p〉兄弟元素，设置所有选中〈p〉内的文字颜色为红色。

**任务 实现**

## 1. 任务分析

折叠式菜单制作任务难度较大，重点使用两种方式的兄弟选择器完成任务。菜单最初处于折叠状态，使用"prev＋next"选择器使所有菜单后面的内容处于隐藏状态；当单击某个菜单时该菜单打开，同级别的其他菜单变成折叠状态，使用"prev＋siblings"选择器结合 next()、parent()、children()函数来处理，使单击菜单后面的元素显示，背景为展开后的背景，同时找到父元素，通过父元素让其他菜单隐藏，更换背景为合成后的背景。同时注意处理对此单击效果，此时单击展开后的菜单，应该没有变化，且背景还是展开后背景。操作步骤如下：

（1）制作页面，先制作 1 个〈ul〉和下面的 4 个〈li〉对象；然后在〈li〉中制作 1 个〈p〉和 1 个〈div〉，处于同级；最后在〈div〉中制作 5 个〈a〉对象。

（2）在.css 文件中设置页面样式。

（3）引入样式和 jQuery。

（4）建立〈script〉，先隐藏所有对象，再进行单击事件处理，更换单击对象背景，显示对象后面的〈div〉，找到单击对象的父对象，隐藏其兄弟对象，更换背景。

（5）处理单击对象再次被单击时的效果。

## 2. 代码实现

这个任务实现折叠式菜单，因为需要使用父子、兄弟关系，因此页面元素之间必须关系清楚、结构清晰。注意使用 CSS 样式处理制作后的效果。最后使用 jQyery 进行单击事件处理，在处理过程中使用 next()、parent()、children()函数查找父对象和兄弟对象，然后进行处理。详细 HTML 代码如下：

```
〈! DOCTYPE html〉
〈html〉
〈head〉
        〈meta charset＝"UTF-8"〉
        〈title〉折叠式菜单〈/title〉
        〈link rel＝"stylesheet" href＝"course6-3.css" /〉
        〈script src＝"js/jquery-3.4.1.js"  type＝"text/javascript" 〉〈/script〉
〈/head〉
```

```
〈body〉
    〈ul class="meau-list"〉〈li〉
        〈p class="meau-head"〉目标管理〈/p〉〈div class="meau-body"〉
            〈a href="#"〉主题空间〈/a〉
            〈a href="#"〉项目任务〈/a〉
            〈a href="#"〉工作计划〈/a〉
            〈a href="#"〉日程事件〈/a〉
            〈a href="#"〉时间视图〈/a〉〈/div〉〈/li〉
    〈li〉〈p class="meau-head"〉会议管理〈/p〉
        〈div class="meau-body"〉
            〈a href="#"〉主题空间〈/a〉
            〈a href="#"〉会议安排〈/a〉
            〈a href="#"〉待开会议〈/a〉
            〈a href="#"〉已开会议〈/a〉
            〈a href="#"〉会议资源〈/a〉〈/div〉〈/li〉
    〈li〉〈p class="meau-head"〉知识社区〈/p〉
        〈div class="meau-body"〉
            〈a href="#"〉我的收藏〈/a〉
            〈a href="#"〉知识广场〈/a〉
            〈a href="#"〉文档中心〈/a〉
            〈a href="#"〉我的博客〈/a〉
            〈a href="#"〉文档库管〈/a〉〈/div〉〈/li〉
    〈li〉〈p class="meau-head"〉我的工具〈/p〉
        〈div class="meau-body"〉
            〈a href="#"〉综合查询〈/a〉
            〈a href="#"〉通讯录〈/a〉
            〈a href="#"〉便签〈/a〉
            〈a href="#"〉计算器〈/a〉
            〈a href="#" id="last"〉万年历〈/a〉〈/div〉〈/li〉〈/ul〉
〈/body〉
〈script〉
    $('.meau-head+div').hide();
    $('.meau-head').click(function(){
```

```
            $(this).css('background-image','url(img/course6/展开.jpg)');
            $(this).next('div').show();
            var parentli=$(this).parent('li');
            var lis=parentli.siblings('li');
            lis.children('p').css('background-image','url(img/course6/合并.jpg)');
            lis.children('div').hide();});
        $('p').click(function(){
            $(this).css('background-image','url(img/course6/展开.jpg)');})
    </script>
</html>
```

该网页的 CSS 样式设置代码如下：

```
a{
    text-decoration:none;
    display:block;
    margin:0 auto;
    border:1px dashed #000000;
    border-bottom:none;    }
a:first-child{border-top:none;    }
#last{border-bottom:1px dashed #000000; }
li{
    width:200px;
    list-style:none;
    text-align:center;
    line-height:40px;
    margin:0 auto;}
p{
    border:1px solid #000000;
    margin:0 auto;
    font-weight:bold;
    background-image:url(img/course6/合并.jpg) ;      }
```

## 3. 任务总结

(1)知识和技术：本次任务核心是利用兄弟选择器处理菜单折叠过程中对象的显示和隐藏。

为了实现效果,使用了函数、单击事件、背景对象替换等操作,整体任务显得很复杂,过程繁琐,但这正是 Web 前端的核心特征。本次任务内容也比较偏重应用,与常见的网页效果基本一致,所以掌握本次任务制作流程和思维模式,有助于本门课程后续的学习。

(2)思政要点:在制作本任务时发现,用 HTML5 创建的结构越繁杂而清晰,利用选择器实现效果越容易。就像我们的工作和学习,前期准备得越扎实而充分,成功的机会越大。想想那些让五星红旗高高飘扬在奥运赛场的体育健儿们,只为那一个瞬间的成功,无不是十年如一日般地进行艰苦训练。就像俗语说的:"台上一分钟,台下十年功。"

【拓展任务——毕业设计作品展页面制作】

(1)思政要点:本任务利用素材标准命名规则,通过一句代码实现效果。遵守规则是提高复杂事件效率的前提;不遵守规则,则会引发不必要的冲突,提高社会生存成本,造成社会资源浪费。总之,规则是社会有序运行的"基础设施",是社会和谐的"底座",规则受尊重,社会才有良序。

(2)技术要求:参考图 6-8 效果,制作学生室内设计作品展示页面,该页面效果相对简单。主要使用后代选择器进行处理。首先制作一个〈div〉,该〈div〉下包括 2 个并列〈div〉,第一个〈div〉下包括 1 个〈img〉;第二个〈div〉下包括 1 个〈ul〉,该〈ul〉下包括 8 个〈li〉,每个〈li〉下都有 1 个〈a〉。该任务核心利用 jQuery 更换〈img〉下 src 的内容,因此要求图片文件的命名格式必须是统一的,在末尾使用数字加以区别。当鼠标滑过〈li〉中的第几个文字,〈img〉的 src 属性值通过 attr()函数更换为数字部分为"li 索引值+1"那张图,实现鼠标滑过文字,更换为对应图片的效果。详细代码可参考 course6-3expand.html 和 course6-3expand.css 文件。

图 6-8 毕业设计作品展

## ▶任务四　疫情情况统计页面制作

### 任务 描述

本次任务制作疫情统计页面,页面包括输入病例统计,本土病例统计两种;超过10例的省份边框标红,少于10例的边框标为橘红;同时注意背景、边框等的样式处理。效果如图6-9所示。

图6-9　疫情情况统计页面

### 知识 储备

#### 1.过滤选择器

为了更快捷地找到所需要的 DOM 元素,jQuery 提供了一些过滤选择器。过滤选择器支持不同的过滤规则筛选 DOM 元素,与 CSS 中的伪类选择器类似。但是它们中很多不是 CSS 的规范,而是 jQuery 为了开发者的便利延展出来的选择器。过滤选择器通常以":"开头,":"后面用于指定过滤规则,例如":first"用于获取第一个元素。jQuery 过滤选择器按照过滤规则的不同可分为基本过滤选择器、可见性过滤选择器、内容过滤选择器、属性过滤选择器、子元素过滤选择器、表单过滤选择器和表单对象属性过滤选择器。

#### 1)基本过滤选择器

在 jQuery 中,基本过滤选择器的过滤规则多数与元素的索引值有关,基本采用索引值或快

捷方式选择元素。例如,获取 DOM 中的第 1 个 p 元素,索引值方式示例代码如下:

```
$('p:eg(0)')
```

其中 0 代表索引值,第一个 p 元素的索引值为 0。jQuery 提供的快捷方式获取第一个元素的示例代码如下:

```
$('p:first')
```

基于索引值和快捷方式筛选元素的基本过滤选择器比较多,具体如表 6-3 所示。

表 6-3　基本过滤选择器

| 选择器 | 语法 | 描　述 | 返回值 |
|---|---|---|---|
| :first | $("selector:first") | 获取第一个元素 | 单个元素 |
| :last | $("selector:last") | 获取最后一个元素 | 单个元素 |
| :not(selector) | $("selector:not(selector)") | 获取除了给定选择器外的所有元素 | 元素集合 |
| :even | $("selector:even") | 获取所有索引值为偶数的元素,索引号从 0 开始 | 元素集合 |
| :odd | $("selector:odd") | 获取所有索引值为奇数的元素,索引号从 0 开始 | 元素集合 |
| :eq(index) | $("selector:eq(index)") | 获取指定索引值的元素,索引号从 0 开始 | 单个元素 |
| :gt(index) | $("selector:gt(index)) | 获取所有大于给定索引值的元素,索引号从 0 开始 | 元素集合 |
| :lt(index) | $("selector:lt(index)") | 获取所有小于给定索引值的元素,索引号从 0 开始 | 元素集合 |
| :hcader | $(":header") | 选择器选取所有标题元素(〈h1〉-〈h6〉) | 元素集合 |

注:其中":even"选择器和":odd"选择器经常被应用到表格或者列表中。

### 2)可见性过滤选择器

在网页开发中,具有动态效果的页面往往有很多元素被隐藏。例如,折叠式菜单中,折叠起来的子菜单实际上是被隐藏的元素,又称不可见元素,展开的子菜单为可见元素。jQuery 中提供了可见性过滤选择器,可根据元素的可见性来获取元素,具体如表 6-4 所示。

表 6-4　可见性过滤选择器

| 选择器 | 语法 | 描　述 | 返回值 |
|---|---|---|---|
| :visible | $("selector:visible") | 获取所有的可见元素 | 元素集合 |
| :hidden | $("selector:hidden") | 获取所有不可见元素 | 元素集合 |

注:":hidden"选择器可以获取 CSS 样式为"display:none"以及属性"type="hidden""的文本隐藏域。

### 3)内容过滤选择器

元素的内容是指它所包含的子元素或文本内容,jQuery 中提供的内容过滤选择器,可根据元素的内容来获取元素,具体如表 6-5 所示。

表6-5　内容过滤选择器

| 选择器 | 语法 | 描　述 | 返回值 |
|---|---|---|---|
| :contains(text) | $("selector:contains(text)") | 获取包含给定文本的元素 | 元素集合 |
| :empty | $("selector:empty") | 获取所有不包含子元素或者文本的空元素 | 元素集合 |
| :has(selector) | $("selector:has(selector)") | 获取含有选择器所匹配的元素 | 元素集合 |
| :parent | $("selector:parent") | 获取含有子元素或者文本的元素 | 元素集合 |

### 4）属性过滤选择器

jQuery 不仅可以通过元素的内容筛选元素，也可以通过元素的属性来筛选元素。jQuery 的属性过滤选择器将过滤规则包裹在[]中，具体如表 6-6 所示。

表6-6　属性过滤选择器

| 选择器 | 语法 | 描　述 | 返回值 |
|---|---|---|---|
| [attribute] | $("[属性名]") | 获取包含给定属性的元素 | 元素集合 |
| [attribute＝value] | $("[属性名＝'值']") | 获取等于给定属性是某个特定值的元素 | 元素集合 |
| [attribute！＝value] | $("[属性名！＝'值']") | 获取不等于给定属性是某个特定值元素 | 元素集合 |
| [attribute^＝value] | $("[属性名^＝'值']") | 获取给定的属性是以某些值开始的元素 | 元素集合 |
| [attribute $＝value] | $("[属性名 $＝'值']") | 获取给定的属性是以某些值结尾的元素 | 元素集合 |
| [attribute＊＝value] | $("[属性名＊＝'值']") | 获取给定的属性是以包含某些值的元素 | 元素集合 |
| [selector1][selector2] [selectorN] | $("[属性名][属性名] [属性名]") | 获取满足多个条件的复合属性的元素 | 元素集合 |

### 5）子元素过滤选择器

jQuery 中子元素过滤选择器通过父元素和子元素的关系，来获取相应的元素，可同时获取不同父元素下满足条件的子元素。与层次选择器中的子元素选择器相比，子元素过滤选择器拥有较灵活的过滤规则，jQuery 中的子元素过滤器具体如表 6-7 所示。

表6-7　子元素过滤选择器

| 选择器 | 语法 | 描　述 | 返回值 |
|---|---|---|---|
| :first-child | $("selector:first-child") | 获取每个父元素下的第一个子元素 | 元素集合 |
| :last-child | $("selector:last-child") | 获取每个父元素下的最后一个子元素 | 元素集合 |
| :only-child | $("selector:only-child") | 获取每个仅有一个子元素的父元素下的子元素 | 元素集合 |
| :nth-child (n\|even\|odd\|formula) | $("selector:first-child()") | 获取每个元素下的特定元素，索引号从 1 开始。<br>•n：要匹配的每个子元素的索引，必须是一个数字。<br>•even：选取每个偶数子元素。<br>•odd：选取每个奇数子元素。<br>•formula：规定哪个子元素需通过公式（an＋b）来选取。实例：p:nth-child(3n＋2)选取每个第三段，从第二个元素开始 | 元素集合 |

#### 6）表单过滤选择器

为了方便和高效地使用表单，jQuery 中提供了表单过滤选择器。通过表单选择器可以在页面中快速定位表单中某个类型元素的集合。表6-8列出了针对不同类型的表单控件的选择器。

表6-8　表单过滤选择器

| 选择器 | 语法 | 描　述 | 返回值 |
|---|---|---|---|
| :input | $(":input") | 获取表单中所有 input、textarea、select 和 button 元素（表单控件） | 元素集合 |
| :text | $(":text") | 获取表单中所有 input[type＝text]的元素（单行文本框） | 元素集合 |
| :password | $(":password") | 张取表单中所有 input[type＝password]的元素（密码框） | 元魈集合 |
| :radio | $(":radio") | 获取表单中所有 input[type＝radio]的元素（单选按钮） | 元素集合 |
| :checkbox | $(":checkbox") | 获取表单中所有 input[type＝checkbox]的元素（复选框） | 元素集合 |
| :submit | $(":submit") | 获取表单中所有 input[type＝submit]的元素（提交按钮） | 元素集合 |
| :image | $(":image") | 获取表单中所有 input[type＝image]的元素（图像域） | 元素集合 |
| :reset | $(":reset") | 获取表单中所有 input[type＝reset]的元素（重置按钮） | 元素集合 |
| :button | $(":button") | 获取表单中所有 input[type＝button]元素和 button 元素（普通按钮） | 元素集合 |
| :file | $(":file") | 获取表单中所有 input[type＝file]的元素（文件域） | 元素集合 |

在使用时需要注意"：button"和"：image"选择器的区别："：button"选择器的作用范围，包含使用 input[type＝button]和 button 元素定义的按钮；"：image"选择器的作用范围，包含使用 input[type＝image]定义的图像，但不包含 img 元素定义的图像。表单过滤选择器前可以添加表单 id 选择器等限定表单过滤选择器的操作范围。

#### 7）表单对象属性过滤选择器

表单对象用一些专有属性来表示表单的某种状态，例如 enabled、disabled 等。jQuery 中也提供了表单对象属性过滤选择器，可通过表单中的对象属性特征获取该类元素，具体如表6-9所示。

表6-9　表单对象属性过滤选择器

| 选择器 | 语法 | 描　述 | 返回值 |
|---|---|---|---|
| :enabled | $(":enabled") | 获取表单中所有属性为可用的元素 | 元素集合 |
| :disabled | $(":disabled") | 获取表单中所有属性为不可用的元素 | 元素集合 |
| :checked | $(":checked") | 获取表单中所有被选中的元素 | 元素集合 |
| :selected | $(":selected") | 获取表单中所有被选中 option 的元素 | 元素集合 |

表单对象属性过滤选择器前可以添加具体表单控件标签等来限定表单对象属性过滤选择器的操作范围。

**任务实现**

## 1. 任务分析

本次任务主要利用基本过滤选择器制作,奇偶行背景颜色不同,标题行背景颜色与内容行也不同,输入病例和本土病例分列显示。本土病例个数需要重点关注,超过 10 个标红,10 个以下标为橘红,同时制作其他基本样式。操作步骤如下:

①制作基本网页,将输入病例和本土病例放在两个〈div〉中,每个〈div〉中使用〈ul〉、〈li〉制作列表;

②在 CSS 中制作样式;

③引用样式和 jQuery;

④在〈script〉使用程序框架对不同的操作对象进行筛选并进行背景和边框设置。

## 2. 代码实现

这个任务制作不是很复杂,先实现基本的网页分布,然后引入样式和 jQuery,最后开始制作效果。使用基本过滤选择器中的索引值和快捷方式设置奇偶行效果、第一行效果以及索引值在某范围内的效果。详细 HTML 代码如下:

```
〈!DOCTYPE html〉
〈html〉
〈head〉
        〈meta charset="UTF-8"〉
        〈title〉疫情情况统计〈/title〉
        〈link rel="stylesheet" href="course6-4.css" /〉
        〈script src="js/jquery-3.4.1.js" type="text/javascript"〉〈/script〉
〈/head〉
〈body〉
        〈h3〉2021 年 1 月 23 日 31 省区市疫情统计〈/h3〉
        〈div〉〈ul id="input"〉
            〈li〉输入病例〈/li〉
            〈li〉广东 5 例〈/li〉
            〈li〉上海 3 例〈/li〉
            〈li〉山西 2 例〈/li〉
            〈li〉天津 1 例〈/li〉
```

```
            〈li〉辽宁 1 例〈/li〉

            〈li〉江苏 1 例〈/li〉

            〈li〉陕西 1 例〈/li〉

            〈li〉甘肃 1 例〈/li〉〈/ul〉〈/div〉〈div〉

        〈ul id="local"〉〈li〉本土病例〈/li〉

            〈li〉黑龙江 29 例〈/li〉

            〈li〉河北 19 例〈/li〉

            〈li〉吉林 12 例〈/li〉

            〈li〉上海 3 例〈/li〉

            〈li〉北京 3 例〈/li〉

            〈li〉山西 1 例〈/li〉〈/ul〉〈/div〉

        〈script〉

            $(function(){

                $("＃input li:even").css("background-color","＃5B6167")

                $("＃input li:odd").css("background-color","＃A9A9A9")

                $("div ul li:eq(0)").css("background-color","＃232930")

                $("div ul li:eq(0)").css("color","＃fff")

                $("＃local li:even").css("background-color","＃5B6167")

                $("＃local li:odd").css("background-color","＃A9A9A9")

                $("＃local>li:eq(0)").css("background-color","＃232930")

                $("＃local>li:eq(0)").css("color","＃fff")

                $("＃local li:lt(4)").addClass("frame")

                $("＃local li:eq(0)").css("border","＃212528")

                $("＃local li:gt(3)").addClass("edging")        });

        〈/script〉

    〈/body〉

    〈/html〉
```

该网页的 CSS 样式设置代码如下：

```
.frame{  border:2px solid ＃ff0000;  }

.edging{  border:2px solid ＃ff5500;  }

h3{ text-align:center;  }

div{

    width:300px;
```

```
        height:450px;
        float:left;
        background-color:#444444;
            margin-left:300px;  }
    li{
        font-size:14px;
        line-height:30px;
        height:30px;
        width:130px;
        font-weight:bolder;
        background-color:#eef;
        border:2px solid #212528;
        text-align:center;
        list-style-type:none;
        margin:10px 40px;
        -webkit-user-select:none;  }
```

## 3. 任务总结

（1）知识和技术：本次任务分两列显示输入和本土病例数量，为了显示效果，要实现标题行（第一行）、奇偶行以及某范围效果，属于过滤选择器中最简单的使用。

（2）思政要点：疫情发生后，党和政府对外本着公开、透明、负责任的态度，向世界卫生组织和国际社会分享防控、治疗经验；对内采用公开疫情日报制度，让民众了解事件真像，避免引起恐慌和混乱，维护社会秩序稳定。在这场抗疫战争中，对外充分展现了国际人道主义精神、国际担当及以人类命运共同体为核心的大国气度；对内充分体现了科学决策能力、应急处突能力及以人文关怀为核心的中国精神。

【拓展任务——输入病例统计页面制作】

（1）思政要点：随着国内防疫战役的胜利，只留下不断跳跃的境外输入数字，于是关闭国门的呼声此起彼伏。但是作为有担当、有责任、胸怀宽阔、海纳百川的大国，既要敞开国门欢迎海外同胞归国，也要成为流淌着中华民族血液的海外侨胞的坚强后盾，更要欢迎在大灾大难中向我们伸出援手的国际友人，同样不能拒绝的还有与我们和睦友善相处的远邻和近邻。

（2）技术要求：参考图6-10效果，制作输入病例统计页面，输入病例的背景颜色和文字颜色根据输入病例数量的不同而不同，重点使用内容过滤选择器制作，标题的背景和文字颜色继续使用基本过滤选择器完成。详细代码可参考 course6-4expand.html 和 course6-4expand.css 文件。

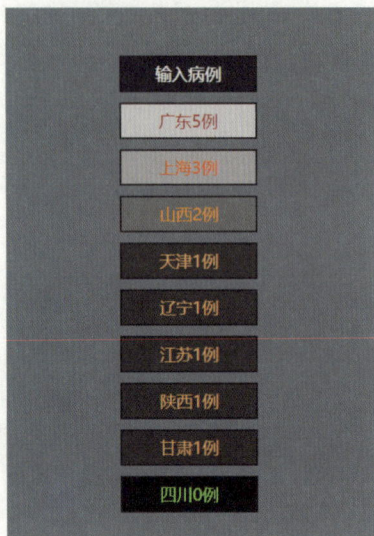

**2021年1月23日31省区市疫情统计**

图 6-10　输入病例统计页面

## ▶任务五　诗词填空（附答案）页面制作

DOM 就是一个接口，可以通过它来操作页面中的各种元素。jQuery 中的经常用 DOM 操作来操作 HTML 元素，例如查找元素、创建元素、添加元素、删除元素、替换元素等等。

**任务描述**

本次任务制作一个网页版本的诗词填空试题，需要填写部分按顺序标号并留空白，单击下方的答案区域，显示正确答案，每个答案单独使用，效果如图 6-11 所示。

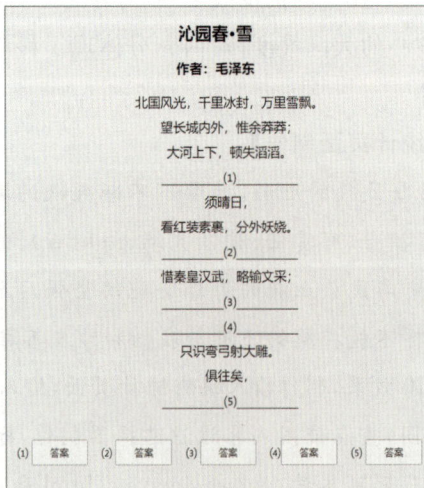

图 6-11　诗词填空（附答案）页面

知识储备

对于前端开发人员而言,DOM 在整个网页开发中都是很关键的,它可用于检索网页内任意元素或内容的索引目录,还可以对页面元素的属性、样式、内容和 DOM 节点进行添加、删除及修改等操作。使用 jQuery 除了操作元素的样式、属性和内容,更多地是处理静态页面中的元素和内容,如果需要更灵活的操作网页上的动态效果(如在网页中的某个位置动态添加 a 链接),很多时候需要直接操作 DOM 节点。为此,jQuery 中提供了一些用来操作 DOM 节点的方法,按照功能可分为创建节点、插入节点、删除节点、复制节点、替换节点、包裹节点和遍历节点。

## 1. 创建节点

在 DOM 操作中,常常需要动态创建 HTML 节点,使文档浏览时呈现不同的效果。jQuery 提供了动态创建节点的方法,创建节点后返回 jQuery 对象。创建节点常用的方式有两种。

### 1)$()函数

$()函数在 jQuery 中有很多作用。例如,使用$()函数可以将 DOM 对象转换为 jQuery 对象,当$()函数的参数为 HTML 代码时,该函数会根据参数中的标签代码创建一个 DOM 对象,并将该 DOM 对象包装成 jQuery 对象。语法如下所示:

```
var obj＝$('HTML 代码');
```

其中 obj 为返回的 jQuery 对象。

### 2)html()方法

前面学习过的 html()方法可用来设置或返回所选元素的 HTML 内容。当 html()方法的参数为 HTML 代码时,便可以在 DOM 中动态创建节点。语法如下所示:

```
$(selector).html("HTML 代码");
```

## 2. 插入节点

在实际开发中,使用$()函数创建的节点如果不被插入到 DOM 中是没有实际意义的,因此 jQuery 中提供了一些方法用于将创建好的节点插入 DOM 的不同位置,例如 append()方法。常用的插入节点的方法如表 6－13 所示。

表 6－13　常用的插入节点的方法

| 方法 | 语法格式 | 描　述 |
|---|---|---|
| append(ele) | $(selector).append(content) | 向匹配元素集合中的每个元素结尾插入由参数指定的内容 |
| prepend(ele) | $(selector).after(content) | 向匹配元素集合中的每个元素开头插入由参数指定的内容 |
| appendTo(ele) | $(content).appendTo(selector) | 向目标结尾插入匹配元素集合中的每个元素 |

续表

| 方法 | 语法格式 | 描　述 |
|---|---|---|
| prependTo(ele) | $(content).prependTo(selector) | 向目标开头插入匹配元素集合中的每个元素 |
| before(ele) | $(selector).before(content) | 在每个匹配的元素之前插入内容 |
| insertBefore(ele) | $(content).insertAfter(selector) | 把匹配的元素插入到另一个指定的元素集合的前面 |
| after(ele) | $(selector).after(content) | 在匹配的元素之后插入内容 |
| insertAfter(ele) | $(content).insertBefore(selector) | 把匹配的元素插入到另一个指定的元素集合的后面 |

- content：规定要插入的内容，值为选择器表达式或者 HTML 标签，必需项。
- selector：规定在何处插入被选元素，必需项。

### 1）append()和 appendTo()方法

jQuery 中，append()和 appendTo()方法都可以在某个元素中插入最后一个子元素，区别在于这两个方法的调用对象不同。

例如有如下代码：

```
〈nav〉
    〈ul〉
        〈li〉序列 1〈/li〉
        〈li〉序列 2〈/li〉
〈li〉序列 3〈/li〉
    〈/ul〉
〈/nav〉
```

如果要在〈ul〉后面插入一个 p 元素，该如何实现？

若使用 append()方法完成上述需求，需要获取 p 元素的父元素 nav，然后利用 nav 调用 append()方法，在方法的参数中传递需要插入的 p 元素，示例代码如下：

```
var $p='〈p〉插入的节点〈/p〉';        //将新创建的 p 节点插入 nav 容器的内容底部
$("nav").append($p);
```

若使用 appendTo()方法完成与上述代码相同的效果，需要利用插入的 p 元素调用 appendTo()方法，在其参数中指定插入元素的父元素。示例代码如下：

```
var $p='〈p〉插入的节点〈/p〉';        //将新创建的 p 节点插入到 nav 容器的内容底部
$($p).appendTo('nav');
```

上述两种方法代码运行后，浏览器中的 DOM 结果是相同的。

### 2）After()和 insertAfter()方法

jQuery 中，after()和 insertAfter()方法都可以在某个元素的后面插入元素，其区别在于这两个方法的调用对象不同。

若使用 after()方法在 ul 元素的后面插入 p 元素,示例代码如下:

```
var $p='<p>插入的节点</p>';        //将新创建的 p 节点插入 ul 元素之后
$("ul").after($p);
```

上述代码中,首先获取 ul 元素对象,然后调用 after()方法,在该方法的参数中给出需要插入的 p 元素。

如果要使用 inserAfter()方法完成以上相同的效果,示例代码如下:

```
var $p='<p>插入的节点</p>';        //将新创建的 p 节点插入 ul 元素之后
$($p).inserAfter("ul");
```

### 3)其他插入元素方法

与 append()和 appendTo()方法、after()和 insertAfter()方法的使用方式类似的还有以下几个方法。

- prepend()和 prependTo():在某元素中插入第一个子元素。
- before()和 insertBefore():在某元素的前面插入元素。

## 3. 删除节点

在网页开发中,有时需要动态删除某个节点。jQuery 中常用的删除节点方法如表 6-14 所示。

表 6-14　jQuery 中删除节点的常用方法

| 方法 | 语法格式 | 描述 |
| --- | --- | --- |
| remove() | $(selector).remove() | 移除被选元素,包括所有文本和子节点 |
| detach(ele) | $(selector).detach() | 移除被选元素,包括所有文本和子节点 |
| empty(ele) | $(selector).empty() | 从被选元素下移除所有内容,包括所有文本和子节点 |

### 1)remove()方法

待删除元素对象调用 remove()方法即可完成删除操作,示例代码如下:

```
$('p').remove();
```

上述代码中,S('p')用于获取待删除的元素对象,remove()方法只会从 DOM 中移除匹配到的元素,但该元素还存在于 jQuery 对象中。需要注意的是,jQuery 对象中不会保留元素的 jQuery 数据。例如,被删除的 p 元素如果绑定了事件或有附加的数据等都会被移除。

### 2)detach()方法

detach()方法的使用方式与 remove()方法基本相同,区别在于 detach()方法不仅会保留 jQuery 对象中的匹配元素,而且会保留该元素所有绑定的事件以及附加的数据。因此,被删除的元素可以通过如下方式来恢复:

```
var obj= $(selector).detach();        //删除元素节点
$(obj).appendto(selector);           //恢复元素节点
```

上述代码中,调用 detach()方法后返回的是当前被删除元素的对象。然后若要恢复元素节点,则可将对象赋值给一个变量 obj,通过插入节点的方法(appendTo())将 obj 插入到 DOM中,实现恢复元素的效果。

**3)empty()方法**

与 remove()和 detach()方法不同,empty()方法并不是删除节点,而是清空元素中的所有后代节点。例如,清空 div 元素中的所有内容,示例代码如下:

```
$('div').empty();
```

### 4. 复制节点

复制节点是 DOM 的常见操作,为此,jQuery 提供一个 clone()方法,专门用于处理 DOM节点的复制,复制的内容包括匹配元素,该元素的子元素、文本和属性。语法如下:

```
$(selector).clone();
```

上述语法中,参数 selector 可以是选择器或 HTML 内容。调用 clone()方法后会生成一个被选元素的副本,该副本需要利用插入节点的方法才能显示到 DOM 中。

### 5. 替换节点

使用 jQuery 开发时,如果需要替换元素或元素中的内容,可以使用 replaceWith()和replaceAll()方法,其区别在于调用方法的对象以及参数设置的不同。语法如下所示:

```
$(selector).replaceWith(content);
$(content).replaceAll(selector);
```

上述语法中,content 可以是 DOM 元素对象或 HTML 内容。例如,将 p 元素替换为 span元素,示例代码如下:

```
$("p").replaceWith("<span>替换</span>");        //实现方式一
$("<span>替换</span>").replaceAll("p");         //实现方式二
```

从上述代码可以看出,replaceWith()方法的调用对象是待替换的元素对象,参数是替换后的 HTML 元素或 DOM 对象。而 replaceAll()方法的使用正好与之相反。

### 6. 包裹节点

包裹节点是指在某个元素的外层添加父元素,将其"包裹"起来。jQuery 中提供了 3 种用于包裹节点的方法,具体如下。

**1)wrap()方法**

wrap()方法用于为每个匹配到的元素添加父元素,将匹配元素包裹在其中,语法如下所示：

```
$(selector).wrap(wrapper);
```

上述语法中，参数 wrapper 表示包裹元素的结构化标记。

2）wrapAll()**方法**

与 wrap()方法不同，wrapAll()方法用于为所有匹配元素添加一个父元素，将这些匹配元素起包裹起来，语法如下所示：

```
$(selector).wrap All(wrapper);
```

3）wrapInner()**方法**

wrapInner()方法用于为匹配元素添加子元素，该子元素用来包裹匹配元素中的所有内容，语法如下所示：

```
$(selector).wrapInner(wrapper);
```

## 7. 遍历节点

在 DOM 元素操作中，当⟨ul⟩元素下的⟨li⟩元素内容都为空，此时若要每个⟨li⟩元素都添加内容，利用前面学习过的知识，可以使用如下代码实现：

```
$("ul li").text(' 测试 ');
```

上述代码执行后，⟨ul⟩元素下的每一个⟨li⟩元素都会被添加内容"测试"，在这个过程中，并没有去取得所有⟨li⟩元素然后循环添加，这种实现方式称为"隐式迭代"。它是通过 jQuery 内部机制实现的，一般适用于对指定的元素做相同操作的处理。

而在实际开发中，有些需求是"隐式迭代"不能处理的。例如，只为⟨ul⟩元素下奇数行的⟨li⟩元素添加内容，这时便要通过 jQuery 提供的 each()方法遍历所有元素，并进行相关的处理。语法如下所示：

```
$(selector).each(function(index,element));
```

上述语法中，each()方法的参数是一个匿名函数，该函数可以接收两个可选参数 index 和 element。其中，index 是遍历元素的索引，索引默认从 0 开始，element 是当前的元素，一般使用 this 关键字来代表当前元素。

## 任务 实现

## 1. 任务分析

本次网页版本的诗词填空试题任务，主要功能是单击按钮显示答案，并将正确答案显示在网页中的指定位置。由于之前有序号和空白，因此在单击答案按钮后，需要采用替换的方式，将网页的内容替换为正确答案，操作步骤如下：

①制作网页页面内容；

②制作 CSS 样式效果；

③引入样式以及 jQuery；

④使用 Script,添加按钮单击事件,执行页面替换操作。

### 2. 代码实现

这个任务页面内容主要使用〈li〉标签实现,为了便于控制格式,将按钮放在〈span〉标签内。利用 click 单击事件替换网页内容,替换操作通过 replaceWith()进行,在单击替换的同时设置文字颜色,对象的选择使用了之前学习的过滤选择器中的基于索引值和快捷方式进行筛选。详细 HTML 代码如下:

```
〈! DOCTYPE html〉

〈html〉

〈head〉

    〈meta charset="UTF-8"〉

    〈title〉诗词填空(附答案)〈/title〉

    〈link rel="stylesheet" href="course6-5.css" /〉

    〈script src="js/jquery-3.4.1.js" type="text/javascript"〉〈/script〉

〈/head〉

〈body〉

    〈div〉〈h2〉沁园春·雪〈/h2〉

        〈h3〉作者:毛泽东〈/h3〉

    〈ul〉〈li〉北国风光,千里冰封,万里雪飘。〈/li〉

        〈li〉望长城内外,惟余莽莽;〈/li〉

        〈li〉大河上下,顿失滔滔。〈/li〉

        〈li〉_____(1)_____〈/li〉

        〈li〉须晴日,〈/li〉

        〈li〉看红装素裹,分外妖娆。〈/li〉

        〈li〉_____(2)_____〈/li〉

        〈li〉惜秦皇汉武,略输文采;〈/li〉

        〈li〉_____(3)_____〈/li〉

        〈li〉_____(4)_____〈/li〉

        〈li〉只识弯弓射大雕。〈/li〉

        〈li〉俱往矣,〈/li〉

        〈li〉_____(5)_____〈/li〉〈/ul〉〈br /〉
```

〈span〉(1)〈button〉答案〈/button〉〈/span〉

〈span〉(2)〈button〉答案〈/button〉〈/span〉

〈span〉(3)〈button〉答案〈/button〉〈/span〉

〈span〉(4)〈button〉答案〈/button〉〈/span〉

〈span〉(5)〈button〉答案〈/button〉〈/span〉〈/div〉

〈script〉

```
$(document).ready(function(){
    $("button:first").click(function(){
        $("ul li:eq(3)").replaceWith("〈li〉山舞银蛇,原驰蜡象,欲与天公试
比高。〈/li〉")
        $("ul li:eq(3)").css("color","#f00")        });
    $("button:eq(1)").click(function(){
        $("ul li:eq(6)").replaceWith("〈li〉江山如此多娇,引无数英雄竞折
腰。〈/li〉")
        $("ul li:eq(6)").css("color","#f00")});
    $("button").eq(2).click(function(){
        $("ul li:eq(8)").replaceWith("〈li〉唐宗宋祖,稍逊风骚。〈/li〉")
        $("ul li:eq(8)").css("color","#f00")});
    $("button:eq(3)").click(function(){
        $("ul li:nth-child(10)").replaceWith("〈li〉一代天骄,成吉思汗,〈/li〉")
        $("ul li:nth-child(10)").css("color","#f00")});
    $("button:eq(4)").click(function(){
        $("ul li:last").replaceWith("〈li〉数风流人物,还看今朝。〈/li〉")
        $("ul li:last").css("color","#f00")});});
```

〈/script〉

〈/body〉

〈/html〉

该网页的CSS样式设置代码如下:

```
div{
    margin:18px auto;
    border:2px solid #5B6167;
    background-color:gainsboro;
    width:600px;
```

```
        height:670px;  }
h2,h3{  text-align:center;  }
span{margin-left:15px;  }
button{
        height:35px;
        width:80px;  }
li{
    font-size:18px;
    line-height:35px;
    list-style-type:none;
    text-align:center;
    font-family:"微软雅黑";  }
```

## 3. 任务总结

（1）知识和技术：本次任务重点是 DOM 文件操作，制作中只使用了 replaceWith()，但是 DOM 文件操作的内容和方式非常多，使用技巧和形式基本相同，因此通过本次任务训练，希望能达到举一反三的效果。

（2）思政要点：从这首词，既能看出作者博大的胸襟和抱负，也能看出豪放词派气势磅礴的意境，既表达了作者的理想和抱负，也展现了豪迈激扬的民族精神。中国青少年们，现在正值"两个百年"奋斗目标的历史交汇点，你们要不断寻找华夏文明中具有英雄情怀和民族精神的经典诗词，深挖隐藏在诗词里不同时期的英雄人物故事，宏扬传统美德；传承华夏文明孕育出的民族精神，永葆中华文化瑰宝的灿烂与辉煌。

### 【任务拓展——增加菜品页面制作】

（1）思政要点：外卖是数字化时代特有的服务形式，但是也给了商家可趁之机。个别商家为了节省成本，偷偷使用劣质油或者"地沟油"，给人们的身心带来极大伤害。在日常生活中，我们首先要增强自身食品安全意识，尽量少点外卖。同时作为提供技术支持的前端开发技术人员，坚决不为这样的商家提供技术支持和服务。无论何时何地何种情境，务必恪守道德底线，坚守职业情操，勿以善小而不为，勿以恶小而为之。

（2）技术要求：参考图 6-12 效果，制作增加菜品页面，在页面中主要实现单击对应的添加按钮，分别添加热菜和凉菜。任务的主要知识点还是 DOM 操作，本案例在空白页面上添加内容，因此使用 append()操作。详细代码可参考 course6-5expand. html 和 course6-5expand. css 文件。

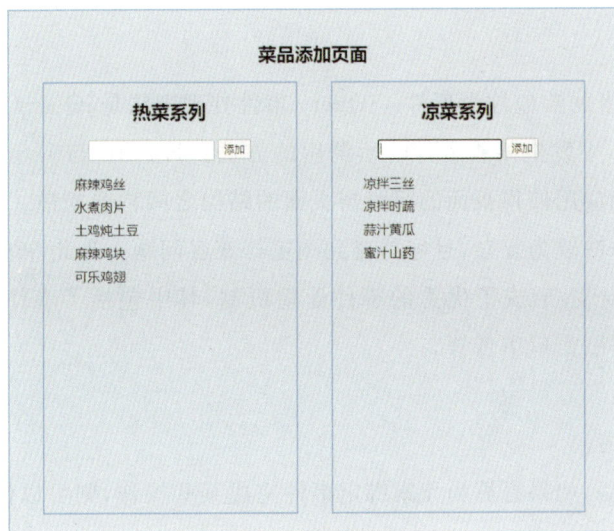

图 6 - 12　增加菜品页面

## ▶任务六　学生优秀毕业设计对比展示页面制作

**任务** *描述*

本次任务制作一个室内设计效果对比展示页面,左右两侧是不同的装修风格的空间效果名称,中间显示设计效果图。两侧最下面一行是设计者姓名,最终效果如图 6 - 13 所示。

图 6 - 13　学生优秀毕业设计对比展示页面

知识储备

页面对不同访问者的响应称为事件。jQuery事件处理方法是jQuery中的核心函数。事件处理程序指当HTML中发生某些事件时所调用的方法。HTML与JavaScript之间是通过事件进行交互的,事件的应用使得页面的行为与页面的结构之间耦合松散。虽然JavaScript可以完成事件的处理,但语法较为复杂,且容易碰到浏览器兼容问题。为此,jQuery对JavaScript操作DOM事件进行了封装,形成了优秀的事件处理机制,其中包括了事件绑定与解绑、鼠标事件、键盘事件、表单事件、窗口事件等。

### 1. 事件绑定

在文档装载完成后,如果打算为元素绑定事件完成某些操作,则可以使用bind()方法对匹配元素进行特定事件的绑定。bind()方法的格式如下:

```
$(selector).bind(event,data,function);
```

bind()有3个参数,说明如下。

• event:含有一个或者多个事件类型的字符串,由空格分隔多个事件,必须是有效的事件,必选项。例如,"click"或者"submit",还可以是自定义事件名。常用事件方法包括click()、blur()、focus()、mouseover()、mouseout()、mousemove()、mousedown()、mouseup()、mouseenter()、mouseleave()、resize()、scroll()、keydown()、keyup()、keypress()。

• data:作为event.data属性值传递给事件对象的额外数据对象,可选项。

• function:绑定到每个匹配元素的事件上面的处理函数,必选项。

click()、mouseover()和focus()在程序中经常会被使用,jQuery为此也提供了一套简写的方法。其简写方法和bind()的使用类似,实现效果也相同,唯一的区别就是只能绑定一个事件,优点是能够减少代码量。

### 2. 鼠标事件

(1)click():触发,或将函数绑定到指定元素的click事件。

当点击元素时,会发生click事件。click()方法触发click事件,或规定当发生click事件时运行的函数。当鼠标指针停留在元素上方,然后按下并松开鼠标左键时,就会发生一次click事件。语法格式如下:

```
$(selector).click();
```

(2)dblclick():触发,或将函数绑定到指定元素的dblclick事件。

当双击元素时,会发生dblclick事件。dblclick()方法触发dblclick事件,或规定当发生dblclick事件时运行的函数。当鼠标指针停留在元素上方,然后按下并松开鼠标左键时,就会发生一次 click。在很短的时间内发生两次 click,即是一次 dblclick 事件。如果把 dblclick 和 click 事件应用于同一元素,可能会产生问题。语法格式如下:

$(selector).dblclick();

(3)mouseenter():触发,或将函数绑定到指定元素的 mouseenter 事件。

当鼠标指针穿过元素时,会发生 mouseenter 事件。mouseenter()方法触发 mouseenter 事件,或者规定当发生 mouseenter 事件时运行的函数。该事件大多数时候会与 mouseleave 事件一起使用。语法格式如下:

$(selector).mouseenter();

(4)mouseover():触发,或将函数绑定到指定元素的 mouseover 事件。

当鼠标指针位于元素上方时,会发生 mouseover 事件。该事件大多数时候会与 mouseout 事件一起使用。mouseover()方法触发 mouseover 事件,或规定当发生 mouseover 事件时运行的函数。语法格式如下:

$(selector).mouseover();

注意:与 mouseenter 事件不同,不论鼠标指针穿过被选元素或其子元素,都会触发 mouseover 事件。只有在鼠标指针穿过被选元素时,才会触发 mouseenter 事件。

(5)mouseleave():触发,或将函数绑定到指定元素的 mouseleave 事件。

当鼠标指针离开元素时会发生 mouseleave 事件。mouseleave()方法触发 mouseleave 事件,或者规定当发生 mouseleave 事件时运行的函数。语法格式如下:

$(selector).mouseleave();

(6)mouseout():触发,或将函数绑定到指定元素的 mouseout 事件。

当鼠标指针从元素上移开时,发生 mouseout 事件。该事件大多数时候会与 mouseover 事件一起使用。mouseout()方法触发 mouseout 事件,或规定当发生 mouseout 事件时运行的函数。语法格式如下:

$(selector).mouseout();

注意:与 mouseleave 事件不同,不论鼠标指针离开被选元素还是任何子元素,都会触发 mouseout 事件。只有在鼠标指针离开被选元素时,才会触发 mouseleave 事件。

(7)hover():添加两个事件处理程序到 hover 事件。

hover()方法规定当鼠标指针悬停在被选元素上时要运行的两个函数。该方法触发 mouseenter 和 mouseleave 事件。hover()方法原理是模拟光标悬停事件,当鼠标移动到元素上时,会触发指定的第一个函数(mouseenter);当鼠标移出这个元素时,会触发指定的第二个函数(mouseleave)。语法格式如下:

$(selector).hover(inFunction,outFunction);

注意:如果只指定一个函数,则 mouseenter 和 mouseleave 都执行它。

### 3. 键盘事件

#### 1）keyup()：添加/触发 keyup 事件

与 keyup 事件相关的事件顺序：

①keydown：键按下的过程；

②keypress：键被按下；

③keyup：键被松开。

当键盘的键被松开时发生 keyup 事件。keyup()方法触发 keyup 事件，或者规定当发生 keyup 事件时运行的函数。

#### 2）keydown()：添加/触发 keydown 事件

当键盘或者按钮被按下时，发生 keydown 事件。完整的 keypress 过程分为两个部分，按键被按下和按键被松开。当按钮被按下时，发生 keydown 事件。keydown()方法触发 keydown 事件，或规定当发生 keydown 事件时运行的函数。

keydown 和 keyup 键盘事件可以结合使用，键盘按键按下的过程触发 keydown()，按键松开后触发 keyup()。

**注意**：如果在文档元素上进行设置，则无论元素是否获得焦点，该事件都会发生。

#### 3）keypress()：添加/触发 keypress 事件

当键盘或者按钮被按下时，发生 keypress 事件。keypress()方法触发 keypress 事件，或者规定当发生 keypress 事件时运行的函数。keypress 事件与 keydown 事件类似。当按钮被按下时，会发生 keypress 事件，发生在当前获得焦点的元素上。但是，与 keydown 事件不同，每插入一个字符，都会发生 keypress 事件。需要注意的是，keypress 事件不会触发所有的键（如 Alt 键、Ctrl 键、Shift 键、Esc 键等不会触发），但这些键可以被 keydown()方法触发。

### 4. 表单事件

#### 1）submit()：添加/触发 submit 事件

当提交表单时，会发生 submit 事件。该事件只适用于〈form〉元素。submit()方法触发 submit 事件，或者规定当发生 submit 事件时运行的函数。语法格式如下。

触发被选元素的 submit 事件：

```
$(selector).submit();
```

添加函数到 submit 事件：

```
$(selector).submit(function);
```

2）change()：**添加/触发 change 事件**

当元素的值改变时发生 change 事件，该事件仅适用于文本域（textfield），以及 textarea 和 select 元素。change()方法触发 change 事件，或规定当发生 change 事件时运行的函数。语法格式如下。

触发被选元素的 change 事件：

$(selector).change();

添加函数到 change 事件：

$(selector).change(function);

**注意**：当用于 select 元素时，change 事件会在选择某个选项时发生。当用于 textfield 或 textarea 时，change 事件会在元素失去焦点时发生。

3）focus()：**添加/触发 focus 事件**

当元素获得焦点时（当通过鼠标点击选中元素或通过 Tab 键定位到元素时），发生 focus 事件。focus()方法触发 focus 事件，或规定当发生 focus 事件时运行的函数。语法格式如下。

触发被选元素的 focus 事件：

$(selector).focus();

添加函数到 focus 事件：

$(selector).focus(function);

4）blur()：**添加/触发失去焦点事件**

当元素失去焦点时发生 blur 事件。blur()方法触发 blur 事件，或规定当发生 blur 事件时运行的函数。blur()方法会调用执行绑定到 blur 事件的所有函数，包括浏览器的默认行为。可以通过返回 false 防止触发浏览器的默认行为。blur 事件会在元素失去焦点时触发，既可以是鼠标行为，也可以是按 Tab 键离开的。该方法常与 focus()方法一起使用。语法格式如下。

为被选元素触发 blur 事件：

$(selector).blur();

添加函数到 blur 事件：

$(selector).blur(function);

## 5. 窗口事件

1）scroll()

当用户滚动指定的元素时，会触发 scroll 事件。scroll 事件适用于所有可滚动的元素和 window 对象（浏览器窗口）。scroll()方法触发 scroll 事件，或者规定当发生 scroll 事件时运行的函数。语法格式如下。

触发被选元素的 scroll 事件：

```
$(selector).scroll();
```

添加函数到 scroll 事件：

```
$(selector).scroll(function);
```

2）resize()

当调整浏览器窗口大小时，发生 resize 事件。resize()方法触发 resize 事件，或规定当发生 resize 事件时运行的函数。语法格式如下。

触发被选元素的 resize 事件：

```
$(selector).resize();
```

添加函数到 resize 事件：

```
$(selector).resize(function);
```

## 6. 事件冒泡

在一个页面上可以有多个事件，也可以多个元素响应同一个事件。假设网页上有两个元素，其中一个元素嵌套在另一个元素中，并且都被绑定了 click 事件，同时〈body〉元素上也绑定了 click 事件。当单击内部的〈span〉元素，即触发〈span〉元素的 click 事件时，会输出 3 条记录，这就是由事件冒泡引起的。

事件冒泡可能会引起预料之外的效果。上例中，本来只想触发〈span〉元素的 click 事件，但〈div〉元素和〈body〉元素的 click 事件也同时被触发。因此，有必要对事件的作用范围进行限制。当单击〈span〉元素时，只触发〈span〉元素的 click 事件，而不触发〈div〉元素和〈body〉元素的 click 事件，当单击〈div〉元素时，只触发〈div〉元素的 click 事件，而不触发〈body〉元素的 click 事件。

### 1）事件对象

由于 IE-DOM 和标准 DOM 实现事件对象的方法各不相同，因此在不同浏览器中获取事件对象变得比较困难。针对这个问题，jQuery 进行了必要的扩展和封装，从而使在任何浏览器中都能很轻松地获取事件对象及事件对象的一些属性。在程序中使用事件对象非常简单，只需要为函数添加一个参数。当单击"element"元素时，事件对象就被创建了。这个事件对象只有事件对象处理函数能访问到。事件对象处理函数执行完毕，事件对象就被销毁。

### 2）停止事件冒泡

停止事件冒泡可以阻止事件中其他对象的事件处理函数被执行。jQuery 提供了 stopPropagation()函数，可以停止事件冒泡。当单击〈span〉元素时，只会触发〈span〉元素的 click 事件，而不会触发〈div〉元素和〈body〉元素的 click 事件。

### 3）阻止默认行为

网页中的元素有自己默认的行为，如点击超链接后会跳转、单击"提交"按钮后表单会提交，有时需要阻止元素的默认行为。

在 jQuery 中，提供 preventDefault() 阻止元素的默认行为。例如，在项目中，经常需要验证表单，在单击"提交"按钮时，验证表单内容，如某元素是否是必填字段、某元素是否够 6 位等，当表单不符合提交条件时，要阻止表单的提交。

如果想同时对事件对象停止冒泡和默认行为，可以在事件处理函数中返回 false。这是对在事件对象上同时调用 stopPropagation() 和 preventDefault() 的一种简写方式。

## 7. 事件解除

在绑定事件的过程中，不仅可以为同一个元素绑定多个事件，还可以为多个元素绑定同一个事件。假设有一个〈button〉元素，绑定多个相同事件。当单击按钮后，会出现所有的绑定事件。

下面是事件解绑函数 unbind() 的语法结构：

```
$(selector).unbind(event,function);
```

• event：规定删除元素的一个或多个事件，由空格分隔多个事件值，可选项。

• function：规定从元素的指定事件取消绑定的函数名，可选项。

具体说明如下：

①如果没有参数，则删除所有绑定的事件；

②如果提供了事件类型作为参数，则只删除该类型的绑定事件；

③如果将绑定时传递的处理函数作为第二个参数，则只有这个特定的事件处理函数会被删除。

（1）解除按钮元素上以前注册的事件。首先，在网页上添加一个解除事件的按钮：

```
〈button id="delA11"〉删除所有事件〈/button〉
```

其次，为按钮绑定一个事件：

```
$("#delA11").click(function(){
// 处理数数
));
```

最后，为该事件编写处理函数用于删除元素的所有 click 事件：

```
$("#delA11").click(function(){
$("btn").unbind("click");
});
```

（2）解除〈button〉元素的其中一个事件。首先需要为这些匿名处理函数指定一个变量，然后即可单独删除某一个事件。

另外，对只需要触发一个，随后就要立即解除绑定的情况，jQuery 提供了一种简写方法——one()。one()可以为元素绑定处理函数。当处理函数触发一次后，立即被删除。也就是说，在每个对象上，事件处理函数只会被执行一次。one()的结构和 bind()类似，使用方法也和bind()相同。

## 任务实现

### 1. 任务分析

本次任务是制作室内效果对比展示页面，首先完成页面的整体布局，为了便于进行样式控制，采用〈li〉标签，将页面内容分为左、中、右三部分。在〈script〉中隐藏所有中间〈li〉，只显示第一个〈li〉，然后进行鼠标滑过事件处理，获取鼠标滑过的〈li〉的索引值，显示该〈li〉对应的内容，隐藏其他〈li〉内容。右侧〈li〉处理方法相同，索引值需要将左侧〈li〉个数累加进来。操作步骤如下：

①制作业面效果，分为左侧、中间和右侧；

②设置页面的 CSS 样式、active、selected；

③引入样式和 jQuery；

④进行 mouseover 事件处理，注意 siblings()、hide()、show()的使用。

### 2. 代码实现

这个任务页面内容制作使用大量的〈ul〉和〈li〉，〈ul〉和〈li〉按照内容格式分为左、中、右三部分，各部分的〈ul〉和〈li〉需要使用 id 和 class 进行区分。当有鼠标划过时，使用 siblings()选择兄弟对象，使用 hide()、show()实现页面内容显示和隐藏，使用 mouseover()实现网页元素的切换。详细 HTML 代码如下：

```
〈! DOCTYPE html〉

〈html〉

〈head〉

        〈meta charset="UTF-8"〉

        〈link rel="stylesheet" href="course6-6.css" type="text/css" /〉

        〈script src="js/jquery-3.4.1.js" type="text/javascript"〉〈/script〉

        〈title〉学生优秀毕业设计对比展示页面〈/title〉

〈/head〉
```

```
<body>
    <div id="box"><ul id="left">
            <li class="lileft"><a  href="#">地中海式－－－客厅</a></li>
            <li class="lileft"><a  href="#">地中海式－－－主卧</a></li>
            <li class="lileft"><a  href="#">地中海式－－－次卧</a></li>
            <li class="lileft"><a  href="#">地中海式－－－客卧</a></li>
            <li class="lileft"><a  href="#">地中海式－－－书房</a></li>
            <li class="lileft"><a  href="#">地中海式－－－厨房</a></li>
            <li class="lileft"><a  href="#">地中海式－－－餐厅</a></li>
            <li class="lileft"><a  href="#">地中海式－－－主卫</a></li>
            <li class="lileft"><a  href="#">地中海式－－－阳台</a></li>
            <div id="ldesign">设计者:何亚妮</div></ul>
    <ul id="center">
            <li  class="licenter"><a  href="#"><img src="img/course6/室内学生
作品/何亚妮1－－－客厅.jpg"></a></li>
        <li  class="licenter"><a  href="#"><img src="img/course6/室内学生作品/何亚
妮2－－－主卧.jpg"></a></li>
        <li  class="licenter"><a  href="#"><img src="img/course6/室内学生作品/何亚
妮3－－－次卧.jpg"></a></li>
        <li  class="licenter"><a  href="#"><img src="img/course6/室内学生作品/何亚
妮4－－－客卧.jpg"></a></li>
        <li  class="licenter"><a  href="#"><img src="img/course6/室内学生作品/何亚
妮5－－－书房.jpg"></a></li>
        <li  class="licenter"><a  href="#"><img src="img/course6/室内学生作品/何亚
妮6－－－厨房.jpg"></a></li>
        <li  class="licenter"><a  href="#"><img src="img/course6/室内学生作品/何亚
妮7－－－餐厅.jpg"></a></li>
        <li  class="licenter"><a  href="#"><img src="img/course6/室内学生作品/何亚
妮8－－－主卫.jpg"></a></li>
        <li  class="licenter"><a  href="#"><img src="img/course6/室内学生作品/何亚
妮9－－－阳台.jpg"></a></li>
        <li  class="licenter"><a  href="#"><img src="img/course6/室内学生作品/丁劢
恒1－－－客厅.jpg"></a></li>
```

```
<li class="licenter"><a href="#"><img src="img/course6/室内学生作品/丁劭恒2———主卧.jpg"></a></li>
<li class="licenter"><a href="#"><img src="img/course6/室内学生作品/丁劭恒3———次卧.jpg"></a></li>
<li class="licenter"><a href="#"><img src="img/course6/室内学生作品/丁劭恒4———客卧.jpg"></a></li>
<li class="licenter"><a href="#"><img src="img/course6/室内学生作品/丁劭恒5———书房.jpg"></a></li>
<li class="licenter"><a href="#"><img src="img/course6/室内学生作品/丁劭恒6———厨房.jpg"></a></li>
<li class="licenter"><a href="#"><img src="img/course6/室内学生作品/丁劭恒7———餐厅.jpg"></a></li>
<li class="licenter"><a href="#"><img src="img/course6/室内学生作品/丁劭恒8———主卫.jpg"></a></li>
<li class="licenter"><a href="#"><img src="img/course6/室内学生作品/丁劭恒9———阳台.jpg"></a></li></ul>
        <ul id="right">
            <li class="liright"><a href="#">欧式简约———客厅</a></li>
            <li class="liright"><a href="#">欧式简约———主卧</a></li>
            <li class="liright"><a href="#">欧式简约———次卧</a></li>
            <li class="liright"><a href="#">欧式简约———客卧</a></li>
            <li class="liright"><a href="#">欧式简约———书房</a></li>
            <li class="liright"><a href="#">欧式简约———厨房</a></li>
            <li class="liright"><a href="#">欧式简约———餐厅</a></li>
            <li class="liright"><a href="#">欧式简约———主卫</a></li>
            <li class="liright"><a href="#">欧式简约———阳台</a></li>
            <div id="rdesign">设计者:丁劭恒</div></ul></div>
</body>
<script type="text/javascript">
    $(document).ready(function(){
        $('#center>li').hide();
        $('#center>li:eq(0)').show();
        $('#left>li').mouseover(function(){
```

```
                var index= $ (this).index();
                    $ ('#center>li:eq('+index+')').siblings('li').hide();
            $ ('#center>li:eq('+index+')').show();});
                $ ('#right>li').mouseover(function(){
                var index= $ (this).index()+9;
                $ ('#center>li:eq('+index+')').siblings('li').hide();
                $ ('#center>li:eq('+index+')').show();});});
</script>
</html>
```

该网页的 CSS 样式设置代码如下：

```
#box {
    width:1070px;
    height:500px;
    margin:50px auto;
    background:#474d54;  }
#left{float:left;  }
#right{
    float:right;
    margin-right:35px;  }
#center{
    float:left;
    margin:25px auto;  }
.lileft,.liright{
    width:130px;
    line-height:45px;
    list-style-type:none ;
    font-size:14px;
    text-align:center;
    color:white;
    text-shadow:0 1px 0 black;
    border:1px solid black;
    box-shadow:0 1px 0 dimgrey inset, 0 1px 3px darkgrey;
    background:-webkit-linear-gradient(top, #474d54, #2f363d);  }
```

```
#ldesign,#rdesign{
    width:130px;
    height:45px;
    text-align:center;
    line-height:45px;
    font-size:16px;
    font-weight:bold;
    color:#FFFF00;
    border:1px solid black;
    box-shadow:0 1px 0 dimgrey inset, 0 1px 3px darkgrey;
    background:-webkit-linear-gradient(top, #474d54, #2f363d);    }
.licenter{    list-style-type:none ;    }
li.active{
    box-shadow:0 1px #484c50;
    background:   -webkit-linear-gradient(top, #232930, #3c4249);   }
li.selected {
    background-color:#ffe4dc;
    color:#FF5000;
    display:flex;   }
img{width:650px ;   }
```

## 3. 任务总结

(1)知识和技术：本次任务重点是利用 mouseover()事件实现鼠标滑过,获取对应的〈li〉内容,然后隐藏所有其他兄弟对象,显示选择的〈li〉对应〈img〉内容,通过本次任务学习,掌握 jQuery 事件使用方法和技巧。

(2)思政要点：现代简约装修风格特点就是求真务实,注重与自然和谐相处。这正是中国传统的道家文化倡导的"道法自然"理念。可见早在几千年前,中国古人就已经将天、地、人乃至整个宇宙的深层规律精辟地阐述出来,在探求生存与自由的同时,告诫我们要探索自然法则并遵循自然法则,也揭示了获取越多反噬越大的基本规律。

**【拓展任务——学生室内设计作品展示页面制作】**

(1)思政要点：新中式装修风格将红木家具、窗棂、布艺床品等包含各种古代技艺的元素融入,不但体现了浓郁的东方韵味,同时彰显中国传统工艺的精美。这种将中国传统文化的底蕴与现代元素完美结合的装修风格既符合现代化审美需求,又富有东方传统魅力。让传统文化和传统艺术在当今社会得到合适的体现,这是对中国传统文化最好的继承和发扬。

（2）技术要求：参考图 6-14 效果，制作学生室内设计作品展示页面，实现鼠标出现在图片上时，图片下方出现文字提示效果。重点使用现 hover()事件后实现移动到图片上显示〈p〉内容、离开时隐藏〈p〉内容功能。详细代码可参考 course6-6expand. html 和 course6-6expand. css 文件。

图 6-14　学生室内设计作品展示页面

## 项目小结

本项目前半部分主要介绍 jQuery 的基础，描述了 jQuery 的优势、安装方法及其语法格式，重点介绍了 jQuery 的多种选择器（包括 id 选择器、类选择器、标记选择器、属性选择器、位置选择器、后代选择器、子代选择器）。后半部分主要介绍的是 jQuery 中的 DOM 操作和事件处理机制，DOM 操作包括 HTML 元素的查找、创建、插入、删除、复制、替换；jQuery 事件处理机制包括 jQuery 常用事件、事件绑定、事件解绑、事件触发等；最后介绍了事件对象、事件冒泡以及解决事件冒泡的方式。

## 习题六

**一、填空题**

1. jQuery 选择器按照功能可分为 3 类，它们是（　　　　）、（　　　　）和（　　　　）。

2. 如果已经下载好 jQuery 文件，在项目中引入 jQuery 前，需要将文件保存在（　　　　）文件夹下。

3. 在项目的 HTML 文件中使用（　　　　）标签即可引入 jQuery。

4. jQuery 引入了 ready()方法，它相当于 onload 函数，其语法格式是（　　　　），可以简写为（　　　　）。

5. 在层次关系可以获取指定 DOM 元素的子代元素、后代元素、（　　　　）等。

6. 用于在匹配元素的最后一个子元素之后插入 ele，插入 ele 作为最后一个元素，这是插入节点中的（　　　　　）方法。

7.（　　　　　）方法的调用对象是待替换的元素对象,参数是替换后的 HTML 元素或 DOM 对象。而（　　　　　）方法的使用正好与之相反。

8. each()方法可以接收两个可选参数。其中,index 是遍历元素的索引,索引默认从（　　　）开始,（　　　　　）是当前的元素,一般使用（　　　　　）关键字来代表当前元素。

9. bind()可以绑定一个或者多个事件类,多个事件需由（　　　　　）分隔,必须是有效的事件。

10. change 事件发生在元素值改变时,不同对象,改变的内容各不相同。例如在 select 元素中,（　　　　　）发生 change 事件;在 textfield 或 textarea 元素中,（　　　　　）发生 change 事件。

11. jQuery 中提供了（　　　　　）方法可以停止冒泡。

12.（　　　　　）方法用于模拟光标悬停事件。

13. 在页面的表单中增加了多个〈input〉类型的复选框元素,其中有的处于选中状态,通过 jQuery 选择器,将这些选中状态的元素隐藏,代码为（　　　　　）。

14. 在三个〈ul〉元素中,分别添加多个〈li〉元素,通过 jQuery 中的子元素选择器,将这三个〈ul〉元素中的第一个〈li〉元素隐藏,代码是（　　　　　）。

15. 在〈ul〉元素中,添加了多个〈li〉元素,通过 jQuery 选择器获取最后一个〈li〉元素的方法是（　　　　　）。

**二、选择题**

1. 下列选项中,不属于 jQuery 基本选择器的是（　　　）。

A. :element　　　　　B. ♯id　　　　　C. selector　　　　　D. *

2. 下列选项中,不属于 jQuery 基本过滤选择器的是（　　　）。

A. :not(selector)　　B. :first-child　　C. :first　　　　　D. :header

3. 下列选项中,与元素索引值相关的选择器是（　　　）。

A. :even　　　　　B. :odd　　　　　C. :not(selector)　　D. :lt(index)

4. 下面选项中,可以在 DOM 中被称为属性节点的是（　　　）。

A.〈ul〉　　　　　B.〈div〉　　　　　C.〈charset〉　　　　D.〈body〉

5.（　　　）选择器只能选择自己孩子里面的元素,不能选择孙子、曾孙里面的元素。

A. 子代选择器　　　B. 后代选择器　　　C. 兄弟选择器　　　D. 标记选择器

6. 下面的说法正确的是（　　　）。

A. $("选择器1～选择器2")获取紧邻的下一个同级兄弟元素

B. $("选择器1+选择器2")获取指定元素后的所有同级兄弟元素

C. $("选择器1+选择器2")不能获取多个同级元素

D. $("选择器1～选择器2")只能获取一个同级元素

7. 关于 empty() 方法说法错误的是(　　　)。

A. empty() 方法并不是删除节点

B. empty() 方法是清空元素中的所有后代节点

C. empty() 方法不会移除元素本身,或它的属性

D. empty() 方法可以移除元素,但保留数据和事件

8. 在鼠标事件中,(　　　)方法需要添加两个函数。

A. dblclick()　　　　　B. mouseenter()　　　　C. mouseleave()　　　　D. hover()

9. keypress 与 keydown 事件不同,每插入一个字符,就会发生 keypress 事件。需要注意的是 keypress 事件不会触发所有的键,例如下面(　　　)选项中的键都不能被 keypress 触发。

A. CapsLock 键、PrtScn 键、Tab 键、Win 键

B. Alt 键、Ctrl 键、Shift 键、Esc 键

C. Insert 键、Backspace 键、Del 键、Enter 键

D. Home 键、PgUp 键、PgDn 键、End 键

10. 在 jQuery 中,如果想要从 DOM 中删除所有匹配的元素,下面选项正确的是(　　　)。

A. delete()　　　　　B. empty()　　　　C. remove()　　　　D. removeAll()

11. 在 jQuery 中使用工厂函数的方法正确的是(　　　)。

A. ♯　　　　　　　B. @　　　　　　C. $　　　　　　D. *

12. 下面(　　　)不是 jQuery 的选择器。

A. 基本选择器　　　　　　　　　　B. 后代选择器

C. 类选择器　　　　　　　　　　　D. 进一步选择器

13. 在 jQuery 中要选择紧邻的后一个元素,可以用(　　　)。

A. $("…").next()　　　　　　　B. $("…").before()

C. $("….").prev()　　　　　　　D. $("…").before()

14. 在 jQuery 中要选择除自己之外的所有元素,可以用(　　　)。

A. $("…").nextAll()　　　　　　B. $("…").prevAll()

C. $("….").siblings()　　　　　　D. $("…").all();

15. 在 jQuery 中使用(　　　)关键字绑定事件。

A. on　　　　　　　B. bind　　　　　　C. call　　　　　　D. in

16. jQuery 的下载地址是(　　　)。

A. http://jquery.com　　　　　　B. https://code.jquery.com

C. https://code.jquery1.x.com　　　D. https://jquery1.x.com

17. 在属性过滤选择器中,获取等于给定的属性是某个特定值的元素用(　　　)实现。

A. [attribute]　　　　　　　　　　B. [attribute＝value]

C. [attribute&.＝value]　　　　　　　　　　　D. [attribute ＊ ＝value]

18. 下面（　　）不是 jQuery 的选择器。

A. 基本选择器　　　　　B. 层次选择器　　　　C. CSS 选择器　　　　D. 表单选择器

19. 下面用来追加到指定元素的末尾的方法是（　　）。

A. insertAfter()　　　　B. append()　　　　　C. appendTo()　　　　D. after()

20. 在 jQuery 中想要找到所有元素的同辈元素，（　　）是可以实现的。

A. eq(index)　　　　　　B. find(expr)　　　　　C. siblings([expr])　　　D. next()

21. 如果要找到一个表格的指定行数的元素，（　　）方法可以快速找到指定元素。

A. text()　　　　　　　B. get()　　　　　　　C. eq()　　　　　　　D. contents()

22. 下面（　　）不属于 jQuery 的筛选。

A. 过滤　　　　　　　　B. 自动　　　　　　　C. 查找　　　　　　　D. 串联

23. 如果想在被选元素之后插入 HTML 标记或已有的元素，（　　）是可以实现该功能的。

A. append(content)　　　　　　　　　　　　B. appendTo(content)

C. insertAfter(content)　　　　　　　　　　D. after(content)

24. 在 jQuery 中，如果想要从 DOM 中删除所有匹配的元素，下面（　　）是正确的。

A. delete()　　　　　　　　　　　　　　　　B. empty()

C. remove()　　　　　　　　　　　　　　　　D. removeAll()

25. 为每一个指定元素的指定事件（如 click）绑定一个事件处理器函数，（　　）是用来实现该功能的。

A. trigger(type)　　　　B. bind(type)　　　　C. one(type)　　　　　D. unbind(type)

26. 在一个表单中，如果想要给输入框添加一个输入验证，可以用（　　）事件实现。

A. hover(over,out)　　　B. keypress(fn)　　　C. change()　　　　　D. change(fn)

27. 下列 jQuery 事件绑定正确的是（　　）。

A. bind(type,[data],function(eventObject))

B. $('#demo').click(function() {})

C. $('#demo').on('click',function(){})

D. $('#demo').one('click',function(){})

28. 隐藏下面的元素，应该使用（　　）。

〈input id="id_txt" name="txt" type="text"value=""/〉

A. $("id_txt").hide()　　　　　　　　　　　B. $(#id_txt).remove()

C. $("#id_txt").hide()　　　　　　　　　　D. $("#id_txt").remove()

29. 关于 bind()方法与 unbind()方法说法不正确的是（　　）。

A. bind()方法可用来移除单个或多个事件

B. unbind()方法可以移除所有的或被选的事件处理程序

C. 使用 bind()方法可绑定单个或多个事件

D. unbind()方法是与 bind()方法对应的方法

30. 下列选项中,不属于键盘事件的是(　　)。

A. keydown 　　　　 B. keyup 　　　　 C. keypress 　　　　 D. ready

三、实践题

1. 请完成下图所示信息填写确认页面制作,可参考 course6-7exercize. html。

动态效果说明:本次任务是制作信息填写确认页面。单击是,出现信息填写页面,单击否,出现关闭确认弹框,之后可以关闭页面或者取消操作。

2. 请完成下图所示刘德华作品集展示效果制作,可参考 course6-8exercize. html。素材存放在"课程教学\img\course6\刘德华作品集"文件夹中。

动态效果说明:本次任务是制作刘德华作品集展示效果。最初效果为左侧显示第一个作品图片,右侧显示作品列表。当鼠标滑过右侧作品列表,左侧的图片切换为右侧作品名称对应的图片。

　　3.请完成下图所示点击进入登录页面制作，可参考 course6-9exercize. html。素材存放在"课程教学\img\course6\login"文件夹中。

　　动态效果说明：本次任务是制作点击进入登录页面效果。最初效果仅显示"点我登录"。当单击它时，出现登录页面，单击登录页面右侧上方的关闭按钮可关闭登录页面，之后可继续单击"点我登录"，依次反复执行。

# jQuery 效果和动画

## 学习目标

### 1.技术目标

（1）掌握 jQuery 操作元素尺寸、位置的方法和技巧；

（2）掌握 jQuery 操作元素样式的方法；

（3）掌握 jQuery 操作元素属性的方法；

（4）掌握 jQuery 操作元素内容的方法；

（5）掌握 jQuery 常用动画的使用方法和技巧；

（6）掌握 jQuery 自定义动画的使用方法；

（7）掌握 jQuery 停止动画的使用；

（8）学会常用网页效果制作方法。

### 2.思政目标

（1）了解一代又一代汽车工业优秀代表艰苦奋斗的信念，激发自身的民族意识和爱国精神；

（2）保持理性追星，让明星成为榜样和力量，指引前进的方向，鼓起前进的勇气；

（3）学习治沙人的愚公精神，培养坚持不懈克服困难的顽强毅力，增强持之以恒获得成功的信心，增强爱国、爱大地母亲的情怀；

（4）学会正确看待过去的荣耀、挫折，学会不断审视自己获得成功的方法，深刻理解舍得的辩证关系；

（5）懂得感恩，学会感恩；

（6）提高环境保护意识，积极参与环境保护活动；

（7）学会从自然之美中感悟生命之意，感受领略祖国的大好河山，油然而生爱国之情；

（8）学会从历史中汲取智慧和力量，学会在实践中开创道路，在中国特色社会主义道路上砥砺前行。

jQuery 常见效果需要 HTML、CSS 和 jQuery 三种代码互相结合，例如为了实现选项卡、选项联动、手风琴、按钮换页等功能，需要利用 addClass()、removeClass()、attr() 等属性操作方法，比较复杂的效果还会涉及变量、数组以及复杂程序代码。为了丰富效果，jQuery 中提供了

hide()、show()、fadeIn()、fadeOut()等很多动画方法,用于实现网页中的显示与隐藏、淡入淡出等常用动画,同时还提供了可自定义动画,方便用户制作各种动画和效果。

## ▶ 任务一　选项卡效果制作

### 任务描述

本次任务是使用 jQuery 制作一个选项卡效果,当时鼠标滑过不同的选项卡时,显示与选项卡对应的内容,效果如图 7-1 所示。

| 优选二手车 | 2月最新上市 | 3月即将上市 |
| --- | --- | --- |
| **车型** | **指导价** | **上市时间** |
| BEIJING·X3 SUV | 4.99~9.59万起 | 2021年02月01日 |
| Giulia 中型车 | 31.98~126.0万起 | 2021年02月01日 |
| Stelvio SUV | 39.98~128.0万起 | 2021年02月01日 |
| 本田CR-V新能源 SUV | 27.38~29.98万起 | 2021年02月02日 |
| MARVEL-R SUV | 21.98~25.98万起 | 2021年02月07日 |

图 7-1　jQuery 选项卡效果

### 知识储备

### 1. 操作元素的尺寸与位置

jQuery 中提供了一些操作元素尺寸与位置的方法,具体如表 7-1 所示。

表 7-1　元素尺寸与位置的操作方法

| 类别 | 方法名 | 语法格式 | 功能描述 |
| --- | --- | --- | --- |
| 操作元素尺寸 | width() | $ (selector). width() | 设置或返回元素的宽度 |
| | height() | $ (selector). height() | 设置或返回元素的高度 |
| | innerWidth() | $ (selector). innerWidth() | 返回元素的宽度(包含 padding) |
| | innerHeight() | $ (selector). innerHeight() | 返回元素的高度(包含 padding) |
| | outerWidth() | $ (selector). outerWidth() | 返回元素的宽度(包含 padding 和 border) |
| | outerHeight() | $ (selector). outerHeight() | 返回元素的高度(包含 padding 和 border) |

| 类别 | 方法名 | 语法格式 | 功能描述 |
|---|---|---|---|
| 操作元素位置 | offset() | $(selector).offset() | 返回第一个匹配元素相对于文档的位置 |
| | offsetParent() | $(selector).offsetParent() | 返回最近的定位祖先元素。 |
| | position() | $(selector).position() | 返回第一个匹配元素相对于父元素的位置 |
| | scrollLeft() | $(selector).scrollLeft() | 设置或返回匹配元素相对滚动条左侧的偏移 |
| | scrollTop() | $(selector).scrollTop(offset) | 设置或返回匹配元素相对滚动条顶部的偏移 |

注:offset:规定相对滚动条顶部的偏移,以像素计。

### 1)元素及窗口的宽和高

元素是指 HTML 元素,窗口指的是浏览器的窗口。操作元素尺寸,可以分为下面三种情况。

(1)width()和 height():width()和 height()是指元素里面内容的宽和高,语法格式如下。返回宽度|高度:

$(selector).width();|$(selector).height();

设置宽度|高度:

$(selector).width(value);|$(selector).height();

使用函数设置宽度|高度:

$(selector).width(function(index,currentwidth));

|$(selector).height(function(index,currentheight));

(2)innerWidth()和 innerHeight():innerWidth()和 innerHeight()是指元素里面内容的宽和高加上内边距的宽和高,语法格式如下:

$(selector).innerWidth();|$(selector).innerHeight();

(3)outerWidth()和 outerHeight():outerWidth()和 outerHeight()是指元素里面内容的宽和高加上内边距的宽和高及边框,语法格式如下:

$(selector).outerWidth(includeMargin);|$(selector).outerHeight(includeMargin);

• includeMargin:布尔值,规定是否包含 margin,可选项。值为 false(默认)时,不包含margin;值为 true 时,包含 margin。如果将 outerWidth()和 outerHeight()写成 outerWidth(true)和 outerHeight(true),则宽和高指的是 outerWidth()和 outerHeight()表示的宽和高再加上外边距,即最外侧的 margin 表示的宽和高。

上面三种方法表示的高和宽的关系如图 7-2 所示。

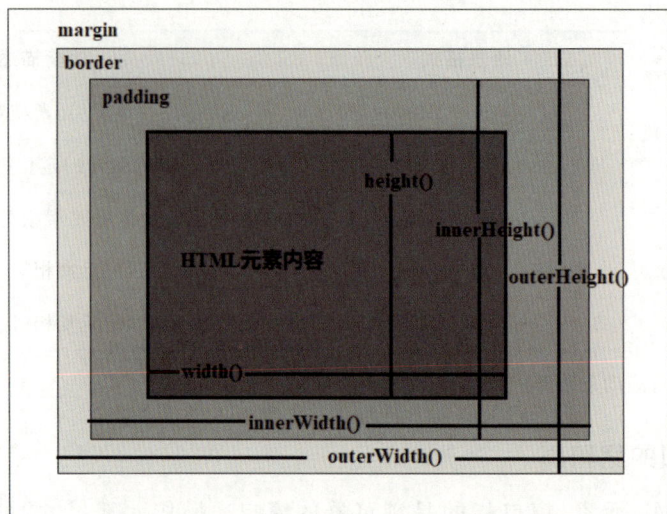

图 7 - 2　三种方法表示的高和宽之间的关系

一般获取窗口的宽和高使用的方法是 $(window). width()和 $(window). height()。

操作元素位置的方法使用相对简单,这里不再详述。

### 2)div 自适应窗口高度

在浏览器中经常需要使部分元素的大小适应不同窗口或浏览器的大小,例如,在浏览器页面中,有一个头 div1,在 div1 下方有一个 div2,现在需要 div2 将浏览器剩余部分都覆盖,但不同的浏览器下面剩余的大小不同,这就需要获取浏览器下面剩余空白的大小,然后动态改变 div2 的高度使其与窗口剩余高度一样,这就是所谓的页面 div 高度自适应。示例代码如下:

```
function setHeight(){
var winh=$(window).height();
$("♯div2").css("height",winh-div1.(height+padding+border+margin));}
```

## 2. 操作元素样式

虽然传统的 CSS 样式表可以实现对元素的修饰,但如果可以任意操作元素现有的样式,或者为元素添加新的样式,Web 页面就会变得灵活多变。为此,jQuery 中提供了一些操作元素样式的方法,通过这些方法可以操作元素样式属性、操作元素类。元素样式操作方法如表 7 - 2 所示。

表 7 - 2　元素样式的操作方法

| 类别 | 方法名 | 功能描述 |
|---|---|---|
| 操作样式属性 | css() | 返回或设置匹配的元素的一个或多个样式属性 |
| 操作元素类 | addClass() | 向匹配的元素添加指定的类名 |
|  | removeClass() | 从所有匹配的元素中删除全部或者指定的类 |
|  | toggleClass() | 从匹配的元素中添加或删除一个类 |
|  | hasClass() | 检查匹配的元素是否拥有指定的类 |

1）css()

• 返回 CSS 属性值，语法格式如下：

$(selector).css(name);

返回第一个匹配元素的 CSS 属性值。当用于返回一个值时，不支持简写的 CSS 属性（比如"background"和"border"）。

• 设置 CSS 属性，语法如下：

$(selector).css(name,value);

设置所有匹配元素的指定 CSS 属性。参数 name 为必需，规定 CSS 属性的名称。该参数可包含任何 CSS 属性，比如"color"。参数 value 为可选项，规定 CSS 属性的值，该参数可包含任何 CSS 属性值，比如"red"，如果设置了空字符串值，则从元素中删除指定属性。

• 使用函数来设置 CSS 属性，语法如下：

$(selector).css(name,function(index,value));

设置所有匹配的元素中样式属性的值。此函数返回要设置的属性值。接收两个参数，index为元素在对象集合中的索引位置，value是原先的属性值。name 为必需项，规定 CSS 属性的名称，该参数可包含任何 CSS 属性，比如"color"。function(index,value)规定返回 CSS 属性新值的函数，index 为可选项，接收选择器的 index 位置；oldvalue 为可选项，接收 CSS 属性的当前值。

• 设置多个 CSS 属性名称/值对，语法如下：

$(selector).css({property:value,property:value,…});

把"名称/值对"对象设置为所有匹配元素的样式属性，这是一种在所有匹配的元素上设置大量样式属性的最佳方式。{property:value}为必需项，规定要设置为样式属性的"名称/值对"对象，该参数可包含若干对 CSS 属性名称/值，比如{"color":"red","font-weight":"bold"}。

css()方法设置或返回被选元素的一个或多个样式属性。在前面已经大量使用 css()来设置 color、background 和 border 等内容，它主要用来操作 style 中的样式，当然也可以通过 css()

方法设置 CSS 样式和读取 CSS 值。

2）addClass()

语法格式如下：

$（selector）.addClass(class);

该方法向被选元素添加一个或多个类。该方法不会移除已存在的 class 属性，仅仅添加一个或多个 class 属性。如需添加多个类，请使用空格分隔类名。class 参数为必需项，规定一个或多个 class 名称。

3）removeClass()

语法格式如下：

$（selector）.removeClass(class)

该方法从被选元素移除一个或多个类。如果没有规定参数，则该方法将从被选元素中删除所有类。class 参数为可选项，用来规定要移除的 class 的名称。如需移除若干类，可使用空格来分隔类名。如果不设置该参数，则会移除所有类。

4）toggleClass()

语法格式如下：

$（selector）.toggleClass(class,switch);

该方法对设置或移除被选元素的一个或多个类进行切换，它会检查每个元素中指定的类。如果不存在则添加类，如果已设置则删除之，这就是所谓的切换效果。参数 class 为必需项，规定添加或移除 class 的指定元素；如需规定若干 class，可使用空格来分隔类名。参数 switch 为可选项，布尔值，规定是否添加或移除 class；通过使用 switch 参数，能够规定只删除或只添加类。toggleClass()方法的删除作用相当于 removeClass()，添加作用相当于 addClass()。

5）hasClass()

语法格式如下：

$（selector）.hasClass(class);

hasClass()方法检查被选元素是否包含指定的类名称，如果被选元素包含指定的类，返回"true"，否则返回"false"。Class 为必需项，规定需要在指定元素中查找的类。

### 3.选项卡效果与手风琴效果

#### 1）选项卡效果

选项卡是一种常见的效果，可以在有限的空间内表达更多的内容，已经是各大网站必不可少的基础架构之一。选项卡的变化分为上面的选项卡的显示效果变化、下面盒子的显示和隐藏的变化。分别为上面和下面的部分选择合适的 HTML 结构，上面的部分可以选择列表、div、span、a 等元素；下面的部分选择 div 元素，下面的部分可以统一放在一个大容器里，在简单的场景下可以省略容器。上面的选项卡的数量一定要和下面的盒子的数量相同。

### 2）手风琴效果

手风琴效果是侧边栏的一种常见效果，总的原理和 tab 选项卡很像，但是 HTML 的结构不同，代码也不同。手风琴效果也可以在较少的空间里表达出更多的内容，在计算机运算能力和网络速度不断提高的今天，这种新的设计思路得到了越来越广泛的使用。手风琴效果的 HT-ML 结构不固定，需要根据显示效果选择合适的 HTML 元素。

## 任务 实现

### 1. 任务分析

本次任务是制作一个选项卡页面，内容包括 3 个页签和 3 个对应的页面。使用〈div〉制作页签显示区域，将区域分为 4 个〈div〉，第一个〈div〉中用〈ul〉和〈li〉显示页签，第二、三、四个〈div〉中显示页签对应的 3 部分内容。为了便于对齐，将内容放在〈table〉中。在 jQuery 中重点实现单击页签时，实现显示内容的联动变化，页签背景与背景色保持统一，未选中页签回复原来背景色。基本的操作步骤如下：

①制作选项卡页签；

②为了便于对齐，使用 table 制作选项卡的对应内容；

③制作页面 CSS 样式；

④引入 CSS 样式以及 jQuery；

⑤制作鼠标滑过页签时，内容联动变换及样式变换效果。

### 2. 代码实现

本次任务的重点是使用 jQuery 中的 show()和 hide()方法制作选项卡页签以及内容的显示与隐藏，并且使这两个变换保持一致，同时利用 addClass()和 removeClass()方法同步改变 CSS 样式，实现页签背景色与内容背景色一致。HTML 代码如下：

```
〈! DOCTYPE html〉
〈html〉
〈head〉
    〈meta charset="UTF-8"〉
    〈title〉jQuery 选项卡效果〈/title〉
    〈link rel="stylesheet" href="course7-1.css" type="text/css" /〉
```

```
        <script src="js/jquery-3.4.1.js" type="text/javascript"></script>
</head>
<body>
        <div id="box"><div class="page"><ul>
                <li class="current">优选二手车</li>
                <li calss="second">2月最新上市</li>
                <li class="third">3月即将上市</li></ul></div>
        <div class="content"><table>
<tr><th>车型</th><th>指导价</th><th>上牌时间</th><th>表显里程</th></tr>
<tr><td>大众途安 L 280TSI 自动舒雅版</td><td>9.5 万</td><td>2016 年 03 月</td>
<td>9 万公里</td></tr>
<tr><td>现代全新胜达 2.4L 自动两驱智能型</td><td>15.8 万</td><td>2018 年 06 月
</td><td>2 万公里</td></tr>
<tr><td>宝马 3 系 320Li 时尚型</td><td>24.98 万</td><td>2018 年 08 月</td><td>4.3
万公里</td></tr>
<tr><td>大众 高尔夫 GTI2.0TSI GTI</td><td>13.6 万</td><td>2016 年 11 月</td><td>4
万公里</td></tr>
<tr><td>大众 捷达梦想版 1.5L 自动时尚型</td><td>7.99 万</td><td>2019 年 1 月
</td><td>3.81 万公里</td></tr></table></div>
        <div class="content"><table>
        <tr><th>车型</th><th>指导价</th><th>上市时间</th></tr>
        <tr><td>BEIJING·X3    SUV</td><td>4.99~9.59 万起</td><td>2021 年 02
        月 01 日</td></tr>
        <tr><td>Giulia    中型车</td><td>31.98~126.0 万起</td><td>2021 年 02
        月 01 日</td></tr>
        <tr><td>Stelvio    SUV</td><td>39.98~128.0 万起</td><td>2021 年 02 月
        01 日</td></tr>
        <tr><td>本田 CR—V 新能源 SUV</td><td>27.38~29.98 万起</td><td>2021
        年 02 月 02 日</td></tr>
        <tr><td>MARVEL—R SUV</td><td>21.98~25.98 万起</td><td>2021 年 02 月
        07 日</td></tr>
        </table></div>
        <div class="content"><table>
```

```
          〈tr〉〈th〉车型〈/th〉〈th〉指导价〈/th〉〈th〉上市时间〈/th〉〈/tr〉
       〈tr〉〈td〉全新一代名图 中型车〈/td〉〈td〉12.98～18.98 万起〈/td〉〈td〉2021 年
03 月 01 日〈/td〉〈/tr〉
          〈tr〉〈td〉国产奥迪 e－tron 豪华车〈/td〉〈td〉60 万左右〈/td〉〈td〉2021 年 3 月
       中旬〈/td〉〈/tr〉
          〈tr〉〈td〉ALLION 傲澜紧 凑型车〈/td〉〈td〉15 万起〈/td〉〈td〉2021 年 03 月 29
       日〈/td〉〈/tr〉
          〈tr〉〈td〉D－MAX　皮卡〈/td〉〈td〉11.40～22.48 万起〈/td〉〈td〉2021 年 03 月
       10 日〈/td〉〈/tr〉
          〈tr〉〈td〉新款长安 CS35 PLUS　SUV〈/td〉〈td〉7～8 万起〈/td〉〈td〉2021 年 3 月
       下旬〈/td〉〈/tr〉
          〈/table〉〈/div〉〈/div〉
   〈/body〉
   〈script〉
       $ (function(){
          $ (".content").hide();
          $ (".content").eq(0).show();
          $ (".page li").mouseover(function(){
              var i= $ (".page li").index(this);
              $ (".content").hide().eq(i).show();
              $ (this).addClass("current").siblings("li").removeClass("current");
})  })
   〈/script〉
   〈/html〉
```

该网页的 CSS 样式设置代码如下：

```
# box {
       width:602px;
       height:400px;
       float:left;
       margin-left:33 % ;
       background:# 999999;
       border-radius:20px 20px 0 0;
       box-shadow:0 1px 0 dimgrey inset , 0 1px 3px darkgrey;   }
```

```css
.page {
    width:600px;
    height:53px;
    border:1px solid black;
    border-radius:20px 20px 0 0;
    background:#616A74;   }
ul li {
    width:180px;
    float:left;
    font-size:20px;
    line-height:36px;
    text-align:center;
    color:#FFFF00;
    text-shadow:0 1px 0 black;
    border:1px solid black;
    border-radius:10px 10px 0 0;
    background:-webkit-linear-gradient(top, #474d54, #2f363d);   }
.current {
        background:#999999;
        border-bottom:1px solid #999999;   }
tr,th,td {
        text-align:center;
        height:30px;
        padding:10px;
        border-bottom:1px dashed #0000FF;   }
        li{list-style:none;   }
table {
    width:600px;
    margin:0 auto;   }
```

### 3. 任务总结

(1)知识和技术:本次制作任务的流程是先制作好 CSS 样式和对应的内容并隐藏。然后设置默认显示第一个页签和内容,然后根据选中的⟨li⟩对象,显示对应的⟨table⟩元素内容,隐藏

〈table〉其他的兄弟元素,实现页签效果。

(2)思政要点:从中国第一款完全自主研发设计制造的汽车红旗 CA770 到现在每年 100 多万辆的出口量,中国的汽车工业用了短短 70 年的时间取得了举世瞩目的成就。在汽车工业发展过程中,为了加快发展速度,打破外国的技术壁垒和技术封锁,涌现出一大批优秀的汽车工业先驱和杰出代表,比如中国汽车工业之父饶斌以及民营汽车企业家李书福等。

**【拓展任务——手风琴动画效果制作】**

(1)思政要点:随着国家的富强和人民生活的富足,人们开始更多地追求精神上的满足,于是娱乐产业取得了长足的发展,追星成了年轻人热衷的事情。追星本无可厚非,但出现大量的非理性行为,几乎把追星变成了人祸:有为了追星大量聚集扰乱公共秩序的;有为了追星导致家破人亡的;甚至有为了偶像自残、自杀的。保持理性追星,让追星成为一个让自己变得更加优秀的过程。当迷茫时,抬头仰望天上闪烁亮光的星星,从此便有了奋斗的方向;当走累时,仰头看看那颗最喜欢的星星,重新鼓起奋勇向前的勇气。

(2)技术要求:参考图 7-3 所示,完成手风琴效果制作任务。效果中默认显示 6 部电影名字,当鼠标滑过某部电影名字,在该电影名字的上面显示该电影的具体信息。电影名显示在索引值为奇数的〈li〉中,电影具体内容显示在索引值为偶数的〈li〉中,同时使用〈span〉将具体内容分开。为奇数行添加鼠标滑过事件,事件中先隐藏偶数行,显示鼠标滑动的奇数行的上一行,采用恢复所有行背景色的方法恢复曾经改变过奇数行背景色,为当前奇数行重设背景色。详细代码可参考 course7-1expand.html 和 course7-1expand.css 文件。

图 7-3　jQuery 手风琴动画效果

## 任务二　按钮换页效果制作

### 任务描述

本次任务制作的是使用按钮对图片进行换页的效果,页面包括 4 个按钮和图片显示区域。图片默认显示首页,单击首页快速返回首页(如果之前就在首页,单击不变化),单击末页快速返回末页(如果之前就在末页,单击不变化);单击上页和下页,从当前位置向上或者向下换页,直到回到首页或者末页,不再换页。效果如图 7-4 所示。

图 7-4　jQuery 按钮换页效果

### 知识储备

#### 1. 操作元素属性

元素属性是指当前元素节点的属性,常用的元素属性有 id、value、type,以及用于标识元素状态的 checked、disabled 等。

jQuery 提供的操作元素属性的方法只有一个 attr(),用来设置或返回被选元素的属性值。根据该方法不同的参数,其工作方式也有所差异。

(1)返回属性值:返回被选元素的属性值。语法格式如下:

$(selector).attr(attribute);

- attribute：规定要获取其值的属性。

（2）设置属性/值：设置被选元素的属性和值。语法格式如下：

$(selector).attr(attribute,value);

- attribute：规定属性的名称。

- value：规定属性的值。

例如：要操作的是 title 属性，那么属性名写 title。如果是设置属性的值，则将值写在第二个参数的位置；如果是获取属性的值，就不需要加第二个参数。例如想更改〈img〉标签中的图片，就使用如下语句：

$("img").attr("src","img/course7/电影/3 新神榜哪吒重生.jpg")

（3）使用函数来设置属性/值：设置被选元素的属性和值。语法格式如下：

$(selector).attr(attribute,function(index,oldvalue));

- attribute：规定属性的名称。

- function(index,oldvalue)：规定返回属性值的函数，该函数可接收并使用选择器的 index 值和当前属性值。

（4）设置多个属性/值对：为被选元素设置一个以上的属性和值。语法格式如下：

$(selector).attr({attribute:value,attribute:value,…})

- attribute:value：规定一个或多个属性/值对。

某些表单中控件属性有固定的属性来表示元素某种状态，这些属性如表 7-2 所示。

表 7-2　表单控件的常用属性

| 属性 | 描　述 |
| --- | --- |
| checked | 获取或者设置表单元素的选中状态 |
| disabled | 获取或者设置表单元素的禁用状态 |
| selected | 获取或者设置下拉框的选中状态 |

## 2. 操作元素内容

因为几乎 HTML 所有内容都是写在标签内的，所以操作元素内容基本都是通过标签来操作。具体而言它分为输入框中的值即 text 内容（如单行文本框的值、文本域的值和下拉框中的值等）和 HTML 内容。html 是不过滤 HTML 标签的，但 text 会过滤 HTML 标签。jQuery 提供了三种方法操作元素内容。包括 $(selector).val()，设置或者返回所选元素的文本内容；$(selector).html()，设置或者返回所选元素的内容（包括 HTML 标记）；$(selector).text()，设置或者返回表单字段的值。这三种方法的具体参数释义如表 7-3 所示。

表 7 - 3 参数释义

| 属性 | 参数 | 描 述 |
|------|------|------|
| html([值]) | 无参数 | 用于获取元素的 HTML 内容 |
| | 字符串 | 用于设置元素的 HTML 内容 |
| text([值]) | 无参数 | 用于获取元素的文本内容 |
| | 字符串 | 用于设置元素的文本内容 |
| val([值]) | 无参数 | 返回第一个匹配元素的 value 属性的值 |
| | 字符串 | 设置元素的值,该方法大多用于 input 元素 |

### 3.图片轮换效果与两级联动效果

#### 1)图片换页效果

在网页中经常需要利用按钮进行换页,换页方法也比较多,基本思路还是需要利用数组存储图片,通过更换图片属性的方式替换图片。大部分时候只设置上一页和下一页两个按钮,只具备上下换页功能,但是有时为了便于用户操作,还设有首页和末页按钮。

#### 2)两级联动

两级联动有两个下拉框,当第一个下拉框中的值发生变化时,第二个下拉框中的内容随之变化。例如,经常在网上填写地址,第一级先选择省份,第二级的城市内容则根据省份产生变化,第三级的区县根据城市的变化而变化。

## 任务 实现

### 1.任务分析

在〈div〉中使用一个〈img〉和 4 个〈button〉按钮制作页面。在 jQuery 中先建立存放图片的数组 imgs[],获取数组下标最大值,建立变量 index 存放图片当前下标值;利用 attr()方法,通过数组的 imgs[]数组以及 index 变量改变"src"属性。通过 switch()分支语句辨别单击按钮位置并进行相应的图片换页效果,操作步骤如下:

①使用〈div〉、〈img〉、〈button〉制作内容;

②使用 CSS 制作网页初步样式;

③调用样式,引入 jQuery;

④建立图像存储数组,设置相应变量;

⑤使用 switch 语句和 attr()方法,对图片的 src 属性进行变换,实现对应按钮功能。

## 2. 代码实现

HTML 代码如下：

```
〈html〉
〈head〉
        〈meta charset="UTF-8"〉
        〈title〉jQuery 按钮换页效果〈/title〉
        〈link rel="stylesheet" href="course7-2.css" type="text/css" /〉
        〈script src="js/jquery-3.4.1.js" type="text/javascript"〉〈/script〉
〈/head〉
〈body〉
        〈h1〉陕北红碱淖 遗鸥的天堂〈/h1〉
        〈div id="box"〉〈img src="img/course7/遗鸥/遗鸥1.jpg" alt="pic" id="img"〉
        〈p〉遗鸥是濒危候鸟,被列入世界自然保护联盟濒危红色名录。伴随毛乌素沙漠的
治理,红碱淖周边生态环境不断改善。特别是水土流失治理、每年定期投放鱼苗、24 小时监控
巡护等多项有效的保护措施,创造出得天独厚的繁殖条件,使得在这里栖息繁殖的遗鸥的种群
数量逐年增加。〈/p〉
        〈button〉首页〈/button〉〈button〉下页〈/button〉〈button〉上页〈/button〉〈button〉
末页〈/button〉〈/div〉
        〈/body〉
〈script〉
    var imgs = [//定义数组用来存储图片的路径
    'img/course7/遗鸥/遗鸥1.jpg',
    'img/course7/遗鸥/遗鸥2.jpg',
    'img/course7/遗鸥/遗鸥3.jpg',
    'img/course7/遗鸥/遗鸥4.jpg',
    'img/course7/遗鸥/遗鸥5.jpg',
    'img/course7/遗鸥/遗鸥6.jpg',
    'img/course7/遗鸥/遗鸥7.jpg',
    'img/course7/遗鸥/遗鸥8.jpg',
    'img/course7/遗鸥/遗鸥9.jpg',
    'img/course7/遗鸥/遗鸥10.jpg'];
      var index = 0;//设置第一张图片的索引值为 0
        var len=imgs.length;
```

```
$ (function () { $ ( "button" ).click( function() {
    switch ( $ ( "button" ).index( this ) ) {
        case 0 :index=0; $ ("img").attr("src",imgs[index]);break;
        case 1 :{if(index>=len-1) {index=len-1;} else{index=index+1;}
            $ ("img").attr("src",imgs[index]);break;}
        case 2 :{if(index<=0) {index=0;} else {index=index-1;}
            $ ("img").attr("src",imgs[index]);break;}
        case 3 :index=len-1; $ ("img").attr("src",imgs[len-1]);break; }
            $ ("span").text(""+index);      });      });
    </script>
</html>
```

该网页的 CSS 样式设置代码如下：

```
h1{text-align:center;   }
#box {
    width:800px;
    border:2px solid #000000;
    margin:20px auto;   }
p{
    margin:5px;
    text-indent:33px;   }
button{
        width:200px;
        line-height:50px;
        list-style:none;
        font-size:20px;
        text-align:center;
        color:#FFFF00;
        text-shadow:0 1px 0 black;
        border:1px solid black;
        box-shadow:0 1px 0 dimgrey inset, 0 1px 3px darkgrey;
        background:-webkit-linear-gradient(top, #474d54, #2f363d);   }
```

## 3. 任务总结

(1)知识和技术：本次任务首先建立数组存储图像，然后获取<button>按钮的索引值，判断单击按钮的位置,进入对应的 case 语句中,在首页和末页按钮中将 index 值设为 0 或者 imgs. length−1,在下页和上页按钮中,继续使用 if−else 语句判断是否需要停止换页,不需要将会继续给 index 加 1 或者减 1,最后使用 attr()方法通过 index 值将〈img〉的 src 值改为对应的图片。

(2)思政要点:位于毛乌素沙漠与鄂尔多斯盆地交汇处的红碱淖,是濒危候鸟遗鸥的天堂,同时也是白天鹅、鸬鹚、白鹭等 53 种国家保护的珍禽栖息地。陕北高原上的这颗明珠依然能够发出璀璨的光芒,离不开毛乌素沙漠的成功治理。七十年三代人,秉承愚公精神,终于让中国四大沙地之一的毛乌素沙漠的 80% 变成了绿洲,这是中国首个即将消失的沙漠。

【拓展任务——两级联动效果制作】

(1)思政要点:本案例的核心代码有三段,这三段代码的第一句都是清空之前的所有内容,与现代空杯理论的观点完全相符。对人而言,放空自己就是舍弃过去的荣耀与挫折,是对自己的一种否定,这需要极大的勇气。但只有这样才能找到重新努力的方向,才能获得更大的成功。不能因一时的成绩忘形,更不能止步,特别是年轻时。正所谓"木鱼虚心,钟鼓空腹",中国古人早就明白了这个道理,因为空心木鱼才响,空心钟鼓才鸣。

(2)技术要求:参考图 7−5,完成下拉框的两级联动效果制作任务。效果中利用〈seclect〉、〈option〉制作两个下来框选项,第一个下拉框包括三个选项,第二个选项框为空。为了实现下拉框内容联动,先为第一个下拉框加上 onchange()事件,接下来 onchange()事件触发一个显示区县的 JavaScript 函数,JavaScript 函数得到第一个下拉框选中对象的 value 值,使用 switch 中的 case 语句根据该值选择添加匹配 option 节点,从而实现动态地改变第二个下拉框的 option 相应的节点。在添加节点之前需要去除第二个下拉框之前的 option 节点。详细代码可参考 course7-2expand.html 和 course7-2expand.css 文件。

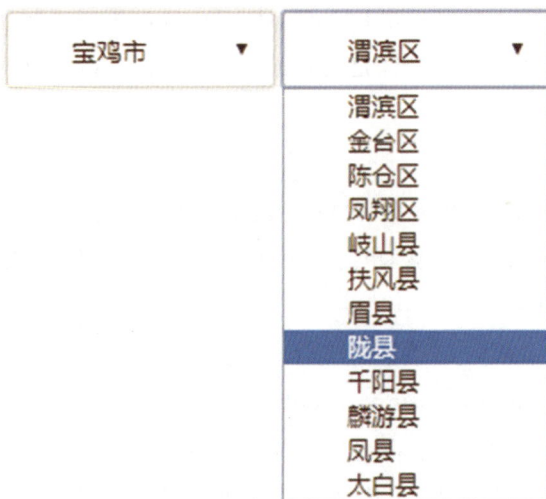

图 7−5　jQuery 两级联动效果

# 任务三　下拉菜单效果制作

## 任务描述

本次任务制作 3 个下拉菜单效果,当鼠标指针悬停在被选菜单上时,下拉菜单以向下滑动方式出现,离开菜单时,下拉菜单以向上滑动方式消失。下拉菜单有 5 个二级目录,当鼠标悬停在某下拉菜单上时,其背景变色,离开时恢复原来颜色。效果如图 7-6 所示。

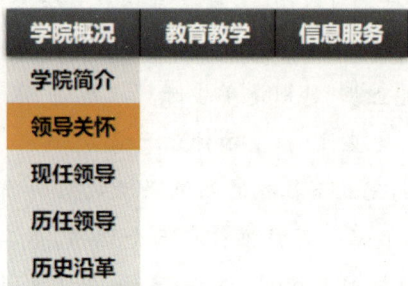

图 7-6　jQuery 下拉菜单效果

## 知识储备

在网页开发中,动画的使用可以使页面更加美观,增强用户体验。因此 jQuery 中内置了 hide()、show()、fadeIn()、fadeout()、slideUp()、slideDown()等一系列动画方法,用来简化动画制作过程。如果这些既定的方法不能满足实际需求,开发者还可以采用自定义动画。

### 1. 隐藏和显示

隐藏和显示是指 HTML 元素的隐藏和显示。其中,hide()是隐藏,show()是显示,toggle()是隐藏和显示之间的切换。如果现在是隐藏,单击 toggle()就会显示;如果现在是显示,单击 toggle()就会隐藏。具体的语法格式如下:

```
$(selector).hide([speed,[easing],[callback]]);
$(selector).show([speed,[easing],[callback]]);
$(selector).toggle([speed,[easing],[callback]]);
```

• speed:规定隐藏/显示的速度,单位是毫秒,取值范围为预定义字符串("slow","normal","fast")或表示动画时长的毫秒数值(如 1000,表示 1 秒),可选项。

• easing:用来指定切换效果,默认是 swing,可用参数为 linear,可选项。

• callback:隐藏或者显示完成后所执行的函数名称,每个元素执行一次,可选项。

**注意**:toggle()方法是通过 show()方法和 hide()方法实现的。当传递布尔类型参数时,按指定的操作执行。参数为 true,显示执行元素;参数为 false,隐藏执行元素。在不传递参数时,则根据当前元素的是否为隐藏,执行相反操作。

## 2. 淡入和淡出

淡入和淡出是指 HTML 元素的淡入和淡出,主要是改变元素的透明度。其中,fadeIn()用于淡入已隐藏的元素,fadeOut()用于淡出可见元素,fadeTogge()可以在 fadeIn()与 fadeOut()之间进行切换,fadeTo()允许渐变为给定的不透明度(值为 0~1),具体的语法如下:

```
$(selector).fadeIn([speed],[easing],[callback]);
$(selector).fadeOut([speed],[easing],[callback]);
$(selector).fadeToggle([speed],[easing],[callback]);
$(selector).fadeTo([speed],opacity,[easing],[callback]);
```

• speed、easing、callback:含义和之前的一样。
• opacity:将淡入和淡出效果设置为给定的不透明度(值为 0~1)。

## 3. 滑动动画

动画效果滑动主要有向下滑 slideDown()、向上滑 slideUp(),以及上滑和下滑的切换 slideToggle(),具体的语法格式如下:

```
slideDown([speed,[easing],[callback]]);
slideUp([speed,[easing],[callback]]);
slideToggle([speed,[easing],[callback]]);
```

slideDown()、slideUp()、slideToggle()的回调函数很少用,一般就指定一个上滑和下滑的速度。这个动画效果经常应用在下拉菜单上。

**任务** 实现

## 1. 任务分析

本次制作任务内容部分采用一个双层的〈ul〉、〈li〉结构,外层结构包括 3 个〈li〉,例中的〈a〉显示标题,〈a〉后的〈ul〉中包括 5 个〈li〉,用来显示下拉菜单的标题。外层〈li〉使用同样的 class,内层〈ul〉使用同一个 class。在 jQuery 中,当鼠标悬停在下拉菜单的标题上时,通过 class 属性找到选中对象,停止之前的动画,执行下滑动画,离开时执行上滑操作。操作步骤如下:

①制作页面,先制作 1 个〈ul〉和下面的 3 个〈li〉对象;然后在〈li〉中制作 1 个〈a〉和 1 个〈ul〉,〈ul〉中包含 5 个〈li〉;

②在.css 文件中设置页面样式；

③引入 CSS 样式和 jQuery；

④建立〈script〉,使用悬停方法,通过〈li〉的 calss 值获取选中对象,使它对应的二级〈li〉对象下滑显示,再通过〈li〉的 calss 值获取选中对象,使它对应的二级〈li〉对象上滑显示。

## 2. 代码实现

这个任务实现下拉菜单动画显示,采用双重〈ul〉、〈li〉。由于下滑和上滑是重复性动画,因此采用相同的 class 属性,能够大大降低动画制作的复杂度,但是,必须能够正确显示当前对象对应的二级〈li〉内容。jQuery 只需要简单地利用 find()方法获取当前对象,使用 stop()停止该动画,使用 slideDown()和 slideUp()实现菜单滑动。详细 HTML 代码如下:

```html
〈! DOCTYPE html〉
〈html〉
〈head〉
    〈meta charset="UTF-8"〉
    〈title〉jQuery 下拉菜单效果〈/title〉
    〈link rel="stylesheet" href="course7-3.css" type="text/css" /〉
    〈script src="js/jquery-3.4.1.js" type="text/javascript"〉〈/script〉
〈/head〉
〈body〉
    〈ul class="meau"〉〈li class="nav"〉〈a href=""〉学院概况〈/a〉
        〈ul class="list"〉〈li〉〈a href=""〉学院简介〈/a〉〈/li〉
            〈li〉〈a href=""〉领导关怀〈/a〉〈/li〉
            〈li〉〈a href=""〉现任领导〈/a〉〈/li〉
            〈li〉〈a href=""〉历任领导〈/a〉〈/li〉
            〈li〉〈a href=""〉历史沿革〈/a〉〈/li〉〈/ul〉〈/li〉
            〈li class="nav"〉〈a href=""〉教育教学〈/a〉
            〈ul  class="list"〉〈li〉〈a href=""〉教学管理〈/a〉〈/li〉
        〈li〉〈a href=""〉继续教育〈/a〉〈/li〉
            〈li〉〈a href=""〉精品课程〈/a〉〈/li〉
            〈li〉〈a href=""〉名师风采〈/a〉〈/li〉
            〈li〉〈a href=""〉实验实训〈/a〉〈/li〉〈/ul〉〈/li〉
        〈li class="nav"〉〈a href=""〉信息服务〈/a〉
        〈ul  class="list"〉
            〈li〉〈a href=""〉电话查询〈/a〉〈/li〉
```

```
            〈li〉〈a href=""〉学院位置〈/a〉〈/li〉
            〈li〉〈a href=""〉学院地图〈/a〉〈/li〉
            〈li〉〈a href=""〉财务公开〈/a〉〈/li〉
            〈li〉〈a href=""〉后勤保障〈/a〉〈/li〉〈/ul〉〈/li〉〈/ul〉
〈/body〉
〈script〉
    $(".nav").hover(
                function(){ $(this).find(".list").stop().slideDown();},
                function(){ $(this).find(".list").stop().slideUp();});
〈/script〉
〈/html〉
```

该网页的 CSS 样式设置代码如下：

```
ul,li{
        padding:0;
        margin:0 auto;
        list-style:none;   }
.meau{
        width:304px;
        height:35px;
        margin:20px auto;   }
.nav{
        text-align:center;
        float:left;
        width:100px;
        height:35px;
        line-height:35px;
        background:#06346F;
        background:-webkit-linear-gradient(top, #474d54, #2f363d);
        box-shadow:0 1px 0 #616a74 inset, 0 1px 5px #212528;
        border-right:1px solid #000000;
        font-weight:bold;   }
.nav a{
        text-decoration:none;
        color:#FFFFFF;   }
```

```
        .list li:hover{ background:#CD853F;  }
.list{
        display:none;
        background-color:rgba(100,100,100,0.3);  }
.list li a{ color:#000000; }
```

### 3.任务总结

（1）知识和技术：本次任务结构相对复杂，考虑到动画的重复性，通过给一级〈li〉和二级〈ul〉设置共同的 class 属性，就可以方便地使用 this()、find()、stop()等方法来简化动画部分的制作，这种技巧和方法需要深入理解并灵活掌握。

（2）思政要点：学校，常常被称为母校。因为她像母亲一样，从小陪伴我们成长，给予我们关爱，传授我们知识，教我们做人道理，让我们懂得感恩，学会感恩。懂得感恩，铭记别人的好处，学会感恩，体现在生活的角角落落。维持心灵平静是一种感恩，当碰到喜怒哀乐时能泰然处之；向陌生人伸出援手是一种感恩，心灵深处会获得幸福感和满足感。当你会感谢太阳让我们获得温暖、江河让我们拥有清水、大地让我们拥有生存空间，这是一生幸福和获得成功的开始。

**【拓展任务——淡入淡出动画效果】**

（1）思政要点：有科学家认为恐龙是吃了有毒的花草中毒而亡，有科学家认为恐龙是因小行星撞击而灭绝。不管是哪一种原因，核心都是生存环境发生了巨变，不适合恐龙生存才导致恐龙灭绝。也就是说地球上的物种，无论个体多强大，都难以抵抗环境的剧烈变化。因此我们必须努力保护环境，绿化环境，不乱砍乱伐，不乱排放污染物，不过度消费资源，为后代留下美好生存环境，使恐龙灭绝事件不在人类身上上演。

（2）技术要求：制作页面中图 7-7、7-8 所示图片的定时淡入淡出切换动画。首先制作一个〈div〉，该〈div〉下包括 5 个并列〈span〉，每个〈span〉中包括 2 个〈img〉和一个〈p〉，2 个〈img〉交替显示，〈p〉中显示图片下的文字说明。jQuery 代码编写时先隐藏所有索引值为奇数的图片；然后再自定义两个功能函数，一个函数隐藏索引值为奇数的图片，淡入索引值为偶数的图片，另一个相反，函数隐藏索引值为偶数的图片，淡入索引值为奇数的图片，这两个函数相互嵌套调用。最后单独任意调用其中一个自定义功能函数，就可以实现两个图片不断进行切换效果，动画一直持续到页面关闭为止。详细代码见 course7-3expand. html 和 course7-3expand. css文件。

图 7-7 jQuery 淡入淡出动画效果 1

图 7-8 jQuery 淡入淡出动画效果 2

## ▶ 任务四 图片滚动动画效果制作

**任务描述**

本次任务是制作图片左右滚动的动画效果。单击左侧箭头，图片向左移动一幅图片宽度位置，直到最右侧图片出现；单击右侧箭头，图片向右移动一幅图片宽度位置，直到最左侧图片出现。当最左侧图片出现，图片不能再向右移动，当最右侧图片出现，图片不能再向左移动。效果如图 7-9 所示。

图 7-9 jQuery 图片滚动动画效果

**知识** 储备

jQuery 自带的动画效果有时难以满足网页制作的需要,这就需要开发者利用 jQuery 提供的自定义动画进行效果制作,甚至可以自己利用方法组合,根据视觉暂留现象制作出自己需要的动画效果。

### 1. 简单自定义动画

jQuery 提供了 animate() 来创建自定义动画,这个函数的关键在于通过改变元素样式实现动画效果,也就是通过 CSS 样式将元素从一个状态改变为另一个状态,当 CSS 属性值是逐渐改变的,那么就可以创建出动画效果。例如样式属性中的"height"、"top"、"opacity"等都可以制作动画效果。需要注意的是,所有指定的属性必须用骆驼形式,如用 marginLeft 代替 margin-left。自定义动画方法的语法结构如下:

```
$(selector).animate(styles,speed,easing,callback);
```

· styles:用于定义动画执行时元素的样式属性以及对应的属性值组合成的键值对,可以包含多个属性名和属性值,是必选项。

· speed、easing、callback:含义和之前的一样。

### 2. 表达式动画

众所周知,animate()方法实现自定义动画在传递参数时可以定义一些动画的样式属性。例如,设置 width 为 500px。除了可以设置这些固定的值外,animate()方法中还可以有表达式的属性值。例如,在固定的值基础上增加一些运算符,示例代码如下:

```
$('input').click(function(){
$('div').animate({
height:'+=100px',
width:'-=100px'
});
});
```

上述代码中,在 animate()方法内部设置 height 属性的值为"+=100px",width 属性的值为"-=100px"。

### 3. 停止元素动画的方法

使用动画的过程中,如果在同一个元素上调用一个以上的动画方法,那么对这个元素来说,除了当前正在调用的动画,其他动画将被放到效果队列中,这样就形成了动画队列。

动画队列中所有动画都是按照顺序执行的,默认要前一个动画执行完毕才会执行后面的动画。为此,jQuery 提供了 stop() 方法用于停止动画效果。通过此方法,可以让动画队列后面的动画提前执行。

stop() 方法适用于所有的 jQuery 效果,包括元素的淡入、淡出,以及自定义动画等。stop() 方法语法如下所示。

$(selector).stop(stopAll,goToEnd);

上述语法中,stop() 方法的两个参数都是可选的。其中,stopAll 参数用于规定是否清除动画队列,默认是 false;goToEnd 参数用于规定是否立即完成当前的动画,默认是 false。

stop() 方法参数的不同设置会有不同的作用。下面以 div 元素为例,演示几种常见的使用方式。示例代码如下:

$('div').stop(); // 停止当前动画,继续下一个动画

$('div').stop(true); // 清除 div 元素动画队列中的所有动画

$('div').stop(true,true); // 停止当前动画,清除动画队列中的所有动画

$('div').stop(false,true); // 停止当前动画,继续执行下一个动画

上述代码中,stop() 方法在不传递参数时,表示立即停止当前正在执行的动画,开始执行动画队列中的下一个动画。如果将第 1 个参数设置为 true,那么就会删除动画队列中剩余的动画,并且永远也不会执行。如果将第 2 个参数设置为 true,那么就会停止当前的动画,但参与动画的每一个 CSS 属性将被立即设置为它们的目标值。

### 4. 判断元素是否处于动画状态

用户操作网页中的元素时,如果某个元素的 animate() 方法被调用多次,会导致当前动画效果与用户行为不一致。例如,用户使用鼠标单击某个元素一次,动画是正常显示的,当连续多次单击该元素,就会积累多次的动画效果,造成与单击一次的预定义动画效果不一致,这种情况就是元素当前动画未执行完又加入了动画。

为了解决网页中的动画积累,在开发时可以先判断元素是否正处于动画状态,若没有处于动画状态,再去添加新的动画;如果当前元素处于动画状态,就不添加新的动画效果。

利用 jQuery 提供的 is() 方法和基本过滤选择器“:animated”即可判断元素是否处于动画状态,语法如下所示:

$(selector).is(':animated');

上述语法中,“:animated”用于匹配所有正在执行动画效果的元素,如果元素 selector 处于动画状态,则代码执行后返回 true。

### 5. 鼠标位置获取

获取鼠标位置的方法很多,如 mouseenter()、mouseleave()、mousedown()、mouseup()、mousemove()等。下面用 mousemove()举例说明:

```
$(selector).mousemove(function(e){
e.pageX;//X 坐标值
e.pageY;//Y 坐标值
})
```

**注意**:原点的位置永远位于页面左上角的地方,x 轴的正方向向右,y 轴的正方向向下。

## 任务 实现

### 1. 任务分析

本次任务内容制作主要使用〈div〉。外层〈div〉下包括 3 个〈div〉;第一个和第三个二级〈div〉显示左右箭头;中间的〈div〉下包括三级〈div〉,该〈div〉中用 8 个〈img〉显示图片内容;每个 div 都要用 class 或者 id 区别开。在 jQuery 中,需要定义 4 个自定义功能函数,一个绑定函数,一个解绑函数,一个左移函数,一个右移函数;绑定函数和解绑函数同时给左右箭头绑定单击事件,并调用后面的左移和右移函数;左移函数先获取当前坐标值,然后移动一张图片宽度,在移动过程中单击箭头,就利用解绑函数给箭头解绑,之后使用 animate()控制动画时间并再此利用自定义的绑定函数进行绑定;用同样的方法处理右移函数。最后调用绑定函数,这样程序就开始在嵌套调用函数中反复调用。操作步骤如下:

①制作页面,先建立 1 个〈div〉以及下面的 3 个〈div〉对象;中间的〈div〉中再次建立 1 个〈div〉,该〈div〉下根据图片个数建立〈img〉;

②在 CSS 中制作样式;

③引用 CSS 样式和 jQuery;

④在〈script〉中定义 bindEvent()、unbindEvent()、funleft()、funright()函数,最后调用 bindEvent()。

### 2. 代码实现

这个任务页面制作不是很复杂,共有 8 张图片,需要显示其中 3 张,并通过左右箭头控制左右移动显示其他图片。bindEvent()、unbindEvent()绑定和解绑左右箭头;左移和右移函数中,首先通过 css()函数获取图像左侧的坐标值,然后使用 parseInt()获取该值;左移时该值减去图片宽度,当图片小于 0 并且大于 5 张图片宽度。可以左移;右移加上图片宽度,当图片左侧值小于或等于 0 时可以右移。最后调用绑定函数。详细 HTML 代码如下：

```
〈! DOCTYPE html〉
〈html〉
〈head〉
        〈meta charset＝"UTF-8"〉
        〈title〉jQuery 图片滚动动画效果〈/title〉
        〈link rel＝"stylesheet" href＝"course7-4.css" type＝"text/css" /〉
        〈script src＝"js/jquery-3.4.1.js" type＝"text/javascript"〉〈/script〉
〈/head〉
〈body〉
〈div class＝"box"〉
        〈h1〉浙江淳安：千岛湖景色美如画〈/h1〉
        〈div id＝"content"〉〈div id＝"showimages"〉
                〈img src＝"img/course7/千湖岛/千岛湖 1.jpg" /〉
                〈img src＝"img/course7/千湖岛/千岛湖 2.jpg" /〉
                〈img src＝"img/course7/千湖岛/千岛湖 3.jpg" /〉
                〈img src＝"img/course7/千湖岛/千岛湖 4.jpg" /〉
                〈img src＝"img/course7/千湖岛/千岛湖 5.jpg" /〉
                〈img src＝"img/course7/千湖岛/千岛湖 6.jpg" /〉
                〈img src＝"img/course7/千湖岛/千岛湖 7.jpg" /〉
                〈img src＝"img/course7/千湖岛/千岛湖 8.jpg" /〉
                〈img src＝"img/course7/千湖岛/千岛湖 9.jpg" /〉
                〈img src＝"img/course7/千湖岛/千岛湖 10.jpg" /〉〈/div〉
                〈div class＝"left"〉〈img src＝"img/course7/千湖岛/larrow.png"〉〈/div〉
                〈div class＝"right"〉〈img src＝"img/course7/千湖岛/rarrow.png"〉〈/div〉
〈/div〉
```

　　〈p〉新安江水库位居中国优质水之首，为国家一级水体，被誉为"天下第一秀水"，水库长约 150 千米，最宽处达 10 余千米，最深处达 100 余米，面积约 580 平方千米，蓄水量可达 178 亿立方米。在最高水位时拥有 1078 座大于 0.25 平方千米的陆桥岛屿，并以 2 平方千米以下的小岛为主，岛屿面积共 409 平方千米。它于 1984 年被正式命名为"千岛湖"，与加拿大渥太华金斯顿千岛湖、湖北黄石阳新仙岛湖并称为"世界三大千岛湖"。

```
        〈/p〉〈/div〉
            〈/body〉
```

```
〈script type="text/javascript"〉
        $(function(){
            bindEvent();})
        function bindEvent(){
            $(".left").bind('click',funleft);
            $(".right").bind('click',funright);}
        function unbindEvent(){
            $(".left").unbind('click',funleft);
            $(".right").unbind('click',funright);}
        function funleft(){
            var L=parseInt($("#showimages").css('left'));
        var endL=L+805;
            if(endL〈=0){
                endL=endL+'px';
                unbindEvent();
                $("#showimages").animate({left:endL},1000,bindEvent);   }}
        function funright(){
            var L=parseInt($("#showimages").css('left'));
var endL=L-805;
            if(endL〈=0 && endL〉=-7245){
                endL=endL+'px';
                unbindEvent();
                $("#showimages").animate({left:endL},1000,bindEvent);   }}
    〈/script〉
〈/html〉
```

该网页的 CSS 样式设置代码如下：

```
.box{
    margin:0 auto;
    width:800px;
    overflow:hidden; }
h1{text-align:center; }
    #content{
    overflow:hidden;
```

```
    width:800px;

    height:560px;

    float:left;

    position:relative;

float:left; }

    #showimages{

    width:8050px;

    position:absolute; }

#showimages img{

    width:800px;

    height:560px; }

.left{

    float:left;

    line-height:560px;

    background-color:rgba(180,180,180,0.5);

    position:absolute;

    top:0px;

    left:0px;}

.left img{  width:40px; }

.right{

    float:right;

    line-height:560px;

    background-color:rgba(180,180,180,0.5);

    position:absolute;

    bottom:0px;

    right:0px; }

.right img{width:40px; }

p{

    font-size:13px;

    text-indent:26px;

    line-height:18px;   }
```

### 3. 任务总结

(1)知识和技术:本次任务页面显示较为简单。jQuery 中需要使用多个自定义函数,函数功能根据项目需要设定,同时图片数量对于执行条件有直接的影响。为了弥补单击功能的缺点,使用了 bind()、unbind()反复为箭头绑定和解绑单击事件,同时自行定义左移和右移功能。

(2)思政要点:千岛湖风景区是国家 AAAAA 级景区,被称为"中国湖泊旅游典范"。湖中大小岛屿 1078 个,分布有疏有密罗列有致;湖水位居中国优质水之首,被誉为"天下第一秀水";岛上群山连绵,林木繁茂,鸟语花香,生态环境佳绝,资源丰富,是驰名中外的旅游胜地。众所周知,旅游是"欣赏美、体悟美、传播美"的活动,在欣赏身边万事万物之美时去感悟生命之意,在领略祖国大好河山时感受油然而生的爱国之情。

【拓展任务——图片轮播动画效果制作】

(1)思政要点:大唐芙蓉园秦时是皇家禁范的重要组成部分。隋朝时更名为"芙蓉园",引入文人曲水流觞故事,赋予人文精神。唐代扩大规模和文化内涵,成为皇族、僧侣、平民汇聚盛游之地,但随着唐的灭亡被破坏殆尽而沉寂。在人民当家作主的今天重建,并不能仅当它是供游人参观的园林,而是要以史为鉴,汲取智慧和力量,在实践中开创道路,在实现中国特色社会主义的道路上砥砺前行。

(2)技术要求:参考图 7-10 效果,制作图片轮播动画效果。先划分一个〈div〉,然后添加图片和 5 个〈div〉,图片是用来进行轮播展示的,5 个〈div〉制作右下角的小序号。在 jQuery 中,先定义图片数组;然后自定义轮播函数,通过变量反复进行〈img〉的 src 属性替换,实现图片轮播效果,同时先将所有小图标背景恢复,然后再设置图标背景为红色;使用 setTimeout()设置动画持续时间为 1 秒;为图片增加效果,当鼠标滑过时,使用 clearTimeout(t)取消轮播设置,当鼠标离开时,继续进行轮播动画。详细代码见 course7-4expand. html 和 course7-4expand. css 文件。

**大唐芙蓉园** (陕西省西安市5A级旅游景区)

大唐芙蓉园建于原唐代芙蓉园遗址所在地,占地1000余亩,其中水域面积300亩。大唐芙蓉园分别从帝王文化区、女性文化区、诗歌文化区、科举文化区、茶文化区、歌舞文化区、饮食文化区、民俗文化区、外交文化区、佛教文化区、道教文化区、儿童娱乐区、大门景观文化区、水秀表演区这十四个景观文化区,集中展示了唐王朝一柱擎天、辉耀四方的精神风貌,璀璨多姿、无与伦比的文化艺术,以及它横贯中天、睥睨一切的雄浑大气。

**图 7-10　jQuery 图片轮播动画效果**

## 项目 小结

本项目主要包含两部分内容,第一部分是 jQuery 效果,第二部分是 jQuery 动画。jQuery 效果中重点介绍了选项卡、手风琴、图片换页以及两级联动效果的制作方法和技巧。jQuery 动画中重点介绍了常用的动画特效,包括元素的显示与隐藏、元素的淡入和淡出,以及元素的上滑和下滑,最后介绍了自定义动画的方法以及如何使用这些方法可以做出更复杂的动画。

## 习题七

### 一、填空题

1. jQuery 中用于控制元素显示和隐藏效果的分别是(　　　　　)方法和(　　　　　)方法。

2. jQuery 中的(　　　　　)方法用来控制元素的淡入显示。

3. 若要实现自定义动画,需要调用 jQuery 中(　　　　　)方法。

4. 元素调用 toggle(false)方法在 jQuery 中表示(　　　　　)。

5. 一般获取窗口的宽和高使用的方法是(　　　　　)和(　　　　　)。

6. jQuery 访问对象中的 size()方法的返回值和 jQuery 对象的(　　　　　)属性一样。

7. jQuery 中 $(this). get(0)的写法和(　　　　　)是等价的。

8. 现有一个表格,如果想要匹配所有行数为偶数的,用(　　　　　)实现,奇数的用(　　　　　)实现。

9. 在一个表单里,想要找到指定元素的第一个元素用(　　　　　)实现,第二个元素用(　　　　　)实现。

10. 在 jQuery 中,用一个表达式来检查当前选择的元素集合,使用(　　　　　)来实现,如果这个表达式失效,则返回(　　　　　)值。

11. 在编写页面的时候,如果想要获取指定元素在当前窗口的相对偏移,用(　　　　　)来实现,该方法的返回值有两个属性,分别是(　　　　　)和(　　　　　)。

12. 在一个表单中,如果将所有的 div 元素都设置为绿色,实现功能是(　　　　　)。

13. 在 jQuery 中,当鼠标指针悬停在被选元素上时要运行的两个方法,实现该操作的是 $(selector). (　　　　　)。

14. 在 div 元素中,包含了一个⟨span⟩元素,通过 has 选择器获取⟨div⟩元素中的⟨span⟩元素的语法是(　　　　　)。

15. jQuery 的(　　　　　)可以给当前元素附加新的元素。

### 二、选择题

1. 在 jQuery 中,如果想要获取当前窗口的宽度值,(　　　)可以实现该功能。

A. width　　　　　B. width(val)　　　　　C. outerWidth　　　　　D. innerWidth

2. 在 jQuery 中,即可绑定两个或者多个时间处理器函数,以响应被选元素的轮流的 click 事件,又可以切换元素可见状态的方法是（    ）。

A. hide()　　　　　B. toggle()　　　　　　C. hover()　　　　　　D. slideUp()

3. 以下关于 jQuery 的描述错误的是（    ）。

A. jQuery 是一个 JavaScript 函数库

B. jQuery 极大地简化了 JavaScript 编程

C. jQuery 的宗旨是"write less,do more"

D. jQuery 的核心功能不是根据选择器查找 HTML 元素,然后对这些元素执行相关的操作

4. jQuery 中 animate()方法的语法格式如下,下列对其描述错误的是（    ）。

$(selector).animate(styles,speed,callback);

A. styles 参数规定产生动画效果的 CSS 样式和值

B. speed 参数用于设置动画执行的时长

C. animate()方法在执行时必须设置 styles 参数

D. callback 是动画完成后执行的函数

5. jQuery 中 fadeTo()方法语法格式如下,下列对其描述正确的是（    ）。

$(selector).fadeTo(speed,opacity,callback);

A. speed 的值可以是 slow 或 normal

B. callback 参数的作用是返回元素动画是否执行完成,参数值为 true 或者 false

C. opacity 参数的取值范围是 1－100

D. fadeTo()指的是使用淡出效果显示一个元素

6. 下列关于 jQuery 中的方法,说法错误的是（    ）。

A. slowDown()方法控制元素的向下滑动

B. show()方法控制元素的显示

C. toggle()方法用于控制元素的透明度切换

D. fadeOut()方法控制元素的淡出

7. 下列选项中,关于 jQuery 中停止动画的方法描述错误的是（    ）。

A. stop()方法可以控制动画的停止

B. stop()方法的参数默认都为 false

C. stop()方法的参数都设为 true 时表示停止所有动画

D. 以上说法都不正确。

8. width()、innerWidth()、outerWidth()之间的关系错误的是（    ）。

A. width()＋padding＝innerWidth()

B. width()＋padding＋border＋margin＝outerWidth()

C. width()＋padding＋border＝outerWidth()

D. innerWidth＋border＝outerWidth()

9. 下列关于 html() 描述不正确的是(　　)。

A. 读取节点的 HTML 内容

B. 修改节点的 HTML 内容

C. $("p").html() 获取⟨p⟩元素的 HTML 代码

D. 读取节点的文本内容

10. 下列关于 text() 的描述不正确的是(　　)。

A. $("p").text() 获取 p 元素的文本　　　　B. 读取节点的文本内容

C. 读取节点的 HTML 内容　　　　　　　　D. 修改节点的文本内容

11. 在 jQuery 中,读取节点的 value 属性值的是(　　)。

A. html()　　　　　　B. val()　　　　　　C. text()　　　　　　D. value()

12. 使用(　　)事件对象获取按键的值。

A. keyCode　　　　　B. client　　　　　　C. key　　　　　　　D. code

13. 事件对象 clientX 的作用是(　　)。

A. 返回当事件被触发时鼠标指针相对于当前元素的水平坐标

B. 返回当事件被触发时鼠标指针相对于屏幕的水平坐标

C. 返回当事件被触发时鼠标指针相对于桌面页面的水平坐标

D. 返回当事件被触发时鼠标指针相对于浏览器页面的水平坐标

14. 事件对象 screenX 的作用是(　　)。

A. 返回事件发生时鼠标指针相对于屏幕的水平坐标

B. 返回事件发生的地点在事件源元素的坐标系统中的 x 坐标

C. 返回鼠标指针的位置,相对于文档的左边缘(firefox,~x)

D. 返回当事件被触发时鼠标指针相对于浏览器页面的水平坐标

15. 事件对象 offsetX 的作用是(　　)。

A. 返回事件发生时鼠标指针相对于屏幕的水平坐标

B. 返回事件发生的地点在事件源元素的坐标系统中的 x 坐标

C. 返回鼠标指针的位置,相对于文档的左边缘(firefox,~x)

D. 返回当事件被触发时鼠标指针相对于浏览器页面的水平坐标

16. 关于 jQuery 中 show() 方法,下列说法正确的是(　　)。

A. show() 方法如果不传入参数,则按照 400ms 的动画时间让元素显示出来

B. show() 方法可传入回调函数,回调函数在动画执行之前执行

C. show() 方法传入数值 3 作为参数,其默认为在 3 秒中完成动画

D. show() 方法的参数可以传入字符串来指定动画完成时间

17. 关于 jQuery 插件,下列说法错误的是(　　)。

A. jQuery 插件在使用之前需要引入指定的插件文件和 jQuery 文件

B. jQuery 插件能大大提高开发人员的开发效率

C. jQuery 插件是在 jQuery 的基础上做功能和业务上的扩展

D. jQuery 插件只需要引入插件文件,不需要引入 jQuery 文件

18.关于 get()方法的回调函数的执行时机,下列说法正确的是(　　)。

A.在请求发出的时候执行　　　　　　　B.在请求出错误的时候执行

C.在请求完成的时候执行　　　　　　　D.在请求成功的时候执行

19.函数中传递的参数 e 的作用是(　　)。

A.提供了可以影响事件在 dom 中传递进程的一些方法

B.提供了网页中的文字信息

C.提供了网页中的元素

D.没什么作用

20.在 jQuery 中可以通过(　　)读取节点的 HTML 内容。

A. $("…").val()　　　　　　　　　　B. $("…").html()

C. $("….").value()　　　　　　　　　D. $("…").name()

21.下列不是关于 jQuery 使用场景的是(　　)。

A. DOM 操作　　　B.动画效果　　　　C. AJAX　　　　　D.网页结构

22.当 DOM 加载完成后要执行的函数,下面(　　)是正确的。

A. jQuery(expression,[context])　　　B. jQuery(html,[ownerDocument])

C. jQuery(callback)　　　　　　　　D. jQuery(elements)

23.在 jQuery 中,如果想要获取当前窗口的宽度值,可以用(　　)实现。

A. width()　　　B. width(val)　　　C. width　　　　D. innerWidth()

24.以下 jQuery 对象方法中,使用了事件委托的是(　　)。

A. bind　　　B. mousedown　　　C. change　　　D. on

25.在 jQuery 中,关于 fadeIn()方法正确的是(　　)。

A.可以改变元素的高度

B.可以逐渐改变被选元素的不透明度,从隐藏到可见(褪色效果)

C.可以改变元素的宽度

D.与 fadeIn()相对的方法是 fadeOn()

26.下面选项中,(　　)能获得焦点。

A. blur()　　　B. select()　　　C. focus()　　　D. onfocus()

27.(　　)能够动态改变层中的提示内容。

A.利用 html()方法　　　　　　　　　B.利用层的 id 属性

C.使用 onblur 事件　　　　　　　　　D.使用 display 属性

28.以下 jQuery 代码运行后,对应的 HTML 代码变为(　　)。

HTML 代码:

```
<p>你好</p>
```

jQuery 代码：

$("p").append("〈b〉快乐编程〈/b〉");

A.〈p〉你好〈/p〉〈b〉快乐编程〈/b〉

B.〈p〉你好〈b〉快乐编程〈/b〉〈/p〉

C.〈b〉快乐编程〈/b〉〈p〉你好〈/p〉

D.〈p〉〈b〉快乐编程〈/b〉你好〈/p〉

29. 以下关于 jQuery 优点的说法中错误的是(        )。

A. jQuery 的体积较小，压缩以后，大约只有 100KB

B. jQuery 封装了大量的选择器、DOM 操作、事件处理，使用起来比 JavaScript 简单得多

C. jQuery 的浏览器兼容性很好，能兼容所有的浏览器

D. jQuery 易扩展，开发者可以自己编写 jQuery 的扩展插件

30. 以下(        )选项不能够正确地得到标签。

〈input id="btnGo" type="bottom" value="点击" class="btn"〉

A. $("♯btnGo")                    B. $(".btnGo")

C. $(".btn")                      D. $("input[type='button']")

### 三、实践题

1. 请完成下图单击显示注释页面制作，可参考 course7-5exercize.html。

动态效果说明：本次任务是制作单击显示注释效果。页面最初显示诗、译文和注释标注。当单击注释标注时，出现相应的注释内容。单击标注的顺序不受限定，注释出现也可以不连续，但位置必须按照由小到大顺序排列。

**旅夜书怀**

作者：杜甫（唐）

细草微风岸②，危樯②独夜舟③。
星垂平野阔④，月涌⑤大江⑥流。
名岂⑦文章著，官应老病休⑧。
飘飘⑨何所似，天地一沙鸥。

**译文**

微风吹拂着江岸的细草，那立着高高桅杆的小船在夜里孤零零地停泊着。星星低垂在辽阔的天际，月亮倒映在江面上，随波涌动。我难道是因为文章而著名吗？年老病多也应该休官了。自己到处漂泊像什么呢？就像天地间的一只孤零零的沙鸥。

**注释**

2. 请完成下页图所示 jQuery 图片无限循环滚动效果制作，可参考 course7-6exercize.html。素材存放在"课程教学\img\course7\校园机床博物馆"文件夹中。

动态效果说明：本次任务是制作图片无限循环滚动效果。页面显示内容为三部分，标题、图片和文字，页面运行后，图片从右向左无缝无限循环滚动。当鼠标移动到图片上时，滚动暂停，未被选中的图片上添加黄色透明效果。

# 校园机床博物馆

　　锈迹斑斑的机床，换了新装，矗立在校园的树荫下。光影斑驳中，依稀残留的油墨味道，混着校园的书墨清香，弥散在校园的角角落落。消失在历史长河中的轰鸣机器声，依旧喃喃诉说着曾经的坚强与坚韧，裹着少男少女靓丽的身影，又一次化作龙的脊梁，飞向蓝色的太空，在自由的世界里翱翔！

# 附录 A　HBuilder 参考手册

## 一、HBuilder 快捷操作

1. 生成 HTML 文档初始结构

格式 1：感叹号（英文）【Tab】

格式 2：html：5【Tab】

格式 3：h 8

格式 4：ht【Enter】

前两种结构完全相同，后两种结构完全相同，后两种比前两种简单。

2. 生成带有 id、class 的 HTML 标签

格式 1：标签♯idname（或 . classname）【Tab】

格式 2：标签♯idname. classname【Tab】

标签缺省就生成 div 标签；♯生成 id，. 生成 class；♯idname（或 . classname）可以只加一个，也可以同时加两个。

3. 生成后代：〉

格式：标签〉标签〉…【Tab】

4. 生成兄弟：＋

格式：标签＋标签＋…【Tab】

5. 生成上级元素：＾

格式：标签＾标签【Tab】

一个＾符号上升一级，连续两个上升两级，以此类推。

6. 重复生成多份：＊

格式：标签＊数字【Tab】

7. 生成分组：（）

格式：（标签）【Tab】

8. 生成自定义属性：[ ]

格式：标签[attr]【Tab】

9. 对生成内容编号：$

格式 1：标签 $ ＊数字【Tab】（顺序生成）

格式 2：标签 $ @－＊数字【Tab】（逆序生成）

格式3:标签$n*m【Tab】(编号从n到m)

一个$就表示一位数字,只出现一个$的话,数字前面不加0,只出现数字本身。如果出现多个$,当数字的总位数小于$的总个数时,数字前不够的位数用0补齐。

10.生成文本内容:{}

格式:标签{文本内容}【Tab】

11.标签名补齐

格式:标签【Tab】【Enter】

12.其他快捷操作

中途换行:【Ctrl】【Enter】

设置charset:me 6【Enter】

创建js区块:s【Enter】

创建style节点:st【Enter】

创建img标签:im【Enter】

插入换行符:【Shift】【Enter】

关闭标签页:【Ctrl】【W】

切换标签页:【Ctrl】【E】

创建ul:u【Enter】

折叠代码:【Ctrl】【Alt】【-】

向上插入空行:【Ctrl】【Shift】【Enter】

**注意:**

①以上指令的格式可以混合使用,生成一个复杂网页结构或者部分网页结构。如果结构简单,可以一次生成整个网页结构;如果结构复杂,可以先生成一部分,在已经生成的结构中再次使用。

②在写指令的时候,不可以添加空格,这会导致指令无法使用。

## 二、HBuilder **快捷键**

1.文件操作

新建菜单:【Ctrl】【N】

新建:【Ctrl】【N】

关闭:【Ctrl】【W】

全部关闭:【Ctrl】【Shift】【W】

保存:【Ctrl】【S】

全部保存:【Ctrl】【Shift】【S】

属性:【Alt】【Enter】

2.编辑操作

激活代码助手:【Alt】【/】

显示方法参数提示:【Alt】【Shift】【?】

撤销:【Ctrl】【Z】

重做:【Ctrl】【Y】

复制选区或光标所在行:【Ctrl】【C】

剪切选区或光标所在行:【Ctrl】【X】

粘贴:【Ctrl】【V】

复制文件路径:【Ctrl】【Shift】【C】

改写切换:【Insert】

删除当前行:【Ctrl】【D】

删除前一词:【Ctrl】【Backspace】

删除后一词:【Ctrl】【Delete】

删除至行首:【Shift】【Backspace】

删除至行尾:【Shift】【Delete】

删除当前标签:【Ctrl】【Shift】【T】

重命名文件:【F2】

安全重命名对象:【Ctrl】【F2】

合并下一行:【Ctrl】【Alt】【J】

整理代码格式:【Ctrl】【Shift】【F】

向上移动行:【Ctrl】【↑】

向下移动行:【Ctrl】【↓】

选中当前行:【Ctrl】【L】

开启/关闭注释整行:【Ctrl】【/】

开启/关闭注释已选内容:【Ctrl】【Shift】【/】

注释分隔条:【Ctrl】【Shift】【B】

对选中标签加包围(加 p 元素):【Ctrl】【9】

去包围:【Ctrl】【0】

快速修正:【Ctrl】【1】

3.插入操作

向下空行:【Ctrl】【Enter】

向上空行:【Ctrl】【Shift】【Enter】

重复插入当前行或选中区域:【Ctrl】【Shift】【R】

快速插入空白字符(nbsp):【Shift】【空格键】

快速插入〈script type＝"math/tex" id＝"MathJax-Element-4"〉〈/script〉(在 HTML 中):

　　　【Shift】【Enter】

快速插入\n(在 JavaScript、CSS 中):【Shift】【Enter】

插入 HTML 标签(使用当前词):【Ctrl】【Shift】【,】

插入词语结尾符:【Ctrl】【Alt】【Enter】

4.转义操作

全部大写:【Ctrl】【Shift】【X】

全部小写:【Ctrl】【Shift】【Y】

首字大写:【Ctrl】【Shift】【－】

URL 转码:【Ctrl】【Shift】【7】

URL 解码:【Ctrl】【Shift】【5】

5.选择操作

向左选词:【Ctrl】【Shift】【←】

向右选词:【Ctrl】【Shift】【→】

选择相同词:【Ctrl】【Shift】【A】

选择 HTML 父节点:【Ctrl】【Alt】【↑】

选择前一个节点:【Ctrl】【Alt】【←】

选择后一个节点:【Ctrl】【Alt】【→】

选择所有子节点:【Ctrl】【Alt】【↓】

选择成对内容:【Ctrl】【[】

列选择:【Ctrl】【Alt】【C】

块选择:【Alt】【Shift】【A】

选择至行首:【Ctrl】【Home】

选择至行末:【Ctrl】【End】

6.跳转操作

上一个选项卡:【Ctrl】【Tab】

选择至行末:【Ctrl】【Shift】【Tab】

转到匹配的括号:【Alt】【[】

转到匹配的引号:【Alt】【'】

设置/取消书签:【Ctrl】【Alt】【B】

转到上一个文本输入点:【Alt】【↑】

转到下一个文本输入点:【Alt】【↓】

折叠:【Ctrl】【Alt】【－】

展开:【Ctrl】【Alt】【/】

激活快捷键视图:【Ctrl】【Shift】【L】

7.查找操作

搜索条(查找、替换):【Ctrl】【F】

聚焦到搜索条件框内:【Ctrl】【Alt】【F】

聚焦到替换输入框内:【Ctrl】【Alt】【E】

隐藏搜索条:【Esc】

在搜索条内换行:【Alt】【Shift】【Enter】

HTML标签规范:【Ctrl】【Shift】【H】

8.视图操作

活动视图或编辑窗口最大化:【Ctrl】【M】

放大字体:【Ctrl】【Shift】【＝】

减小字体:【Ctrl】【－】

# 附录 B  HTML5 参考手册

## 一、HTML5 标签

| 标签 | 描　述 | 备注 |
|---|---|---|
| 基础 | | |
| 〈! DOCTYPE〉 | 定义文档类型 | |
| 〈html〉 | 定义一个 HTML 文档 | |
| 〈title〉 | 为文档定义一个标题 | |
| 〈body〉 | 定义文档的主体 | |
| 〈h1〉—〈h6〉 | 定义 HTML 标题 | |
| 〈p〉 | 定义一个段落 | |
| 〈br〉 | 定义简单的折行 | |
| 〈hr〉 | 定义水平线 | |
| 〈! -…-〉 | 定义一个注释 | |
| 格式 | | |
| 〈abbr〉 | 定义一个缩写 | |
| 〈address〉 | 定义文档作者或拥有者的联系信息 | |
| 〈b〉 | 定义粗体文本 | |
| 〈bdi〉 | 允许您设置一段文本,使其脱离其父元素的文本方向设置 | New[①] |
| 〈bdo〉 | 定义文本的方向 | |
| 〈blockquote〉 | 定义块引用 | |
| 〈cite〉 | 定义引用(citation) | |
| 〈code〉 | 定义计算机代码文本 | |
| 〈del〉 | 定义被删除文本 | |
| 〈dfn〉 | 定义定义项目 | |
| 〈em〉 | 定义强调文本 | |
| 〈i〉 | 定义斜体文本 | |
| 〈ins〉 | 定义被插入文本 | |
| 〈kbd〉 | 定义键盘文本 | |
| 〈mark〉 | 定义带有记号的文本 | New |
| 〈meter〉 | 定义度量衡。仅用于已知最大和最小值的度量 | New |

①New 代表该内容为 HTML5 新增的。

| 标签 | 描　述 | 备注 |
|---|---|---|
| 〈pre〉 | 定义预格式文本 | |
| 〈progress〉 | 定义运行中的任务进度(进程) | New |
| 〈q〉 | 定义短的引用 | |
| 〈rp〉 | 定义不支持 ruby 元素的浏览器所显示的内容 | New |
| 〈rt〉 | 定义字符(中文注音或字符)的解释或发音 | New |
| 〈ruby〉 | 定义 ruby 注释(中文注音或字符) | New |
| 〈s〉 | 定义加删除线的文本 | |
| 〈samp〉 | 定义计算机代码样本 | |
| 〈small〉 | 定义小号文本 | |
| 〈strong〉 | 定义语气更为强烈的强调文本 | |
| 〈sub〉 | 定义下标文本 | |
| 〈sup〉 | 定义上标文本 | |
| 〈time〉 | 定义一个日期/时间 | New |
| 〈u〉 | 定义下划线文本 | |
| 〈var〉 | 定义文本的变量部分 | |
| 〈wbr〉 | 规定在文本中的何处适合添加换行符 | New |
| 表单 | | |
| 〈form〉 | 定义一个 HTML 表单,用于用户输入 | |
| 〈input〉 | 定义一个输入控件 | |
| 〈textarea〉 | 定义多行的文本输入控件 | |
| 〈button〉 | 定义按钮 | |
| 〈select〉 | 定义选择列表(下拉列表) | |
| 〈optgroup〉 | 定义选择列表中相关选项的组合 | |
| 〈option〉 | 定义选择列表中的选项 | |
| 〈label〉 | 定义 input 元素的标注 | |
| 〈fieldset〉 | 定义围绕表单中元素的边框 | |
| 〈legend〉 | 定义 fieldset 元素的标题 | |
| 〈datalist〉 | 规定了 input 元素可能的选项列表 | New |
| 〈keygen〉 | 规定用于表单的密钥对生成器字段 | New |
| 〈output〉 | 定义一个计算的结果 | New |
| 图像 | | |
| 〈img〉 | 定义图像 | |
| 〈map〉 | 定义图像映射 | |

| 标签 | 描　述 | 备注 |
|---|---|---|
| ⟨area⟩ | 定义图像地图内部的区域 | |
| ⟨canvas⟩ | 通过脚本(通常是 JavaScript)来绘制图形(比如图表和其他图像) | New |
| ⟨figcaption⟩ | 用于为 figure 元素组添加标题,一个 figure 元素内最多允许使用一个 figcaption 元素,该元素应该放在 figure 元素的第一个或者最后一个子元素的位置 | New |
| ⟨figure⟩ | 定义独立的流内容(图像、图表、照片、代码等),一般指一个单独的单元 | New |
| 音频/视频 | | |
| ⟨audio⟩ | 定义声音,比如音乐或其他音频流 | New |
| ⟨source⟩ | 定义 media 元素(⟨video⟩和⟨audio⟩)的媒体资源 | New |
| ⟨track⟩ | 为媒体(⟨video⟩和⟨audio⟩)元素定义外部文本轨道 | New |
| ⟨video⟩ | 定义一个音频或者视频 | New |
| 链接 | | |
| ⟨a⟩ | 定义一个链接 | |
| ⟨link⟩ | 定义文档与外部资源的关系 | |
| ⟨main⟩ | 定义文档的主体部分 | |
| ⟨nav⟩ | 定义导航链接 | New |
| 列表 | | |
| ⟨ul⟩ | 定义一个无序列表 | |
| ⟨ol⟩ | 定义一个有序列表 | |
| ⟨li⟩ | 定义一个列表项 | |
| ⟨dl⟩ | 定义一个定义列表 | |
| ⟨dt⟩ | 定义一个定义列表中的项目 | |
| ⟨dd⟩ | 定义定义列表中项目的描述 | |
| ⟨menu⟩ | 定义菜单列表 | |
| ⟨command⟩ | 定义用户可能调用的命令(比如单选按钮、复选框或按钮) | New |
| 表格 | | |
| ⟨table⟩ | 定义一个表格 | |
| ⟨caption⟩ | 定义表格标题 | |
| ⟨th⟩ | 定义表格中的表头单元格 | |
| ⟨tr⟩ | 定义表格中的行 | |
| ⟨td⟩ | 定义表格中的单元 | |
| ⟨thead⟩ | 定义表格中的表头内容 | |

| 标签 | 描　述 | 备注 |
|---|---|---|
| 〈tbody〉 | 定义表格中的主体内容 | |
| 〈tfoot〉 | 定义表格中的表注内容（脚注） | |
| 〈col〉 | 定义表格中一个或多个列的属性值 | |
| 〈colgroup〉 | 定义表格中供格式化的列组 | |
| 样式/节 | | |
| 〈style〉 | 定义文档的样式信息 | |
| 〈div〉 | 定义文档中的节 | |
| 〈span〉 | 定义文档中的节 | |
| 〈header〉 | 定义一个文档头部部分 | New |
| 〈footer〉 | 定义一个文档底部 | New |
| 〈section〉 | 定义了文档的某个区域 | New |
| 〈article〉 | 定义一个文章内容 | New |
| 〈aside〉 | 定义其所处内容之外的内容 | New |
| 〈details〉 | 定义了用户可见的或者隐藏的需求的补充细节 | New |
| 〈dialog〉 | 定义一个对话框或者窗口 | New |
| 〈summary〉 | 定义一个可见的标题。当用户点击标题时会显示出详细信息 | New |
| 元信息 | | |
| 〈head〉 | 定义关于文档的信息 | |
| 〈meta〉 | 定义关于 HTML 文档的元信息 | |
| 〈base〉 | 定义页面中所有链接的默认地址或默认目标 | |
| 程序 | | |
| 〈script〉 | 定义客户端脚本 | |
| 〈noscript〉 | 定义针对不支持客户端脚本的用户的替代内容 | |
| 〈embed〉 | 定义了一个容器，用来嵌入外部应用或者互动程序（插件） | New |
| 〈object〉 | 定义嵌入的对象 | |
| 〈param〉 | 定义对象的参数 | |
| accesskey | 设置访问元素的键盘快捷键 | |
| class | 规定元素的类名（classname） | |
| contenteditable | 规定是否可编辑元素的内容 | New |

## 二、HTML5 全局属性

| 属性 | 描　述 | 备注 |
|---|---|---|
| contextmenu | 指定一个元素的上下文菜单。当用户右击该元素,出现上下文菜单 | New |
| dir | 设置元素中内容的文本方向 | |
| draggable | 指定某个元素是否可以拖动 | New |
| dropzone | 指定是否将数据复制,移动,或链接,或删除 | New |
| hidden | hidden 属性规定对元素进行隐藏 | New |
| id | 规定元素的唯一 id | |
| lang | 设置元素中内容的语言代码 | |
| spellcheck | 检测元素是否拼写错误 | New |
| style | 规定元素的行内样式 | |
| tabindex | 设置元素的 Tab 键控制次序 | |
| title | 规定元素的额外信息(可在工具提示中显示) | |
| translate | 指定是否一个元素的值在页面载入时是否需要翻译 | New |
| 多媒体属性 | | |
| autoplay | 如果出现该属性,则视频在就绪后马上播放 | New |
| controls | 如果出现该属性,则向用户显示控件,比如播放按钮 | New |
| height | 设置视频播放器的高度 | New |
| loop | 如果出现该属性,则当媒介文件完成播放后再次开始播放 | New |
| muted | 规定视频的音频输出应该被静音 | New |
| poster | 规定视频下载时显示的图像,或者在用户点击播放按钮前显示的图像 | New |
| preload | 如果出现该属性,则视频在页面加载时进行加载,并预备播放。如果使用 "autoplay",则忽略该属性 | New |
| src | 要播放的视频的 URL | New |
| width | 设置视频播放器的宽度 | New |

## 三、HTML5 事件属性

### 1. 窗口事件属性

| 属性 | 描　　述 | 备注 |
| --- | --- | --- |
| onafterprint | 在打印文档之后运行脚本 | New |
| onbeforeprint | 在文档打印之前运行脚本 | New |
| onbeforeonload | 在文档加载之前运行脚本 | New |
| onblur | 当窗口失去焦点时运行脚本 | |
| onerror | 当错误发生时运行脚本 | New |
| onfocus | 当窗口获得焦点时运行脚本 | |
| onhashchange | 当文档改变时运行脚本 | New |
| onload | 当文档加载时运行脚本 | |
| onmessage | 当触发消息时运行脚本 | New |
| onoffline | 当文档离线时运行脚本 | New |
| ononline | 当文档上线时运行脚本 | New |
| onpagehide | 当窗口隐藏时运行脚本 | New |
| onpageshow | 当窗口可见时运行脚本 | New |
| onpopstate | 当窗口历史记录改变时运行脚本 | New |
| onredo | 当文档执行再执行操作(redo)时运行脚本 | New |
| onresize | 当调整窗口大小时运行脚本 | New |
| onstorage | 当 Web Storage 区域更新时(存储空间中的数据发生变化时)运行脚本 | New |
| onundo | 当文档执行撤销时运行脚本 | New |
| onunload | 当用户离开文档时运行脚本 | New |

### 2. 表单事件

| 属性 | 描　　述 | 备注 |
| --- | --- | --- |
| onblur | 当元素失去焦点时运行脚本 | |
| onchange | 当元素改变时运行脚本 | |
| oncontextmenu | 当触发上下文菜单时运行脚本 | New |
| onfocus | 当元素获得焦点时运行脚本 | |
| onformchange | 当表单改变时运行脚本 | New |
| onforminput | 当表单获得用户输入时运行脚本 | New |
| oninput | 当元素获得用户输入时运行脚本 | New |
| oninvalid | 当元素无效时运行脚本 | New |
| onreset | 当表单重置时运行脚本。HTML5 不支持 | |
| onselect | 当选取元素时运行脚本 | |
| onsubmit | 当提交表单时运行脚本 | |

### 3.键盘事件

| 属性 | 描述 | 备注 |
|---|---|---|
| onkeydown | 当按下按键时运行脚本 | |
| onkeypress | 当按下并松开按键时运行脚本 | |
| onkeyup | 当松开按键时运行脚本 | |

### 4.鼠标事件

| 属性 | 描述 | 备注 |
|---|---|---|
| onclick | 当单击鼠标时运行脚本 | |
| ondblclick | 当双击鼠标时运行脚本 | |
| ondrag | 当拖动元素时运行脚本 | New |
| ondragend | 当拖动操作结束时运行脚本 | New |
| ondragenter | 当元素被拖动至有效的拖放目标时运行脚本 | New |
| ondragleave | 当元素离开有效拖放目标时运行脚本 | New |
| ondragover | 当元素被拖动至有效拖放目标上方时运行脚本 | New |
| ondragstar | 当拖动操作开始时运行脚本 | New |
| ondrop | 当被拖动元素正在被拖放时运行脚本 | New |
| onmousedown | 当按下鼠标按钮时运行脚本 | |
| onmousemove | 当鼠标指针移动时运行脚本 | |
| onmouseout | 当鼠标指针移出元素时运行脚本 | |
| onmouseover | 当鼠标指针移至元素之上时运行脚本 | |
| onmouseup | 当松开鼠标按钮时运行脚本 | |
| onmousewheel | 当转动鼠标滚轮时运行脚本 | New |
| onscroll | 当滚动元素的滚动条时运行脚本 | New |

四、HTML5 颜色名

| HEX | 颜色 | HEX | 颜色 | HEX | 颜色 |
|---|---|---|---|---|---|
| #F0F8FF | | #BDB76B | | #ADFF2F | |
| #FAEBD7 | | #8B008B | | #F0FFF0 | |
| #00FFFF | | #556B2F | | #FF69B4 | |
| #7FFFD4 | | #FF8C00 | | #CD5C5C | |
| #F0FFFF | | #9932CC | | #4B0082 | |
| #F5F5DC | | #8B0000 | | #FFFFF0 | |
| #FFE4C4 | | #E9967A | | #F0E68C | |
| #000000 | | #8FBC8F | | #E6E6FA | |
| #FFEBCD | | #483D8B | | #FFF0F5 | |
| #0000FF | | #2F4F4F | | #7CFC00 | |
| #8A2BE2 | | #00CED1 | | #FFFACD | |
| #A52A2A | | #9400D3 | | #ADD8E6 | |
| #DEB887 | | #FF1493 | | #F08080 | |
| #5F9EA0 | | #00BFFF | | #E0FFFF | |
| #7FFF00 | | #696969 | | #FAFAD2 | |
| #D2691E | | #1E90FF | | #D3D3D3 | |
| #FF7F50 | | #B22222 | | #90EE90 | |
| #6495ED | | #FFFAF0 | | #FFB6C1 | |
| #FFF8DC | | #228B22 | | #FFA07A | |
| #DC143C | | #FF00FF | | #20B2AA | |
| #00FFFF | | #DCDCDC | | #87CEFA | |
| #00008B | | #F8F8FF | | #778899 | |
| #008B8B | | #FFD700 | | #B0C4DE | |
| #B8860B | | #DAA520 | | #FFFFE0 | |
| #A9A9A9 | | #808080 | | #00FF00 | |
| #006400 | | #008000 | | #32CD32 | |

| HEX | 颜色 |
|---|---|
| #FAF0E6 | |
| #FF00FF | |
| #800000 | |
| #66CDAA | |
| #0000CD | |
| #BA55D3 | |
| #9370DB | |
| #3CB371 | |
| #7B68EE | |
| #00FA9A | |
| #48D1CC | |
| #C71585 | |
| #191970 | |
| #F5FFFA | |
| #FFE4E1 | |
| #FFE4B5 | |
| #FFDEAD | |
| #000080 | |
| #FDF5E6 | |
| #808000 | |
| #6B8E23 | |
| #FFA500 | |
| #FF4500 | |
| #DA70D6 | |
| #EEE8AA | |
| #98FB98 | |
| #AFEEEE | |

| HEX | 颜色 |
|---|---|
| #DB7093 | |
| #FFEFD5 | |
| #FFDAB9 | |
| #CD853F | |
| #FFC0CB | |
| #DDA0DD | |
| #B0E0E6 | |
| #800080 | |
| #FF0000 | |
| #BC8F8F | |
| #4169E1 | |
| #8B4513 | |
| #FA8072 | |
| #F4A460 | |
| #2E8B57 | |
| #FFF5EE | |
| #A0522D | |
| #C0C0C0 | |
| #87CEEB | |
| #6A5ACD | |
| #708090 | |
| #FFFAFA | |
| #00FF7F | |
| #4682B4 | |
| #D2B48C | |
| #008080 | |
| #D8BFD8 | |

| HEX | 颜色 |
|---|---|
| #FF6347 | |
| #40E0D0 | |
| #EE82EE | |
| #F5DEB3 | |
| #FFFFFF | |
| #F5F5F5 | |
| #FFFF00 | |
| #9ACD32 | |

# 附录 C　CSS3 参考手册

## 一、CSS 属性

### 1. 动画属性

| 属性 | 描述 | CSS |
| --- | --- | --- |
| @keyframes | 定义一个动画,@keyframes 定义的动画名称被 animation-name 所使用 | 3 |
| animation | 复合属性。检索或设置对象所应用的动画特效 | 3 |
| animation-name | 检索或设置对象所应用的动画名称,必须与规则@keyframes 配合使用,因为动画名称由@keyframes 定义 | 3 |
| animation-duration | 检索或设置对象动画的持续时间 | 3 |
| animation-timing-function | 检索或设置对象动画的过渡类型 | 3 |
| animation-delay | 检索或设置对象动画的延迟时间 | 3 |
| animation-iteration-count | 检索或设置对象动画的循环次数 | 3 |
| animation-direction | 检索或设置对象动画在循环中是否反向运动 | 3 |
| animation-play-state | 检索或设置对象动画的状态 | 3 |

### 2. 背景属性

| 属性 | 描述 | CSS |
| --- | --- | --- |
| background | 复合属性。设置对象的背景特性 | 1 |
| background-attachment | 设置或检索背景图像是随对象内容滚动还是固定的。必须先指定 background-image 属性 | 1 |
| background-color | 设置或检索对象的背景颜色 | 1 |
| background-image | 设置或检索对象的背景图像 | 1 |
| background-position | 设置或检索对象的背景图像位置。必须先指定 background-image 属性 | 1 |
| background-repeat | 设置或检索对象的背景图像如何铺排填充。必须先指定 background-image 属性 | 1 |
| background-clip | 指定对象的背景图像向外裁剪的区域 | 3 |
| background-origin | 设置或检索对象的背景图像计算 background-position 时的参考原点(位置) | 3 |
| background-size | 检索或设置对象的背景图像的尺寸大小 | 3 |

3. 边框(Border)和轮廓(Outline)属性

| 属性 | 描 述 | CSS |
|---|---|---|
| border | 复合属性。设置对象边框的特性 | 1 |
| border-bottom | 复合属性。设置对象底部边框的特性 | 1 |
| border-bottom-color | 设置或检索对象的底部边框颜色 | 1 |
| border-bottom-style | 设置或检索对象的底部边框样式 | 1 |
| border-bottom-width | 设置或检索对象的底部边框宽度 | 1 |
| border-color | 置或检索对象的边框颜色 | 1 |
| border-left | 复合属性。设置对象左边边框的特性 | 1 |
| border-left-color | 设置或检索对象的左边边框颜色 | 1 |
| border-left-style | 设置或检索对象的左边边框样式 | 1 |
| border-left-width | 设置或检索对象的左边边框宽度 | 1 |
| border-right | 复合属性。设置对象右边边框的特性 | 1 |
| border-right-color | 设置或检索对象的右边边框颜色 | 1 |
| border-right-style | 设置或检索对象的右边边框样式 | 1 |
| border-right-width | 设置或检索对象的右边边框宽度 | 1 |
| border-style | 设置或检索对象的边框样式 | 1 |
| border-top | 复合属性。设置对象顶部边框的特性 | 1 |
| border-top-color | 设置或检索对象的顶部边框颜色 | 1 |
| border-top-style | 设置或检索对象的顶部边框样式 | 1 |
| border-top-width | 设置或检索对象的顶部边框宽度 | 1 |
| border-width | 设置或检索对象的边框宽度 | 1 |
| outline | 复合属性。设置或检索对象外的线条轮廓 | 2 |
| outline-color | 设置或检索对象外的线条轮廓的颜色 | 2 |
| outline-style | 设置或检索对象外的线条轮廓的样式 | 2 |
| outline-width | 设置或检索对象外的线条轮廓的宽度 | 2 |
| border-bottom-left-radius | 设置或检索对象的左下角圆角边框 | 3 |
| border-bottom-right-radius | 设置或检索对象的右下角圆角边框 | 3 |
| border-image | 设置或检索对象的边框样式使用图像来填充 | 3 |
| border-image-outset | 规定边框图像超过边框的量 | 3 |
| border-image-repeat | 规定图像边框是否应该被重复(repeated)、拉伸(stretched)或铺满(rounded) | 3 |
| border-image-slice | 规定图像边框的向内偏移 | 3 |
| border-image-source | 规定要使用的图像,代替 border-style 属性中设置的边框样式 | 3 |

续表

| 属性 | 描　述 | CSS |
|---|---|---|
| border-image-width | 规定图像边框的宽度 | 3 |
| border-radius | 设置或检索对象使用圆角边框 | 3 |
| border-top-left-radius | 定义左上角边框的形状 | 3 |
| border-top-right-radius | 定义右上角边框的形状 | 3 |
| box-decoration-break | 规定行内元素被折行 | 3 |
| box-shadow | 向方框添加一个或多个阴影 | 3 |

### 4. 盒子(Box)属性

| 属性 | 描　述 | CSS |
|---|---|---|
| overflow-x | 如果内容溢出了元素内容区域,是否对内容的左/右边缘进行裁剪 | 3 |
| overflow-y | 如果内容溢出了元素内容区域,是否对内容的上/下边缘进行裁剪 | 3 |
| overflow-style | 规定溢出元素的首选滚动方法 | 3 |
| rotation | 围绕由 rotation-point 属性定义的点对元素进行旋转 | 3 |
| rotation-point | 定义距离上左边框边缘的偏移点 | 3 |

### 5. 超链接(Hyperlink)属性

| 属性 | 描　述 | CSS |
|---|---|---|
| target | 简写属性设置 target-name, target-new,和 target-position 属性 | 3 |
| target-name | 指定在何处打开链接(目标位置) | 3 |
| target-new | 指定是否有新的目标链接打开一个新窗口或在现有窗口打开新标签 | 3 |
| target-position | 指定应该放置新的目标链接的位置 | 3 |

### 6. 内边距(Padding)属性

| 属性 | 描　述 | CSS |
|---|---|---|
| padding | 在一个声明中设置所有填充属性 | 1 |
| padding-bottom | 设置元素的底填充 | 1 |
| padding-left | 设置元素的左填充 | 1 |
| padding-right | 设置元素的右填充 | 1 |
| padding-top | 设置元素的顶部填充 | 1 |

### 7. 尺寸(Dimension)属性

| 属性 | 描　述 | CSS |
|---|---|---|
| height | 设置元素的高度 | 1 |
| max-height | 设置元素的最大高度 | 2 |
| max-width | 设置元素的最大宽度 | 2 |
| min-height | 设置元素的最小高度 | 2 |
| min-width | 设置元素的最小宽度 | 2 |
| width | 设置元素的宽度 | 1 |

### 8. 弹性盒模型(Flexible Box)属性(新)

| 属性 | 描　述 | CSS |
|---|---|---|
| flex | 复合属性。设置或检索弹性盒模型对象的子元素如何分配空间 | 3 |
| flex-grow | 设置或检索弹性盒的扩展比率 | 3 |
| flex-shrink | 设置或检索弹性盒的收缩比率 | 3 |
| flex-basis | 设置或检索弹性盒伸缩基准值 | 3 |
| flex-flow | 复合属性。设置或检索弹性盒模型对象的子元素排列方式 | 3 |
| flex-direction | 该属性通过定义 flex 容器的主轴方向来决定 flex 子项在 flex 容器中的位置 | 3 |
| flex-wrap | 该属性控制 flex 容器是单行或者多行,同时横轴的方向决定了新行堆叠的方向 | 3 |
| align-content | 在弹性容器内的各项没有占用交叉轴上所有可用的空间时对齐容器内的各项(垂直) | 3 |
| align-items | 定义 flex 子项在 flex 容器的当前行的侧轴(纵轴)方向上的对齐方式。 | 3 |
| align-self | 定义 flex 子项单独在侧轴(纵轴)方向上的对齐方式 | 3 |
| justify-content | 设置或检索弹性盒子元素在主轴(横轴)方向上的对齐方式 | 3 |
| order | 设置或检索弹性盒模型对象的子元素出现的顺序 | 3 |

### 9. 字体(Font)属性

| 属性 | 描　述 | CSS |
|---|---|---|
| font | 在一个声明中设置所有字体属性 | 1 |
| font-family | 规定文本的字体系列 | 1 |
| font-size | 规定文本的字体尺寸 | 1 |
| font-style | 规定文本的字体样式 | 1 |
| font-variant | 规定文本的字体样式 | 1 |
| font-weight | 规定字体的粗细 | 1 |
| @font-face | 导入服务器端字体并存放到 Web 服务器上,需要时自动下载 | 3 |
| font-size-adjust | 为元素规定 aspect 值 | 3 |
| font-stretch | 收缩或拉伸当前的字体系列 | 3 |

### 10.列表(List)属性

| 属性 | 描 述 | CSS |
|---|---|---|
| list-style | 在一个声明中设置所有的列表属性 | 1 |
| list-style-image | 将图象设置为列表项标记 | 1 |
| list-style-position | 设置列表项标记的放置位置 | 1 |
| list-style-type | 设置列表项标记的类型 | 1 |

### 11.外边距(Margin)属性

| 属性 | 描 述 | CSS |
|---|---|---|
| margin | 在一个声明中设置所有外边距属性 | 1 |
| margin-bottom | 设置元素的下外边距 | 1 |
| margin-left | 设置元素的左外边距 | 1 |
| margin-right | 设置元素的右外边距 | 1 |
| margin-top | 设置元素的上外边距 | 1 |

### 12.多列(Multi-column)属性

| 属性 | 描 述 | CSS |
|---|---|---|
| column-count | 指定元素应该分为的列数 | 3 |
| column-fill | 指定如何填充列 | 3 |
| column-gap | 指定列之间的差距 | 3 |
| column-rule | 对于设置所有 column-rule-＊属性的简写属性 | 3 |
| column-rule-color | 指定列之间的颜色规则 | 3 |
| column-rule-style | 指定列之间的样式规则 | 3 |
| column-rule-width | 指定列之间的宽度规则 | 3 |
| column-span | 指定元素应该跨越多少列 | 3 |
| column-width | 指定列的宽度 | 3 |
| columns | 缩写属性设置列宽和列数 | 3 |

### 13.定位(Positioning)属性

| 属性 | 描 述 | CSS |
|---|---|---|
| bottom | 设置定位元素下外边距边界与其包含块下边界之间的偏移 | 2 |
| clear | 规定元素的哪一侧不允许其他浮动元素 | 1 |
| clip | 剪裁绝对定位元素 | 2 |
| cursor | 规定要显示的光标的类型(形状) | 2 |
| display | 规定元素应该生成的框的类型 | 1 |
| float | 规定框是否应该浮动 | 1 |

| 属性 | 描 述 | CSS |
|---|---|---|
| left | 设置定位元素左外边距边界与其包含块左边界之间的偏移 | 2 |
| overflow | 规定当内容溢出元素框时发生的事情 | 2 |
| position | 规定元素的定位类型 | 2 |
| right | 设置定位元素右外边距边界与其包含块右边界之间的偏移 | 2 |
| top | 设置定位元素的上外边距边界与其包含块上边界之间的偏移 | 2 |
| visibility | 规定元素是否可见 | 2 |
| z-index | 设置元素的堆叠顺序 | 2 |

14. 表格(Table)属性

| 属性 | 描 述 | CSS |
|---|---|---|
| border-collapse | 规定是否合并表格边框 | 2 |
| border-spacing | 规定相邻单元格边框之间的距离 | 2 |
| caption-side | 规定表格标题的位置 | 2 |
| empty-cells | 规定是否显示表格中的空单元格上的边框和背景 | 2 |
| table-layout | 设置用于表格的布局算法 | 2 |

15. 文本(Text)属性

| 属性 | 描 述 | CSS |
|---|---|---|
| color | 设置文本的颜色 | 1 |
| direction | 规定文本的方向/书写方向 | 2 |
| letter-spacing | 设置字符间距 | 1 |
| line-height | 设置行高 | 1 |
| text-align | 规定文本的水平对齐方式 | 1 |
| text-decoration | 规定添加到文本的装饰效果 | 1 |
| text-indent | 规定文本块首行的缩进 | 1 |
| text-transform | 控制文本的大小写 | 1 |
| unicode-bidi | unicode-bidi 属性与 direction 属性一起使用,设置或返回是否应重写文本以支持同一文档中的多种语言 | 2 |
| vertical-align | 设置元素的垂直对齐方式 | 1 |
| white-space | 设置怎样给一元素控件留白 | 1 |
| word-spacing | 设置单词间距 | 1 |
| text-emphasis | 向元素的文本应用重点标记以及重点标记的前景色 | 1 |
| hanging-punctuation | 指定一个标点符号是否可能超出行框 | 3 |
| punctuation-trim | 指定一个标点符号是否要去掉 | 3 |

续表

| 属性 | 描　述 | CSS |
|---|---|---|
| text-align-last | 当 text-align 设置为 justify 时,最后一行的对齐方式 | 3 |
| text-justify | 当 text-align 设置为 justify 时,指定分散对齐的方式 | 3 |
| text-outline | 设置文字的轮廓 | 3 |
| text-overflow | 指定当文本溢出包含的元素时应该发生什么 | 3 |
| text-shadow | 为文本添加阴影 | 3 |
| text-wrap | 指定文本换行规则 | 3 |
| word-break | 指定非 CJK 文字的断行规则 | 3 |
| word-wrap | 设置浏览器是否对过长的单词进行换行 | 3 |

## 16. 渐变(Gradients)

| 方法 | 描　述 |
|---|---|
| linear-gradien() | 线性渐变,向下/向上/向左/向右/对角方向 |
| repeating-linear-gradient() | 重复线性渐变 |
| radial-gradient() | 径向渐变,由它们的中心定义 |

## 二、CSS 选择器

| 选择器 | 示例 | 示例说明 | CSS |
|---|---|---|---|
| .class | .intro | 选择所有 class="intro"的元素 | 1 |
| #id | #firstname | 选择所有 id="firstname"的元素 | 1 |
| * | * | 选择所有元素 | 2 |
| element | p | 选择所有 p 元素 | 1 |
| element,element | div,p | 选择所有 div 元素和 p 元素 | 1 |
| element element | div p | 选择 div 元素内的所有 p 元素 | 1 |
| element>element | div>p | 选择所有父级是 div 元素的 p 元素 | 2 |
| element+element | div+p | 选择所有紧跟在 div 元素之后的第一个 p 元素 | 2 |
| [attribute] | [target] | 选择所有带有 target 属性元素 | 2 |
| [attribute=value] | [target=-blank] | 选择所有使用 target="-blank"的元素 | 2 |
| [attribute~=value] | [title~=flower] | 选择标题属性包含单词 flower 的所有元素 | 2 |
| [attribute\|=language] | [lang\|=en] | 选择 lang 属性以 en 为开头的所有元素 | 2 |
| :link | a:link | 选择所有未访问链接 | 1 |
| :visited | a:visited | 选择所有访问过的链接 | 1 |
| :active | a:active | 选择活动链接 | 1 |
| :hover | a:hover | 选择鼠标在链接上面时 | 1 |

续表

| 选择器 | 示例 | 示例说明 | CSS |
|---|---|---|---|
| :focus | input:focus | 选择具有焦点的输入元素 | 2 |
| :first-letter | p:first-letter | 选择每一个 p 元素的第一个字母 | 1 |
| :first-line | p:first-line | 选择每一个 p 元素的第一行 | 1 |
| :first-child | p:first-child | 指定只有当 p 元素是其父级的第一个子级的样式 | 2 |
| :before | p:before | 在每个 p 元素之前插入内容 | 2 |
| :after | p:after | 在每个 p 元素之后插入内容 | 2 |
| :lang(language) | p:lang(it) | 选择一个 lang 属性的起始值="it"的所有 p 元素 | 2 |
| element1～element2 | p～ul | 选择 p 元素之后的每一个 ul 元素 | 3 |
| [attribute^=value] | a[src^="https"] | 选择每一个 src 属性的值以"https"开头的元素 | 3 |
| [attribute $ =value] | a[src $ =".pdf"] | 选择每一个 src 属性的值以".pdf"结尾的元素 | 3 |
| [attribute * =value] | a[src * ="runoob"] | 选择每一个 src 属性的值包含子字符串"runoob"的元素 | 3 |
| :first-of-type | p:first-of-type | 选择每个 p 元素是其父级的第一个 p 元素 | 3 |
| :last-of-type | p:last-of-type | 选择每个 p 元素是其父级的最后一个 p 元素 | 3 |
| :only-of-type | p:only-of-type | 选择每个 p 元素是其父级的唯一 p 元素 | 3 |
| :only-child | p:only-child | 选择每个 p 元素是其父级的唯一子元素 | 3 |
| :nth-child(n) | p:nth-child(2) | 选择每个 p 元素是其父级的第二个子元素 | 3 |
| :nth-last-child(n) | p:nth-last-child(2) | 选择每个 p 元素的是其父级的第二个子元素,从最后一个子项计数 | 3 |
| :nth-of-type(n) | p:nth-of-type(2) | 选择每个 p 元素是其父级的第二个 p 元素 | 3 |
| :nth-last-of-type(n) | p:nth-last-of-type(2) | 选择每个 p 元素的是其父级的第二个 p 元素,从最后一个子项计数 | 3 |
| :last-child | p:last-child | 选择每个 p 元素是其父级的最后一个子级。 | 3 |
| :root | :root | 选择文档的根元素 | 3 |
| :empty | p:empty | 选择每个没有任何子级的 p 元素（包括文本节点） | 3 |
| :target | #news:target | 选择当前活动的 #news 元素（包含该锚名称的点击的 URL） | 3 |
| :enabled | input:enabled | 选择每一个已启用的输入元素 | 3 |
| :disabled | input:disabled | 选择每一个禁用的输入元素 | 3 |
| :checked | input:checked | 选择每个选中的输入元素 | 3 |

续表

| 选择器 | 示例 | 示例说明 | CSS |
|---|---|---|---|
| :not(selector) | :not(p) | 选择每个并非 p 元素的元素 | 3 |
| ::selection | ::selection | 匹配元素中被用户选中或处于高亮状态的部分 | 3 |
| :out-of-range | :out-of-range | 匹配值在指定区间之外的 input 元素 | 3 |
| :in-range | :in-range | 匹配值在指定区间之内的 input 元素 | 3 |
| :read-write | :read-write | 用于匹配可读及可写的元素 | 3 |
| :read-only | :read-only | 用于匹配设置"readonly"（只读）属性的元素 | 3 |
| :optional | :optional | 用于匹配可选的输入元素 | 3 |
| :required | :required | 用于匹配设置了"required"属性的元素 | 3 |
| :valid | :valid | 用于匹配输入值为合法的元素 | 3 |
| :invalid | :invalid | 用于匹配输入值为非法的元素 | 3 |

## 三、相对长度

| 单位 | 描　述 |
|---|---|
| em | 它是描述相对于应用在当前元素的字体尺寸,所以它也是相对长度单位。一般浏览器字体大小默认为 16px,则 2em＝32px |
| ex | 依赖于英文字母小 x 的高度 |
| ch | 数字 0 的宽度 |
| rem | rem 是根 em(root em)的缩写,rem 作用于非根元素时,相对于根元素字体大小;rem 作用于根元素字体大小时,相对于其初始字体大小 |
| vw | viewpoint width,视窗宽度,1vw＝视窗宽度的 1% |
| vh | viewpoint height,视窗高度,1vh＝视窗高度的 1% |
| vmin | vw 和 vh 中较小的那个 |
| vmax | vw 和 vh 中较大的那个 |

# 附录 D　JavaScript 和 HTML DOM 参考手册

## 一、JavaScript 对象参考手册

### 1. array 对象

array 对象用于在变量中存储多个值,第一个数组元素的索引值为 0,第二个索引值为 1,以此类推。

(1)数组属性

| 属性 | 描　　述 |
|---|---|
| constructor | 返回创建数组对象的原型函数 |
| length | 设置或返回数组元素的个数 |
| prototype | 允许向数组对象添加属性或方法 |

(2)array 对象方法

| 方法 | 描述 |
|---|---|
| concat() | 连接两个或更多的数组,并返回结果 |
| copyWithin() | 从数组的指定位置拷贝元素到数组的另一个指定位置中 |
| entries() | 返回数组的可迭代对象 |
| every() | 检测数值元素的每个元素是否都符合条件 |
| fill() | 使用一个固定值来填充数组 |
| filter() | 检测数值元素,并返回符合条件所有元素的数组 |
| find() | 返回符合传入测试(函数)条件的数组元素 |
| findIndex() | 返回符合传入测试(函数)条件的数组元素索引 |
| forEach() | 数组每个元素都执行一次回调函数 |
| from() | 通过给定的对象中创建一个数组 |
| includes() | 判断一个数组是否包含一个指定的值 |
| indexOf() | 搜索数组中的元素,并返回它所在的位置 |
| isArray() | 判断对象是否为数组 |
| join() | 把数组的所有元素放入一个字符串 |
| keys() | 返回数组的可迭代对象,包含原始数组的键(key) |
| lastIndexOf() | 搜索数组中的元素,并返回它最后出现的位置 |
| map() | 通过指定函数处理数组的每个元素,并返回处理后的数组 |

续表

| 方法 | 描述 |
|---|---|
| pop() | 删除数组的最后一个元素并返回删除的元素 |
| push() | 向数组的末尾添加一个或更多元素,并返回新的长度 |
| reduce() | 将数组元素计算为一个值(从左到右) |
| reduceRight() | 将数组元素计算为一个值(从右到左) |
| reverse() | 反转数组的元素顺序 |
| shift() | 删除并返回数组的第一个元素 |
| slice() | 选取数组的一部分,并返回一个新数组 |
| some() | 检测数组元素中是否有元素符合指定条件 |
| sort() | 对数组的元素进行排序 |
| splice() | 从数组中添加或删除元素 |
| toString() | 把数组转换为字符串,并返回结果 |
| unshift() | 向数组的开头添加一个或更多元素,并返回新的长度 |
| valueOf() | 返回数组对象的原始值 |

## 2. boolean 对象

boolean 对象用于将一个不是 Boolean 类型的值转换为 Boolean 类型值(true 或者 false)。

### (1)boolean 对象属性

| 属性 | 描述 |
|---|---|
| constructor | 返回对创建此对象的 Boolean 函数的引用 |
| prototype | 使您有能力向对象添加属性和方法 |

### (2)boolean 对象方法

| 方法 | 描述 |
|---|---|
| toString() | 把布尔值转换为字符串,并返回结果 |
| valueOf() | 返回 boolean 对象的原始值 |

## 3. date 对象

### (1)date 对象属性

| 属性 | 描述 |
|---|---|
| constructor | 返回对创建此对象的 Date 函数的引用 |
| prototype | 使您有能力向对象添加属性和方法 |

（2）date 对象方法

| 方法 | 描述 |
|---|---|
| getDate() | 从 date 对象返回一个月中的某一天（1～31） |
| getDay() | 从 date 对象返回一周中的某一天（0～6） |
| getFullYear() | 从 date 对象以四位数字返回年份 |
| getHours() | 返回 date 对象的小时（0～23） |
| getMilliseconds() | 返回 date 对象的毫秒（0～999） |
| getMinutes() | 返回 date 对象的分钟（0～59） |
| getMonth() | 从 date 对象返回月份（0～11） |
| getSeconds() | 返回 date 对象的秒数（0～59） |
| getTime() | 返回 1970 年 1 月 1 日至今的毫秒数 |
| getTimezoneOffset() | 返回本地时间与格林威治标准时间（GMT）的分钟差 |
| getUTCDate() | 根据世界时从 date 对象返回月中的一天（1～31） |
| getUTCDay() | 根据世界时从 date 对象返回周中的一天（0～6） |
| getUTCFullYear() | 根据世界时从 date 对象返回四位数的年份 |
| getUTCHours() | 根据世界时返回 date 对象的小时（0～23） |
| getUTCMilliseconds() | 根据世界时返回 date 对象的毫秒（0～999） |
| getUTCMinutes() | 根据世界时返回 date 对象的分数（0～59） |
| getUTCMonth() | 根据世界时从 date 对象返回月份（0～11） |
| getUTCSeconds() | 根据世界时返回 date 对象的秒钟（0～59） |
| parse() | 返回 1970 年 1 月 1 日午夜到指定日期（字符串）的毫秒数 |
| setdate() | 设置 date 对象中月的某一天（1～31） |
| setFullYear() | 设置 date 对象中的年份（四位数字） |
| setHours() | 设置 date 对象中的小时（0～23） |
| setMilliseconds() | 设置 date 对象中的毫秒（0～999） |
| setMinutes() | 设置 date 对象中的分钟（0～59） |
| setMonth() | 设置 date 对象中月份（0～11） |
| setSeconds() | 设置 date 对象中的秒数（0～59） |
| setTime() | setTime()方法以毫秒设置 date 对象 |
| setUTCdate() | 根据世界时设置 date 对象中月份的一天（1～31） |
| setUTCFullYear() | 根据世界时设置 date 对象中的年份（四位数字） |
| setUTCHours() | 根据世界时设置 date 对象中的小时（0～23） |
| setUTCMilliseconds() | 根据世界时设置 date 对象中的毫秒（0～999） |
| setUTCMinutes() | 根据世界时设置 date 对象中的分钟（0～59） |

| 方法 | 描　述 |
|------|--------|
| setUTCMonth() | 根据世界时设置 date 对象中的月份(0~11) |
| setUTCSeconds() | 根据世界时(UTC)设置指定时间的秒字段 |
| toDateString() | 把 date 对象的日期部分转换为字符串 |
| toISOString() | 使用 ISO 标准返回字符串的日期格式 |
| toJSON() | 以 JSON 数据格式返回日期字符串 |
| toLocaleDateString() | 根据本地时间格式,把 date 对象的日期部分转换为字符串 |
| toLocaleTimeString() | 根据本地时间格式,把 date 对象的时间部分转换为字符串 |
| toLocaleString() | 根据本地时间格式,把 date 对象转换为字符串 |
| toString() | 把 date 对象转换为字符串 |
| toTimeString() | 把 date 对象的时间部分转换为字符串 |
| toUTCString() | 根据世界时,把 date 对象转换为字符串。实例:<br>var today＝new Date();var UTCstring＝today. toUTCString() |
| UTC() | 根据世界时返回 1970 年 1 月 1 日到指定日期的毫秒数 |
| valueOf() | 返回 date 对象的原始值 |

4. string 对象

string 对象用于处理文本(字符串)。string 对象创建方法:new String()。

(1)string 对象属性

| 属性 | 描　述 |
|------|--------|
| constructor | 对创建该对象的函数的引用 |
| length | 字符串的长度 |
| prototype | 允许您向对象添加属性和方法 |

(2)string 对象方法

| 方法 | 描　述 |
|------|--------|
| charAt() | 返回在指定位置的字符 |
| charCodeAt() | 返回在指定的位置的字符的 Unicode 编码 |
| concat() | 连接两个或更多字符串,并返回新的字符串 |
| fromCharCode() | 将 Unicode 编码转为字符 |
| indexOf() | 返回某个指定的字符串值在字符串中首次出现的位置 |
| includes() | 查找字符串中是否包含指定的子字符串 |
| lastIndexOf() | 从后向前搜索字符串,并从起始位置(0)开始计算返回字符串最后出现的位置 |

| 方法 | 描　述 |
|---|---|
| match() | 查找一个或多个正则表达式的匹配 |
| repeat() | 复制字符串指定次数,并将它们连接在一起返回 |
| replace() | 在字符串中查找匹配的子串,并替换与正则表达式匹配的子串 |
| replaceAll() | 在字符串中查找匹配的子串,并替换与正则表达式匹配的所有子串 |
| search() | 查找与正则表达式相匹配的值 |
| slice() | 提取字符串的片段,并在新的字符串中返回被提取的部分 |
| split() | 把字符串分割为字符串数组 |
| startsWith() | 查看字符串是否以指定的子字符串开头 |
| substr() | 从起始索引号提取字符串中指定数目的字符 |
| substring() | 提取字符串中两个指定的索引号之间的字符 |
| toLowerCase() | 把字符串转换为小写 |
| toUpperCase() | 把字符串转换为大写 |
| trim() | 去除字符串两边的空白 |
| toLocaleLowerCase() | 根据本地主机的语言环境把字符串转换为小写 |
| toLocaleUpperCase() | 根据本地主机的语言环境把字符串转换为大写 |
| valueOf() | 返回某个字符串对象的原始值 |
| toString() | 返回一个字符串 |

5.全局属性函数

JavaScript 全局属性和方法可用于创建 JavaScript 对象。

(1)JavaScript 全局属性

| 属性 | 描　述 |
|---|---|
| Infinity | 代表正的无穷大的数值 |
| NaN | 指示某个值是不是数字值 |
| undefined | 指示未定义的值 |

(2)JavaScript 全局函数

| 函数 | 描　述 |
|---|---|
| decodeURI() | 解码某个编码的 URI |
| decodeURIComponent() | 解码一个编码的 URI 组件 |
| encodeURI() | 把字符串编码为 URI |
| encodeURIComponent() | 把字符串编码为 URI 组件 |

| 函数 | 描　述 |
|---|---|
| escape() | 对字符串进行编码 |
| eval() | 计算 JavaScript 字符串,并把它作为脚本代码来执行 |
| isFinite() | 检查某个值是否为有穷大的数 |
| isNaN() | 检查某个值是否是数字 |
| Number() | 把对象的值转换为数字 |
| parseFloat() | 解析一个字符串并返回一个浮点数 |
| parseInt() | 解析一个字符串并返回一个整数 |
| String() | 把对象的值转换为字符串 |
| unescape() | 对由 escape()编码的字符串进行解码 |

## 二、Browser 对象参考手册

1. window 对象

window 对象表示浏览器中打开的窗口。

（1）window 对象属性

| 属性 | 描　述 |
|---|---|
| closed | 返回窗口是否已被关闭 |
| defaultStatus | 设置或返回窗口状态栏中的默认文本 |
| document | 对 document 对象的只读引用。 |
| frames | 返回窗口中所有命名的框架。该集合是 window 对象的数组,每个 window 对象在窗口中含有一个框架 |
| history | 对 history 对象的只读引用 |
| innerHeight | 返回窗口的文档显示区的高度 |
| innerWidth | 返回窗口的文档显示区的宽度 |
| localStorage | 在浏览器中存储 key/value 对。没有过期时间 |
| length | 设置或返回窗口中的框架数量 |
| location | 用于窗口或框架的 location 对象 |
| name | 设置或返回窗口的名称 |
| navigator | 对 navigator 对象的只读引用 |
| opener | 返回对创建此窗口的窗口的引用 |
| outerHeight | 返回窗口的外部高度,包含工具条与滚动条 |
| outerWidth | 返回窗口的外部宽度,包含工具条与滚动条 |
| pageXOffset | 设置或返回当前页面相对于窗口显示区左上角的 x 坐标 |

| 属性 | 描　述 |
| --- | --- |
| pageYOffset | 设置或返回当前页面相对于窗口显示区左上角的 y 坐标 |
| parent | 返回父窗口 |
| screen | 对 Screen 对象的只读引用 |
| screenLeft | 返回相对于屏幕窗口的 x 坐标 |
| screenTop | 返回相对于屏幕窗口的 y 坐标 |
| screenX | 返回相对于屏幕窗口的 x 坐标。 |
| sessionStorage | 在浏览器中存储 key/value 对。在关闭窗口或标签页之后将会删除这些数据 |
| screenY | 返回相对于屏幕窗口的 y 坐标 |
| self | 返回对当前窗口的引用。等价于 window 属性 |
| status | 设置窗口状态栏的文本 |
| top | 返回最顶层的父窗口 |

（2）window 对象方法

| 方法 | 描　述 |
| --- | --- |
| alert() | 显示带有一段消息和一个确认按钮的警告框 |
| atob() | 解码一个 base-64 编码的字符串 |
| btoa() | 创建一个 base-64 编码的字符串 |
| blur() | 把键盘焦点从顶层窗口移开 |
| clearInterval() | 取消由 setInterval()设置的 timeout |
| clearTimeout() | 取消由 setTimeout()方法设置的 timeout |
| close() | 关闭浏览器窗口 |
| confirm() | 显示带有一段消息以及确认按钮和取消按钮的对话框 |
| createPopup() | 创建一个 pop-up 窗口 |
| focus() | 把键盘焦点给予一个窗口 |
| getSelection() | 返回一个 selection 对象，表示用户选择的文本范围或光标的当前位置 |
| getComputedStyle() | 获取指定元素的 CSS 样式 |
| matchMedia() | 该方法用来检查 media query 语句，它返回一个 MediaQueryList 对象 |
| moveBy() | 可相对窗口的当前坐标把它移动指定的像素 |
| moveTo() | 把窗口的左上角移动到一个指定的坐标 |
| open() | 打开一个新的浏览器窗口或查找一个已命名的窗口 |
| print() | 打印当前窗口的内容 |
| prompt() | 显示可提示用户输入的对话框 |
| resizeBy() | 按照指定的像素调整窗口的大小 |

| 方法 | 描　述 |
|---|---|
| resizeTo() | 把窗口的大小调整到指定的宽度和高度 |
| scrollBy() | 按照指定的像素值来滚动内容 |
| scrollTo() | 把内容滚动到指定的坐标 |
| setInterval() | 按照指定的周期(以毫秒计)来调用函数或计算表达式 |
| setTimeout() | 在指定的毫秒数后调用函数或计算表达式 |
| stop() | 停止页面载入 |
| postMessage() | 安全地实现跨源通信 |

2. screen 对象

screen 对象包含有关客户端显示屏幕的信息。

(1)screen 对象属性

| 属性 | 描　述 |
|---|---|
| availHeight | 返回屏幕的高度(不包括 Windows 任务栏) |
| availWidth | 返回屏幕的宽度(不包括 Windows 任务栏) |
| colorDepth | 返回目标设备或缓冲器上的调色板的比特深度 |
| height | 返回屏幕的总高度 |
| pixelDepth | 返回屏幕的颜色分辨率(每像素的位数) |
| width | 返回屏幕的总宽度 |

# 三、HTML DOM 参考手册

1. document 对象

当浏览器载入 HTML 文档,它就会成为 document 对象。

(1)document 对象属性和方法

| 属性/方法 | 描　述 |
|---|---|
| document. activeElement | 返回当前获取焦点元素 |
| document. addEventListener() | 向文档添加句柄 |
| document. adoptNode(node) | 从另外一个文档返回 adapded 节点到当前文档 |
| document. anchors | 返回对文档中所有 anchor 对象的引用 |
| document. baseURI | 返回文档的基础 URI |
| document. body | 返回文档的 body 元素 |
| document. close() | 关闭用 document. open()方法打开的输出流,并显示选定的数据 |
| document. cookie | 设置或返回与当前文档有关的所有 cookie |

| 属性/方法 | 描述 |
|---|---|
| document.createAttribute() | 创建一个属性节点 |
| document.createComment() | createComment()方法可创建注释节点 |
| document.createDocumentFragment() | 创建空的 DocumentFragment 对象，并返回此对象 |
| document.createElement() | 创建元素节点 |
| document.createTextNode() | 创建文本节点 |
| document.doctype | 返回与文档相关的文档类型声明(DTD) |
| document.documentElement | 返回文档的根节点 |
| document.documentMode | 返回用于通过浏览器渲染文档的模式 |
| document.documentURI | 设置或返回文档的位置 |
| document.domain | 返回当前文档的域名 |
| document.domConfig | 已废弃。返回 normalizeDocument()被调用时所使用的配置 |
| document.embeds | 返回文档中所有嵌入的内容(embed)集合 |
| document.forms | 返回对文档中所有 Form 对象引用 |
| document.getElementsByClassName() | 返回文档中所有指定类名的元素集合，作为 NodeList 对象 |
| document.getElementById() | 返回对拥有指定 id 的第一个对象的引用 |
| document.getElementsByName() | 返回带有指定名称的对象集合 |
| document.getElementsByTagName() | 返回带有指定标签名的对象集合 |
| document.images | 返回对文档中所有 image 对象引用 |
| document.implementation | 返回处理该文档的 DOMimplementation 对象 |
| document.importNode() | 把一个节点从另一个文档复制到该文档以便应用 |
| document.inputEncoding | 返回用于文档的编码方式(在解析时) |
| document.lastModified | 返回文档被最后修改的日期和时间 |
| document.links | 返回对文档中所有 area 和 link 对象引用 |
| document.normalize() | 删除空文本节点，并连接相邻节点 |
| document.normalizeDocument() | 删除空文本节点，并连接相邻节点的 |
| document.open() | 打开一个流，以收集来自任何 document.write()或 document.writeln()方法的输出 |
| document.querySelector() | 返回文档中匹配指定的 CSS 选择器的第一元素 |
| document.querySelectorAll() | 是 HTML5 中引入的新方法，返回文档中匹配的 CSS 选择器的所有元素节点列表 |
| document.readyState | 返回文档状态(载入中……) |
| document.referrer | 返回载入当前文档的 URI |
| document.removeEventListener() | 移除文档中的事件句柄(由 addEventListener()方法添加) |

续表

| 属性/方法 | 描　述 |
| --- | --- |
| document. renameNode() | 重命名元素或者属性节点 |
| document. scripts | 返回页面中所有脚本的集合 |
| document. strictErrorChecking | 设置或返回是否强制进行错误检查 |
| document. title | 返回当前文档的标题 |
| document. URL | 返回文档完整的 URL |
| document. write() | 向文档写 HTML 表达式或 JavaScript 代码 |
| document. writeln() | 等同于 write()方法,不同的是在每个表达式之后写一个换行符 |

**2. 元素对象**

在 HTML DOM 中,元素对象代表着一个 HTML 元素。

**(1)属性和方法**

| 属性/方法 | 描　述 |
| --- | --- |
| element. accessKey | 设置或返回 accesskey 一个元素 |
| element. addEventListener() | 向指定元素添加事件句柄 |
| element. appendChild() | 为元素添加一个新的子元素 |
| element. attributes | 返回一个元素的属性数组 |
| element. childNodes | 返回元素的一个子节点的数组 |
| element. children | 返回元素的子元素的集合 |
| element. classList | 返回元素的类名,作为 DOMTokenList 对象 |
| element. className | 设置或返回元素的 class 属性 |
| element. clientHeight | 在页面上返回内容的可视高度(不包括边框、边距或滚动条) |
| element. clientWidth | 在页面上返回内容的可视宽度(不包括边框、边距或滚动条) |
| element. cloneNode() | 克隆某个元素 |
| element. compareDocumentPosition() | 比较两个元素的文档位置 |
| element. contentEditable | 设置或返回元素的内容是否可编辑 |
| element. dir | 设置或返回一个元素中的文本方向 |
| element. firstChild | 返回元素的第一个子节点 |
| element. focus() | 设置文档或元素获取焦点 |
| element. getAttribute() | 返回指定元素的属性值 |
| element. getAttributeNode() | 返回指定属性节点 |
| element. getElementsByTagName() | 返回指定标签名的所有子元素集合 |
| element. getElementsByClassName() | 返回文档中所有指定类名的元素集合,作为 NodeList 对象 |

| 属性/方法 | 描　述 |
|---|---|
| element. getFeature() | 返回指定特征的执行 APIs 对象 |
| element. getUserData() | 返回一个元素中关联键值的对象 |
| element. hasAttribute() | 如果元素中存在指定的属性则返回 true,否则返回 false |
| element. hasAttributes() | 如果元素有任何属性则返回 true,否则返回 false |
| element. hasChildNodes() | 返回一个元素是否具有任何子元素 |
| element. hasFocus() | 返回布尔值,检测文档或元素是否获取焦点 |
| element. id | 设置或者返回元素的 id |
| element. innerHTML | 设置或者返回元素的内容 |
| element. insertBefore() | 在现有的子元素之前插入一个新的子元素 |
| element. isContentEditable | 如果元素内容可编辑则返回 true,否则返回 false |
| element. isDefaultNamespace() | 如果指定了 namespaceURI 则返回 true,否则返回 false |
| element. isEqualNode() | 检查两个元素是否相等 |
| element. isSameNode() | 检查两个元素是否有相同节点 |
| element. isSupported() | 如果在元素中支持指定特征,则返回 true |
| element. lang | 设置或者返回一个元素的语言 |
| element. lastChild | 返回的最后一个子节点 |
| element. namespaceURI | 返回命名空间的 URI |
| element. nextSibling | 返回该元素紧跟的一个节点 |
| element. nextElementSibling | 返回指定元素之后的下一个兄弟元素(相同节点树层中的下一个元素节点) |
| element. nodeName | 返回元素的标记名(大写) |
| element. nodeType | 返回元素的节点类型 |
| element. nodeValue | 返回元素的节点值 |
| element. normalize() | 合并相邻的文本节点并删除空的文本节点 |
| element. offsetHeight | 返回任何一个元素的高度包括边框和填充,但不是边距 |
| element. offsetWidth | 返回元素的宽度,包括边框和填充,但不是边距 |
| element. offsetLeft | 返回当前元素的相对水平偏移位置的偏移容器 |
| element. offsetParent | 返回元素的偏移容器 |
| element. offsetTop | 返回当前元素的相对垂直偏移位置的偏移容器 |
| element. ownerDocument | 返回元素的根元素(文档对象) |
| element. parentNode | 返回元素的父节点 |

| 属性/方法 | 描　述 |
|---|---|
| element.previousSibling | 返回某个元素紧接之前的元素 |
| element.previousElementSibling | 返回指定元素的前一个兄弟元素(相同节点树层中的前一个元素节点) |
| element.querySelector() | 返回匹配指定 CSS 选择器元素的第一个子元素 |
| document.querySelectorAll() | 返回匹配指定 CSS 选择器元素的所有子元素节点列表 |
| element.removeAttribute() | 从元素中删除指定的属性 |
| element.removeAttributeNode() | 删除指定属性节点并返回移除后的节点 |
| element.removeChild() | 删除一个子元素 |
| element.removeEventListener() | 移除由 addEventListener()方法添加的事件句柄 |
| element.replaceChild() | 替换一个子元素 |
| element.scrollHeight | 返回整个元素的高度(包括带滚动条的隐蔽的地方) |
| element.scrollLeft | 设置或获取位于对象最左端和窗口中可见内容最左端的距离,即当前左滚的距离 |
| element.scrollTop | 设置或获取位于对象最顶端和窗口中可见内容最顶端的距离,即当前上滚的距离 |
| element.scrollWidth | 返回元素的整个宽度(包括带滚动条的隐蔽的地方) |
| element.setAttribute() | 设置或者改变指定属性并指定值 |
| element.setAttributeNode() | 设置或者改变指定属性节点 |
| element.setUserData() | 在元素中为指定键值关联对象 |
| element.style | 设置或返回元素的样式属性 |
| element.tabIndex | 设置或返回元素的标签顺序 |
| element.tagName | 作为一个字符串返回某个元素的标记名(大写) |
| element.textContent | 设置或返回一个节点和它的文本内容 |
| element.title | 设置或返回元素的 title 属性 |
| element.toString() | 一个元素转换成字符串 |
| nodelist.item() | 返回某个元素基于文档树的索引 |
| nodelist.length | 返回节点列表的节点数目 |

## 四、HTML DOM 元素对象参考手册

### 1. button 对象属性

| 属性 | 描　述 |
|---|---|
| disabled | 设置或返回是否禁用按钮 |
| form | 返回对包含按钮的表单的引用 |
| name | 设置或返回按钮的名称 |
| type | 返回按钮的表单类型 |
| value | 设置或返回显示在按钮上的文本 |

### 2. form 对象属性

| 属性 | 描 述 |
|---|---|
| acceptCharset | 服务器可接受的字符集 |
| action | 设置或返回表单的 action 属性 |
| enctype | 设置或返回表单用来编码内容的 MIME 类型 |
| length | 返回表单中的元素数目 |
| method | 设置或返回将数据发送到服务器的 HTTP 方法 |
| name | 设置或返回表单的名称 |
| target | 设置或返回表单提交结果的 frame 或 window 名 |

### 3. form 对象方法

| 方法 | 描 述 |
|---|---|
| reset() | 重置一个表单 |
| submit() | 提交一个表单 |

### 4. form 对象事件

| 事件 | 描 述 |
|---|---|
| onreset | 在重置表单元素之前调用 |
| onsubmit | 在提交表单之前调用 |

### 5. image 对象

image 对象代表嵌入的图像。

(1)image 对象属性

| 属性 | 描 述 |
|---|---|
| align | 设置或返回与内联内容的对齐方式 |
| alt | 设置或返回无法显示图像时的替代文本 |
| border | 设置或返回图像周围的边框 |
| complete | 返回浏览器是否已完成对图像的加载 |
| height | 设置或返回图像的高度 |
| hspace | 设置或返回图像左侧和右侧的空白 |
| longDesc | 设置或返回指向包含图像描述的文档的 URL |
| lowsrc | 设置或返回指向图像的低分辨率版本的 URL |
| name | 设置或返回图像的名称 |
| src | 设置或返回图像的 URL |
| useMap | 设置或返回客户端图像映射的 usemap 属性的值 |
| vspace | 设置或返回图像的顶部和底部的空白 |
| width | 设置或返回图像的宽度 |

（2）image 对象事件

| 事件 | 描　述 |
| --- | --- |
| onabort | 当用户放弃图像的装载时调用的事件句柄 |
| onerror | 在装载图像的过程中发生错误时调用的事件句柄 |
| onload | 当图像装载完毕时调用的事件句柄 |

## 五、HTML DOM document 对象

document 对象：当浏览器载入 HTML 文档，它就会成为 document 对象。

### 1. document 对象属性和方法

| 属性/方法 | 描　述 |
| --- | --- |
| document. activeElement | 返回当前获取焦点元素 |
| document. addEventListener() | 向文档添加句柄 |
| document. adoptNode(node) | 从另外一个文档返回 adapded 节点到当前文档 |
| document. anchors | 返回对文档中所有 anchor 对象的引用 |
| document. baseURI | 返回文档的绝对基础 URI |
| document. body | 返回文档的 body 元素 |
| document. close() | 关闭用 document. open()方法打开的输出流，并显示选定的数据 |
| document. cookie | 设置或返回与当前文档有关的所有 cookie |
| document. createAttribute() | 创建一个属性节点 |
| document. createComment() | 创建注释节点 |
| document. createDocumentFragment() | 创建空的 DocumentFragment 对象，并返回此对象 |
| document. createElement() | 创建元素节点 |
| document. createTextNode() | 创建文本节点 |
| document. doctype | 返回与文档相关的文档类型声明（DTD） |
| document. documentElement | 返回文档的根节点 |
| document. documentMode | 返回用于通过浏览器渲染文档的模式 |
| document. documentURI | 设置或返回文档的位置 |
| document. domain | 返回当前文档的域名 |
| document. embeds | 返回文档中所有嵌入的内容（embed）集合 |
| document. forms | 返回对文档中所有 form 对象引用 |
| document. getElementsByClassName() | 返回文档中所有指定类名的元素集合，作为 NodeList 对象 |
| document. getElementById() | 返回对拥有指定 id 的第一个对象的引用 |
| document. getElementsByName() | 返回带有指定名称的对象集合 |
| document. getElementsByTagName() | 返回带有指定标签名的对象集合 |

续表

| 属性/方法 | 描　述 |
| --- | --- |
| document.images | 返回对文档中所有 image 对象引用 |
| document.implementation | 返回处理该文档的 DOM implementation 对象 |
| document.importNode() | 把一个节点从另一个文档复制到该文档以便应用 |
| document.inputEncoding | 返回用于文档的编码方式(在解析时) |
| document.lastModified | 返回文档被最后修改的日期和时间 |
| document.links | 返回对文档中所有 area 和 link 对象引用 |
| document.normalizeDocument() | 删除空文本节点,并连接相邻节点的 |
| document.open() | 打开一个流,以收集来自任何 document.write()或 document.writeln()方法的输出 |
| document.querySelector() | 返回文档中匹配指定的 CSS 选择器的第一元素 |
| document.querySelectorAll() | HTML5 中引入的新方法,返回文档中匹配的 CSS 选择器的所有元素节点列表 |
| document.readyState | 返回文档状态(载入中……) |
| document.referrer | 返回载入当前文档的文档的 URL |
| document.removeEventListener() | 移除文档中的事件句柄(由 addEventListener()方法添加) |
| document.renameNode() | 重命名元素或者属性节点 |
| document.scripts | 返回页面中所有脚本的集合 |
| document.strictErrorChecking | 设置或返回是否强制进行错误检查 |
| document.title | 返回当前文档的标题 |
| document.URL | 返回文档完整的 URL |
| document.write() | 向文档写 HTML 表达式或 JavaScript 代码 |
| document.writeln() | 等同于 write()方法,不同的是在每个表达式之后写一个换行符 |

# 附录 E   jQuery 参考手册

## 一、jQuery 选择器

| 选择器 | 实例 | 选取 |
|---|---|---|
| * | $("*") | 所有元素 |
| #id | $("#lastname") | id="lastname"的元素 |
| .class | $(".intro") | class="intro"的所有元素 |
| .class,.class | $(".intro,.demo") | class 为"intro"或"demo"的所有元素 |
| element | $("p") | 所有 p 元素 |
| el1,el2,el3 | $("h1,div,p") | 所有 h1、div 和 p 元素 |
| :first | $("p:first") | 第一个 p 元素 |
| :last | $("p:last") | 最后一个 p 元素 |
| :even | $("tr:even") | 所有偶数 tr 元素,索引值从 0 开始,第一个元素是偶数(0),第二个元素是奇数(1),以此类推 |
| :odd | $("tr:odd") | 所有奇数 tr 元素,索引值从 0 开始,第一个元素是偶数(0),第二个元素是奇数(1),以此类推。 |
| :first-child | $("p:first-child") | 属于其父元素的第一个子元素的所有 p 元素。 |
| :first-of-type | $("p:first-of-type") | 属于其父元素的第一个 p 元素的所有 p 元素 |
| :last-child | $("p:last-child") | 属于其父元素的最后一个子元素的所有 p 元素 |
| :last-of-type | $("p:last-of-type") | 属于其父元素的最后一个 p 元素的所有 p 元素 |
| :nth-child(n) | $("p:nth-child(2)") | 属于其父元素的第二个子元素的所有 p 元素 |
| :nth-last-child(n) | $("p:nth-last-child(2)") | 属于其父元素的第二个子元素的所有 p 元素,从最后一个子元素开始计数 |
| :nth-of-type(n) | $("p:nth-of-type(2)") | 属于其父元素的第二个 p 元素的所有 p 元素 |
| :nth-last-of-type(n) | $("p:nth-last-of-type(2)") | 属于其父元素的第二个 p 元素的所有 p 元素,从最后一个子元素开始计数 |
| :only-child | $("p:only-child") | 属于其父元素的唯一子元素的所有 p 元素 |
| :only-of-type | $("p:only-of-type") | 属于其父元素的特定类型的唯一子元素的所有 p 元素 |

| 选择器 | 实例 | 选取 |
|---|---|---|
| parent〉child | $("div〉p")$ | div 元素的直接子元素的所有 p 元素 |
| parentdescendant | $("divp")$ | div 元素的后代的所有 p 元素 |
| element＋next | $("div＋p")$ | 每个 div 元素相邻的下一个 p 元素 |
| element～siblings | $("div～p")$ | div 元素同级的所有 p 元素 |
| :eq(index) | $("ulli:eq(3)")$ | 列表中的第四个元素(index 值从 0 开始) |
| :gt(no) | $("ulli:gt(3)")$ | 列举 index 大于 3 的元素 |
| :lt(no) | $("ulli:lt(3)")$ | 列举 index 小于 3 的元素 |
| :not(selector) | $("input:not(:empty)")$ | 所有不为空的输入元素 |
| :header | $(":header")$ | 所有标题元素 h1,h2,… |
| :animated | $(":animated")$ | 所有动画元素 |
| :focus | $(":focus")$ | 当前具有焦点的元素 |
| :contains(text) | $(":contains('Hello')")$ | 所有包含文本"Hello"的元素 |
| :has(selector) | $("div:has(p)")$ | 所有包含有 p 元素在其内的 div 元素 |
| :empty | $(":empty")$ | 所有空元素 |
| :parent | $(":parent")$ | 匹配所有含有子元素或者文本的父元素 |
| :hidden | $("p:hidden")$ | 所有隐藏的 p 元素 |
| :visible | $("table:visible")$ | 所有可见的表格 |
| :root | $(":root")$ | 文档的根元素 |
| :lang(language) | $("p:lang(de)")$ | 所有 lang 属性值为"de"的 p 元素 |
| [attribute] | $("[href]")$ | 所有带有 href 属性的元素 |
| [attribute＝value] | $("[href='default.htm']")$ | 所有带有 href 属性且值等于"default.htm"的元素 |
| [attribute!＝value] | $("[href!='default.htm']")$ | 所有带有 href 属性且值不等于"default.htm"的元素 |
| [attribute$＝value] | $("[href$='.jpg']")$ | 所有带有 href 属性且值以".jpg"结尾的元素 |
| [attribute\|＝value] | $("[title\|='Tomorrow']")$ | 所有带有 title 属性且值等于 'Tomorrow' 或者以 'Tomorrow' 后跟连接符作为开头的字符串 |
| [attribute^＝value] | $("[title^='Tom']")$ | 所有带有 title 属性且值以"Tom"开头的元素 |
| [attribute～＝value] | $("[title～='hello']")$ | 所有带有 title 属性且值包含单词"hello"的元素 |
| [attribute＊＝value] | $("[title＊='hello']")$ | 所有带有 title 属性且值包含字符串"hello"的元素 |
| [name＝value][name2＝value2] | $("input[id][name$='man']")$ | 带有 id 属性,并且 name 属性以 man 结尾的输入框 |

| 选择器 | 实例 | 选取 |
|---|---|---|
| :input | $(":input") | 所有 input 元素 |
| :text | $(":text") | 所有带有 type="text"的 input 元素 |
| :password | $(":password") | 所有带有 type="password"的 input 元素 |
| :radio | $(":radio") | 所有带有 type="radio"的 input 元素 |
| :checkbox | $(":checkbox") | 所有带有 type="checkbox"的 input 元素 |
| :submit | $(":submit") | 所有带有 type="submit"的 input 元素 |
| :reset | $(":reset") | 所有带有 type="reset"的 input 元素 |
| :button | $(":button") | 所有带有 type="button"的 input 元素 |
| :image | $(":image") | 所有带有 type="image"的 input 元素 |
| :file | $(":file") | 所有带有 type="file"的 input 元素 |
| :enabled | $(":enabled") | 所有启用的元素 |
| :disabled | $(":disabled") | 所有禁用的元素 |
| :selected | $(":selected") | 所有选定的下拉列表元素 |
| :checked | $(":checked") | 所有选中的复选框选项 |
| :target | $("p:target") | 选择器将选中 id 和 URI 中一个格式化的标识符相匹配的 p 元素 |

## 二、jQuery 事件方法

| 方法 | 描　　述 |
|---|---|
| bind() | 向元素添加事件处理程序 |
| blur() | 添加/触发失去焦点事件 |
| change() | 添加/触发 change 事件 |
| click() | 添加/触发 click 事件 |
| dblclick() | 添加/触发 doubleclick 事件 |
| delegate() | 向匹配元素的当前或未来的子元素添加处理程序 |
| event.currentTarget | 在事件冒泡阶段内的当前 DOM 元素 |
| event.data | 包含当前执行的处理程序被绑定时传递到事件方法的可选数据 |
| event.delegateTarget | 返回当前调用的 jQuery 事件处理程序所添加的元素 |
| event.isDefaultPrevented() | 返回指定的 event 对象上是否调用了 event.preventDefault() |
| event.namespace | 返回当事件被触发时指定的命名空间 |
| event.pageX | 返回相对于文档左边缘的鼠标位置 |
| event.pageY | 返回相对于文档上边缘的鼠标位置 |
| event.preventDefault() | 阻止事件的默认行为 |

| 方法 | 描　述 |
|---|---|
| event. relatedTarget | 返回当鼠标移动时哪个元素进入或退出 |
| event. result | 包含由被指定事件触发的事件处理程序返回的最后一个值 |
| event. stopPropagation() | 阻止事件向上冒泡到 DOM 树,阻止任何父处理程序被事件通知 |
| event. target | 返回哪个 DOM 元素触发事件 |
| event. timeStamp | 返回从 1970 年 1 月 1 日到事件被触发时的毫秒数 |
| event. type | 返回哪种事件类型被触发 |
| event. which | 返回指定事件上哪个键盘键或鼠标按钮被按下 |
| event. metaKey | 事件触发时 META 键是否被按下 |
| focus() | 添加/触发 focus 事件 |
| focusin() | 添加事件处理程序到 focusin 事件 |
| focusout() | 添加事件处理程序到 focusout 事件 |
| hover() | 添加两个事件处理程序到 hover 事件 |
| keydown() | 添加/触发 keydown 事件 |
| keypress() | 添加/触发 keypress 事件 |
| keyup() | 添加/触发 keyup 事件 |
| mousedown() | 添加/触发 mousedown 事件 |
| mouseenter() | 添加/触发 mouseenter 事件 |
| mouseleave() | 添加/触发 mouseleave 事件 |
| mousemove() | 添加/触发 mousemove 事件 |
| mouseout() | 添加/触发 mouseout 事件 |
| mouseover() | 添加/触发 mouseover 事件 |
| mouseup() | 添加/触发 mouseup 事件 |
| off() | 移除通过 on()方法添加的事件处理程序 |
| on() | 向元素添加事件处理程序 |
| one() | 向被选元素添加一个或多个事件处理程序。该处理程序只能被每个元素触发一次 |
| $. proxy() | 接受一个已有的函数,并返回一个带特定上下文的新的函数 |
| ready() | 规定当 DOM 完全加载时要执行的函数 |
| resize() | 添加/触发 resize 事件 |
| scroll() | 添加/触发 scroll 事件 |
| select() | 添加/触发 select 事件 |
| submit() | 添加/触发 submit 事件 |
| trigger() | 触发绑定到被选元素的所有事件 |

| 方法 | 描　述 |
|---|---|
| triggerHandler() | 触发绑定到被选元素的指定事件上的所有函数 |
| unbind() | 从被选元素上移除添加的事件处理程序 |
| undelegate() | 从现在或未来的被选元素上移除事件处理程序 |
| contextmenu() | 添加事件处理程序到 contextmenu 事件 |
| $.holdReady() | 用于暂停或恢复.ready()事件的执行 |

## 三、jQuery 效果方法

| 方法 | 描　述 |
|---|---|
| animate() | 对被选元素应用"自定义"的动画 |
| clearQueue() | 对被选元素移除所有排队函数(仍未运行的) |
| delay() | 对被选元素的所有排队函数(仍未运行)设置延迟 |
| deQueue() | 移除下一个排队函数,然后执行函数 |
| fadeIn() | 逐渐改变被选元素的不透明度,从隐藏到可见 |
| fadeOut() | 逐渐改变被选元素的不透明度,从可见到隐藏 |
| fadeTo() | 把被选元素逐渐改变至给定的不透明度 |
| fadeToggle() | 在 fadeIn()和 fadeOut()方法之间进行切换 |
| finish() | 对被选元素停止、移除并完成所有排队动画 |
| hide() | 隐藏被选元素 |
| queue() | 显示被选元素的排队函数 |
| show() | 显示被选元素 |
| slideDown() | 通过调整高度来滑动显示被选元素 |
| slideToggle() | slideUp()和 slideDown()方法之间的切换 |
| slideUp() | 通过调整高度来滑动隐藏被选元素 |
| stop() | 停止被选元素上当前正在运行的动画 |
| toggle() | hide()和 show()方法之间的切换 |

## 四、jQuery HTML/CSS 方法

| 方法 | 描　述 |
|---|---|
| addClass() | 向被选元素添加一个或多个类名 |
| after() | 在被选元素后插入内容 |
| append() | 在被选元素的结尾插入内容 |
| appendTo() | 在被选元素的结尾插入 HTML 元素 |
| attr() | 设置或返回被选元素的属性/值 |

| 方法 | 描　述 |
| --- | --- |
| before() | 在被选元素前插入内容 |
| clone() | 生成被选元素的副本 |
| css() | 为被选元素设置或返回一个或多个样式属性 |
| detach() | 移除被选元素(保留数据和事件) |
| empty() | 从被选元素移除所有子节点和内容 |
| hasClass() | 检查被选元素是否包含指定的 class 名称 |
| height() | 设置或返回被选元素的高度 |
| html() | 设置或返回被选元素的内容 |
| innerHeight() | 返回元素的高度(包含 padding,不包含 border) |
| innerWidth() | 返回元素的宽度(包含 padding,不包含 border) |
| insertAfter() | 在被选元素后插入 HTML 元素 |
| insertBefore() | 在被选元素前插入 HTML 元素 |
| offset() | 设置或返回被选元素的偏移坐标(相对于文档) |
| offsetParent() | 返回第一个定位的祖先元素 |
| outerHeight() | 返回元素的高度(包含 padding 和 border) |
| outerWidth() | 返回元素的宽度(包含 padding 和 border) |
| position() | 返回元素的位置(相对于父元素) |
| prepend() | 在被选元素的开头插入内容 |
| prependTo() | 在被选元素的开头插入 HTML 元素 |
| prop() | 设置或返回被选元素的属性/值 |
| remove() | 移除被选元素(包含数据和事件) |
| removeAttr() | 从被选元素移除一个或多个属性 |
| removeClass() | 从被选元素移除一个或多个类 |
| removeProp() | 移除通过 prop()方法设置的属性 |
| replaceAll() | 把被选元素替换为新的 HTML 元素 |
| replaceWith() | 把被选元素替换为新的内容 |
| scrollLeft() | 设置或返回被选元素的水平滚动条位置 |
| scrollTop() | 设置或返回被选元素的垂直滚动条位置 |
| text() | 设置或返回被选元素的文本内容 |
| toggleClass() | 在被选元素中添加/移除一个或多个类之间切换 |
| unwrap() | 移除被选元素的父元素 |
| val() | 设置或返回被选元素的属性值(针对表单元素) |
| width() | 设置或返回被选元素的宽度 |

续表

| 方法 | 描　述 |
|---|---|
| wrap() | 在每个被选元素的周围用 HTML 元素包裹起来 |
| wrapAll() | 在所有被选元素的周围用 HTML 元素包裹起来 |
| wrapInner() | 在每个被选元素的内容周围用 HTML 元素包裹起来 |
| \$.escapeSelector() | 转义 CSS 选择器中有特殊意义的字符或字符串 |
| \$.cssHooks | 提供了一种方法通过定义函数来获取和设置特定的 CSS 值 |

## 五、jQuery 遍历方法

| 方法 | 描　述 |
|---|---|
| add() | 把元素添加到匹配元素的集合中 |
| addBack() | 把之前的元素集添加到当前集合中 |
| children() | 返回被选元素的所有直接子元素 |
| closest() | 返回被选元素的第一个祖先元素 |
| contents() | 返回被选元素的所有直接子元素（包含文本和注释节点） |
| each() | 为每个匹配元素执行函数 |
| end() | 结束当前链中最近的一次筛选操作,并把匹配元素集合返回到前一次的状态 |
| eq() | 返回带有被选元素的指定索引号的元素 |
| filter() | 把匹配元素集合缩减为匹配选择器或匹配函数返回值的新元素 |
| find() | 返回被选元素的后代元素 |
| first() | 返回被选元素的第一个元素 |
| has() | 返回拥有一个或多个元素在其内的所有元素 |
| is() | 根据选择器/元素/jQuery 对象检查匹配元素集合,如果存在至少一个匹配元素,则返回 true |
| last() | 返回被选元素的最后一个元素 |
| map() | 把当前匹配集合中的每个元素传递给函数,产生包含返回值的新 jQuery 对象 |
| next() | 返回被选元素的后一个同级元素 |
| nextAll() | 返回被选元素之后的所有同级元素 |
| nextUntil() | 返回介于两个给定参数之间的每个元素之后的所有同级元素 |
| not() | 从匹配元素集合中移除元素 |
| offsetParent() | 返回第一个定位的父元素 |
| parent() | 返回被选元素的直接父元素 |
| parents() | 返回被选元素的所有祖先元素 |
| parentsUntil() | 返回介于两个给定参数之间的所有祖先元素 |
| prev() | 返回被选元素的前一个同级元素 |

| 方法 | 描　述 |
| --- | --- |
| prevAll() | 返回被选元素之前的所有同级元素 |
| prevUntil() | 返回介于两个给定参数之间的每个元素之前的所有同级元素 |
| siblings() | 返回被选元素的所有同级元素 |
| slice() | 把匹配元素集合缩减为指定范围的子集 |

## 六、jQuery AJAX 方法

| 方法 | 描　述 |
| --- | --- |
| $.ajax() | 执行异步 AJAX 请求 |
| $.ajaxPrefilter() | 在每个请求发送之前且被 $.ajax() 处理之前,处理自定义 AJAX 选项或修改已存在选项 |
| $.ajaxSetup() | 为将来的 AJAX 请求设置默认值 |
| $.ajaxTransport() | 创建处理 AJAX 数据实际传送的对象 |
| $.get() | 使用 AJAX 的 HTTP GET 请求从服务器加载数据 |
| $.getJSON() | 使用 HTTP GET 请求从服务器加载 JSON 编码的数据 |
| $.getScript() | 使用 AJAX 的 HTTP GET 请求从服务器加载并执行 JavaScript |
| $.param() | 创建数组或对象的序列化表示形式(可用于 AJAX 请求的 URL 查询字符串) |
| $.post() | 使用 AJAX 的 HTTP POST 请求从服务器加载数据 |
| ajaxComplete() | 规定 AJAX 请求完成时运行的函数 |
| ajaxError() | 规定 AJAX 请求失败时运行的函数 |
| ajaxSend() | 规定 AJAX 请求发送之前运行的函数 |
| ajaxStart() | 规定第一个 AJAX 请求开始时运行的函数 |
| ajaxStop() | 规定所有的 AJAX 请求完成时运行的函数 |
| ajaxSuccess() | 规定 AJAX 请求成功完成时运行的函数 |
| load() | 从服务器加载数据,并把返回的数据放置到指定的元素中 |
| serialize() | 编码表单元素集为字符串以便提交 |
| serializeArray() | 编码表单元素集为 names 和 values 的数组 |

# 附录 F　参考答案

## 项目一

### 一、选择题

1．C　2．A　3．B　4．B　5．D　6．D　7．B　8．B　9．B　10．B　11．C　12．D　13．D

### 二、判断题

1．√　2．√　3．√　4．√　5．√　6．√　7．√　8．×

### 三、简答题

1．答案提示：静态网页，即纯粹的 HTML 网页。网页代码除了包含完整的 HTML 代码外，还可能包含运行于客户端的 JavaScript 程序。网页内代码都是在客户端的浏览器中执行的。

2．答案提示：动态网页，指网页的内容可根据某种条件的改变而自动改变。网页内代码在存放网页的服务器上执行，完成数据库操作后，生成 HTML 代码网页发送给客户端的浏览器执行。

3．答案提示：方法一：在网页的空白处，点击鼠标右键，在弹出的菜单中，选择"查看源文件"命令即可看到该网页的源文件。方法二：打开浏览器，选择菜单栏中的"查看"→"源文件到该网页的源文件"命令也可查看。

4．答案提示：①打开 HBuilder 后点击菜单栏中的"视图"→"显示视图"。②勾选"显示项目管理器"。

5．答案提示：点击"文件"→"新建"→选择 Web 项目。

6．答案提示：优点：中文界面容易上手；完善的帮助文档，诸如快捷键列等，能快速调出并查询；编码速度快，还有强大的边看边写功能；可生成 API 手册，主要是框架。缺点：node 包易卡死，vue 项目空间略显不足；功能多，但执行也相对慢；自带可调试控制台浏览器，占用内存多，资源消耗更多。

## 项目二

### 一、选择题

1．A　2．B　3．D　4．A　5．A　6．C　7．B　8．D　9．D　10．B　11．A　12．B　13．B
14．D　15．C　16．A　17．A　18．C　19．B　20．C　21．A　22．B　23．B　24．C　25．B
26．B　27．C　28．A　29．D

**二、判断题**

1. × 　2. × 　3. × 　4. √ 　5. × 　6. √ 　7. √ 　8. × 　9. √ 　10. √ 　11. × 　12. √

13. √ 　14. √ 　15. ×

**三、实践题（略）**

## 项目三

**一、选择题**

1. C 　2. C 　3. D 　4. B 　5. B 　6. D 　7. B 　8. D 　9. B 　10. C 　11. A 　12. C 　13. C

14. C 　15. A 　16. C（margin 垂直方向合并，水平方向不合并） 　17. B 　18. C 　19. C

20. C 　21. D 　22. D 　23. A 　24. C 　25. C 　26. B 　27. C 　28. C 　29. B 　30. A

**二、判断题**

1. √ 　2. √ 　3. √ 　4. √ 　5. √ 　6. ×（定位机制分三种：文档流、浮动定位、层定位。）

7. √ 　8. √ 　9. × 　10. × 　11. √ 　12. √ 　13. × 　14. √ 　15. √ 　16. √ 　17. ×

18. √ 　19. × 　20. √ 　21. √ 　22. √ 　23. × 　24. × 　25. √

**三、实践题（略）**

## 项目四

**一、选择题**

1. D 　2. C 　3. D 　4. C 　5. D 　6. C 　7. C 　8. D 　9. B 　10. B 　11. B 　12. C 　13. A

14. C 　15. B 　16. C 　17. D 　18. C 　19. B 　20. B 　21. D 　22. C 　23. A 　24. C 　25. B

26. C 　27. D 　28. A 　29. D 　30. A 　31. D 　32. D 　33. C 　34. D 　35. D 　36. B 　37. B

38. C 　39. C

**二、实践题（略）**

## 项目五

**一、选择题**

1. C 　2. B 　3. D 　4. B 　5. D 　6. A 　7. B 　8. D 　9. D 　10. A 　11. B 　12. C 　13. B

14. C 　15. B 　16. D 　17. C 　18. B 　19. A 　20. A 　21. D 　22. B 　23. A 　24. D 　25. C

26. D 　27. A 　28. D 　29. A 　30. B 　31. B 　32. A 　33. A

**二、实践题（略）**

## 项目六

**一、填空题**

1. 基本选择器　层次选择器　过滤选择器

2. js

3. script

4. $（document）.ready（function（）{…}）；  $（function（）{…}）

5. 兄弟元素

6. append（）

7. replaceWith（）  replaceAll（）

8. 0  element  this

9. 空格

10. 在选择某个选项时  在元素失去焦点时

11. stopPropagation（）

12. hover（）

13. $（"forminput:checked"|）.hide（）

14. $（"li:first-child"）.hide（）

15. $（"li:last"）

二、选择题

1.C  2.B  3.C  4.C  5.A  6.C  7.D  8.D  9.B  10.C  11.B  12.D  13.A

14.C  15.B  16.B  17.B  18.C  19.C  20.C  21.C  22.B  23.D  24.C  25.B

26.D  27.A  28.C  29.A  30.D

三、实践题（略）

## 项目七

一、填空题

1. hide（）  show（）

2. fadeIn（）

3. animate（）

4. 隐藏所有元素

5. width（）和 height（）

6. Length

7. $（this）[0]

8. even  odd

9. First  eq（1）

10. is（expr）  false

11. offset  top  left

12. $("div").css("color","green")

13. $(selector).hover(inFunction,outFunction)

14. $(|"div:has(span)"); 15. html()

## 二、选择题

1. A　2. B　3. D　4. B　5. A　6. D　7. D　8. B　9. D　10. C　11. B　12. A　13. D

14. A　15. B　16. D　17. D　18. D　19. A　20. B　21. D　22. C　23. A　24. D　25. B

26. A　27. A　28. B　29. C　30. B

## 三、实践题(略)